国外数字系统设计经典教材系列

Verilog HDL 入门(第 3 版)
A Verilog HDL Primer, Third Edition

[美] J. BHASKER 著

夏宇闻 甘 伟 译

北京航空航天大学出版社

内 容 简 介

本书简要介绍了 Verilog 硬件描述语言的基础知识，包括语言的基本内容和基本结构，以及利用该语言在各种层次上对数字系统的建模方法。书中列举了大量实例，帮助读者掌握语言本身和建模方法，对实际数字系统设计也很有帮助。第 3 版中添加了与 Verilog - 2001 有关的新内容。本书是 VerilogHDL 的初级读本，可作为计算机、电子、电气及自控等专业相关课程的教材，也可用作相关科研人员的参考书。

图书在版编目(CIP)数据

Verilog HDL 入门：第 3 版/(美)巴斯克(Bhasker,J.)著；夏宇闻,甘伟译.—北京：北京航空航天大学出版社，2008.9
 ISBN 978 - 7 - 81124 - 248 - 5

Ⅰ.V… Ⅱ.①巴…②夏…③甘… Ⅲ.硬件描述语言，Verilog HDL－程序设计 Ⅳ.TP312

中国版本图书馆(CIP 数据)核字(2008)第 096078 号

A Verilog HDL Primer, Third Edition, by J. Bhasker
Original English language edition published by Star Galaxy Publishing.
Copyright © 1997, 1999 Lucent Technologies, All rights reserved.
Copyright © 2005 Star Galaxy Publishing, All rights reserved.

© 2009,北京航空航天大学出版社,版权所有。
未经本书出版者书面许可，任何单位和个人不得以任何形式或手段复制本书内容。侵权必究。
北京市版权局著作权合同登记号图字：01 - 2007 - 2373

Verilog HDL 入门(第 3 版)
A Verilog HDL Primer, Third Edition
[美]J. BHASKER 著
夏宇闻　甘　伟　译
责任编辑　张　楠　王　松
*
北京航空航天大学出版社出版发行
北京市海淀区学院路 37 号(100191)　发行部电话：010 - 82317024　传真：010 - 82328026
http://www.buaapress.com.cn　E-mail：bhpress@263.net
北京时代华都印刷有限公司印装　各地书店经销
*
开本：787 mm×960 mm　1/16　印张：21.75　字数：487 千字
2008 年 9 月第 1 版　2023 年 1 月第 8 次印刷　印数：17 501～19 000 册
ISBN 978 - 7 - 81124 - 248 - 5　定价：59.00 元

To my wife, Geetha

译者序

J. Bhasker 编写的 A Verilog HDL Primer 在数字集成电路设计界是很有名气的。美国、中国及世界各地的数字电路和系统的设计者,无论是新手,还是从 VHDL 转到 Verilog 的老手,有很多人都是在阅读这本书后,才开始对 Verilog 有所了解的。书的内容简明扼要,语法概念清晰明了是本书得到读者认可的根本原因。

1994 年我开始学习 Verilog HDL 语言时,美国还没有系统的 Verilog 教材。我只能按照 CADENCE 公司提供的 Verilog 语法手册和资料自学。为了推广 Verilog HDL 设计方法学,根据自己 3 年多来在 Verilog - XL 仿真器、Synegy 和 Synplify 等综合器上工作的体会和积累的经验,我编写了《复杂数字电路的 Verilog HDL 设计技术和方法》一书,1998 年该书在北京航空航天大学出版社正式出版。当初我学习 Verilog 只是为了解决数字系统的 RTL 设计、综合和仿真的问题,并没有过多地关心 Verilog 语言的总体架构,因而在我编写的书上,Verilog 语法部分是很不完善的,我把许多与系统设计无关的语法内容放在附录中,没有详细地讲解。这样做虽然对 RTL 设计者来说可以节省不少学习时间,但对于掌握一门语言来说,不免有些欠缺。在 2003 年再版的《Verilog 数字系统设计教程》中,虽然我添加了一些基本语法内容的讲解,但与本书相比,语法部分的阐述还是很不全面的。

J. Bhasker 编写的 A Verilog HDL Primer,可以帮助读者对 Verilog 语法有更加深入和全面的了解。特别应该提醒读者注意:这次我翻译的是 A Verilog HDL Primer 的第 3 版,里面添加了许多与 Verilog - 2001 有关的新内容。对于想跟上 Verilog 发展步伐的读者,本书是很有助益的。这些概念的理解对于读者在未来几年内过渡到只使用一种 SystemVerilog 语言来编写 SoC 的 IP 核(包括门级、RTL 和验证 IP)无疑会有很大的帮助。

本书的翻译工作安排如下:序言、第 1 章~第 6 章、第 12 章和附录等由夏宇闻负责翻译,第 7 章~第 11 章由神州龙芯 IC 设计公司的甘伟工程师负责翻译。全书最后的审校与定稿由夏宇闻负责。

在神州龙芯工作的工程师和实习研究生：樊荣、洪雷、周鹏飞、刘家正、陈岩、李鹏、宋成伟、邢志成、王珊磊、王煜华、霍强、刘曦、管丽、苏宇、张云帆、邢小地、李琪等认真阅读了最后完成的翻译稿，并提出了许多改进意见，使翻译工作的质量有明显的提高。在翻译稿最后完成之际，让我向他们表示诚挚的感谢。

2006年我从北京航空航天大学退休后，受曾明总裁的邀请到神州龙芯IC设计公司担任顾问。本书的翻译工作是在他的支持下完成的。公司不但为我提供了舒适的办公条件、自由宽松的工作时间，还为我安排了谦虚好学又能干的年轻工程师甘伟担任助手。没有曾明总裁的支持，本书的翻译工作不可能那么快就高质量地完成。在本书付印的时刻，让我向曾明总裁和甘伟工程师表示衷心的感谢。

夏宇闻

北京航空航天大学教授

2008年8月于神州龙芯IC设计公司

序 言

  本书简明扼要地阐述了 Verilog 硬件描述语言的基础知识。Verilog 硬件描述语言通常简称为 Verilog HDL,可以用于在多个层次上(从开关级到算法级)为数字设计建模。该语言提供了一套功能强大的原语(primitive),其中包括逻辑门和用户定义的原语(即基元),还提供了范围宽广的语言结构,不但可以为硬件的并发行为建模,也可以为硬件的时序特性和电路构造建模。通过编程语言接口(PLI)还可以扩展该语言的功能。Verilog HDL 语言使用简便,但功能强大,可以在多个抽象层次上为数字设计建模。Verilog HDL 语言于 1995 年经由 IEEE 批准成为一种标准语言,称为 IEEE Std 1364 - 1995。2001 年 IEEE 又对 Verilog 语言进行了更新,批准了 IEEE Std 1364 - 2001 新标准。该新标准包括了许多新的特性,例如多维数组、生成语句、配置以及一些其他特性。本书(第 3 版)是根据最新版 Verilog HDL 标准编写的。

  本书的宗旨是想通过具体例子的讲解,阐明 Verilog HDL 语言的重要基本概念,从而向读者介绍这种硬件描述语言。本书是 Verilog 语言入门的初级课本。作者用清晰、简明的语言对 Verilog 语言的每一个方面进行了阐述,使初学者很容易理解,不至于产生畏难情绪。作者希望本书能为读者的 Verilog HDL 语言入门提供帮助。

  本书从语言特点和建模应用两个方面出发,对 Verilog 语言的基本概念进行了全面深入的讲解,为每一种语言结构提供了大量的例子,并且举例说明了如何使用多种语言结构来构造硬件模型。本书对 Verilog HDL 语言支持的多种建模风格进行了详细的描述。本书还讲解了如何用同一种 Verilog 语言描述激励和控制,包括响应的监视和验证。许多语法结构都采用便于阅读的形式呈现给读者,尽管有时候程序代码并不完整。这样做的目的是便于理解语言结构。Verilog 语言的完整语法结构放在附录中供读者参考。

  本书从本质上讲并不是理论性的。书中用普通的术语介绍 Verilog 语言的语法和语义,避免使用形式化定义的技术术语。本书未曾试图对 Verilog 语言进行完整的阐述,例如编程语言接口、开关级别的建模和随机模型语法特色,本书就没有涉及。本书只局限于讲解 Verilog 语言中那些最基本和最有用的语法,有了这些知识就足以编写简单或者复杂的设计代码。

本书针对的读者包括硬件设计师、电路和系统设计师、软件工具开发者,以及那些对学习使用 Verilog HDL 语言进行硬件建模感兴趣的人士。本书也可以作为计算机辅助设计、硬件建模和综合等大学课程的入门教材。本书也适合专业人士、大学本科和研究生学习。设计人员可以把本书作为了解 Verilog 语言的途径,也可以把它用作 Verilog HDL 语言的参考书。学生和教授们将会发现本书作为硬件设计和硬件描述语言的教学工具将是很有用的。

本书假定读者具有数字硬件设计的基本知识,并熟悉某种高级编程语言(例如 C 语言)。

本书是一本有关语言的书,因此并不强调某一领域特定的建模风格(例如 RTL(Register Transfer Lerel)建模风格)。为了学习 RTL 综合建模,请参考本书的姐妹篇 *Verilog HDL Synthesis*,*A Practical Primer*。

最后,我还要告诉读者,仅仅通过阅读来学习一种语言是不切合实际的。最佳的学习途径是把书上例子中的代码打印出来,在 Verilog 仿真器上编译这些代码,进行仿真,通过实际操作来学习,只有这样才能完整、全面地理解这种语言。一旦掌握了本书上的知识,就可以参阅 IEEE 标准语言参考手册(LRM),进一步学习有关 Verilog HDL 标准的更完整的资料。

本书的组织

第 1 章简单介绍 Verilog HDL 语言的历史;概要描述该语言的主要功能。

第 2 章通过实际例子讲解描述设计的 3 种主要风格:数据流、行为和结构,用很短的篇幅对 Verilog HDL 语言做了扼要的概述。

第 3 章讲述 Verilog HDL 语言的基本组成要素,即该语言的"螺栓和螺帽"。该章主要描述标识符、注释、系统任务、编译指令和数据类型等语言要素。

第 4 章只讲解表达式。表达式可以用在 Verilog 代码中的许多地方,包括延迟。该章还介绍可用于组成表达式的各种不同的操作符和操作数。

第 5 章讲述门级建模方法,也就是用内建基元(原语)门为设计建模。该章对门的延迟、时间和延迟标度的概念、MOS 开关和双向开关做了介绍和描述。

第 6 章讲解的题目是由 Verilog HDL 所提供的创建用户定义基元(原语)的能力,也就是创建(不包括内建原语在内的)新基元的能力。通过给定例子的讲解,读者很容易理解描述组合和时序逻辑的用户定义基元(原语)。

第 7 章描述赋值语句和讲解赋值语句执行的语义。在 Verilog HDL 语言中,用连续赋值语句可以为数据流建模风格建模。该章讲述两类延迟:赋值延迟和线网延迟。

第 8 章介绍行为风格的建模方式;讲述两种主要的过程性结构,即 initial 语句和 always

语句;还详细地阐述过程性赋值语句。通过例子详细地解释顺序块和并行块;对于高级的编程结构,例如条件语句和循环语句,该章也给予讲解。

第9章仔细地推敲了结构建模的风格;考察了层次和端口匹配的概念;讲解如何通过每个端口的互相关联将位于不同层次的多个模块连接起来。

第10章讲解一些有深度的主题,例如指定块(Specify Block)、值变转储文件(VCD 文件)及信号强度等。该章还介绍任务和函数,以及如何共享任务和函数的策略。

第11章和第12章因为讨论了验证和建模两个课题,所以是最实用的两章。在第11章中,举了许多测试平台的例子,展示了波形的产生和响应的监控。在第12章中,举了许多建模的例子,演示了不同的 Verilog 语言结构如何配合使用。

最后,附录 A 包含了一份完整的 Verilog HDL 语法参考资料。语法采用巴克思—诺尔(Backus-Naur)范式(BNF)表示。为了查阅方便,资料中的语法结构均按照字母顺序排列。

每一章的后面都附有练习题,这使得本书更适合作为大学的教科书。

在本书中出现的所有 Verilog HDL 描述中,保留字、系统任务和系统函数,以及编译指令均采用粗体字。在语法描述中作为语法一部分的操作符和标点符号也均采用**粗体字**。语法规则中可以选择的项,采用非粗体方括号([....])。非粗体的大括号({....})标识重复 0 次或者多次的项。有时在 Verilog 源代码中出现的省略号(....)表示与讨论无关的代码行。以 Courier 字体书写的词汇表示其特定的 Verilog 含义,而不是其英文的含义,例如 and 门。

书中所有的例子都已经通过 ModelSim SE 5.8a 仿真器的测试。

第 3 版中有些什么新内容

第 2 版出版已经 5 年多了,许多情况已经发生了变化。Verilog HDL 语言的新版本已经变成了 IEEE 的标准,即 IEEE Std 1364-2001。在本书中,新添加的 Verilog 语法条款已被融入到已有的章节中,哪些是新添加的语法条款并没有明确地加以界定。在第 3 章中,新的编译指令、变量类型和局部参数已经被引入教材。多维数组、索引的部分选择、有符号的表达式和算术移位已经被加入到第 4 章中。事件控制和过程性赋值也已在第 8 章中进行了探讨。第 9 章描述了生成语句、配置语句和另外一种端口编写和参数声明的风格。第 10 章解释了新的功能强大的输入/输出函数,这使得文件的读/写远比以前容易得多。在第 11 章中还添加了验证的实用程序。第 12 章包括了新添加的模型。附录中的语义语法也已经被更新到 IEEE 1364-2001 版本的新标准。

新版本的 Verilog 语言引进了许多编写代码的新风格。推荐的风格被标记为指导原则(guideline),用小的字体添加在页边上。我在页边上还提供了许多其他的建议和指导。我并不是完全按照页边上添加的建议来编写代码,我有意这样安排是为了能继续展示这种语言丰富多彩的功能。不过在日常工作中,确实可以使用这些原则和建议来编写 Verilog 模块。

致　谢

下面列出名字的 15 位先生/女士,尽管他们的工作非常繁忙,可他们还是抽出宝贵的时间和精力审阅了本书的初稿和上一版的手稿,我衷心地感谢他们对本书出版所做的贡献。

他们是:
(1) 摩托罗拉半导体(现为 Freescale)公司的 Shalom Bresticker。
(2) CADENCE 设计系统公司的 Steven Sharp。
(3) Verisity Systems 公司的 Michael McNamala。
(4) Agere Systems 公司的 Vencent Zeyak Jr.。
(5) VeriBest 公司的 Brett Graves、Gabe Moretti、Doug Smith。
(6) 贝尔实验室朗讯技术公司的 Stephanie Alter、Danny Johnson、Sanjana Nair、Carlos Roman、Mourad Takla、Jenjen Tiao 和 Sriram Tyagaraja。
(7) 美国国家半导体公司的 Marqsoodul Mannan。

他们对本书提出了许多建设性的批评意见和具体的改进细节,为本书的成功出版做出了很大的贡献,我衷心地感谢他们的帮助。

我还要感谢在贝尔实验室工作的 Jean Dussault 和 Hao Nham,在我编写本书上一版期间,他们多次为代码的仿真提供真诚的帮助。

我还要感谢 Prasad Subramaniam 和 Hao Nham,他们多次鼓励和帮助我编写本书。

最后我还要感谢我的妻子 Geetha 和 3 个儿子,是他们给了我很多感情上的支持,没有这些我永远不可能取得成功。

J. Bhasker
Allentown, PA
2005 年 1 月

目 录

第1章 简 介
1.1 什么是 Verilog HDL? ……………………………………………………………… 1
1.2 历 史 ………………………………………………………………………………… 2
1.3 主要能力 ……………………………………………………………………………… 2
1.4 练习题 ………………………………………………………………………………… 4

第2章 入门指南
2.1 模 块 ………………………………………………………………………………… 5
2.2 延 迟 ………………………………………………………………………………… 7
2.3 数据流风格的描述 …………………………………………………………………… 7
2.4 行为风格的描述 ……………………………………………………………………… 9
2.5 结构风格的描述 ……………………………………………………………………… 12
2.6 混合设计风格的描述 ………………………………………………………………… 14
2.7 设计的仿真 …………………………………………………………………………… 15
2.8 练习题 ………………………………………………………………………………… 19

第3章 Verilog 语言要素
3.1 标识符 ………………………………………………………………………………… 20
3.2 注 释 ………………………………………………………………………………… 21
3.3 格 式 ………………………………………………………………………………… 21
3.4 系统任务和系统函数 ………………………………………………………………… 22
3.5 编译器指令 …………………………………………………………………………… 22
    3.5.1 `define 和`undef …………………………………………………………… 22
    3.5.2 `ifdef、`ifndef、`else、`elseif 和 `endif ……………………………………… 23
    3.5.3 `default_nettype …………………………………………………………… 24
    3.5.4 `include ……………………………………………………………………… 24
    3.5.5 `resetall ……………………………………………………………………… 24
    3.5.6 `timescale …………………………………………………………………… 25
    3.5.7 `unconnected_drive 和`nounconnected_drive ……………………………… 26

- 3.5.8 \`celldefine 和\`endcelldefine ……………… 27
- 3.5.9 \`line ……………… 27
- 3.6 值集合 ……………… 27
  - 3.6.1 整型数 ……………… 28
  - 3.6.2 实数 ……………… 30
  - 3.6.3 字符串 ……………… 30
- 3.7 数据类型 ……………… 31
  - 3.7.1 线网类型 ……………… 31
  - 3.7.2 未声明的线网 ……………… 35
  - 3.7.3 向量线网和标量线网 ……………… 35
  - 3.7.4 变量类型 ……………… 36
  - 3.7.5 数组 ……………… 41
  - 3.7.6 reg 与 wire 的不同点 ……………… 42
- 3.8 参数(parameter) ……………… 42
  - 局部参数 ……………… 43
- 3.9 练习题 ……………… 44

第4章 表达式

- 4.1 操作数 ……………… 45
  - 4.1.1 常数 ……………… 45
  - 4.1.2 参数 ……………… 46
  - 4.1.3 线网 ……………… 46
  - 4.1.4 变量 ……………… 47
  - 4.1.5 位选 ……………… 47
  - 4.1.6 部分位选 ……………… 48
  - 4.1.7 存储器和数组元素 ……………… 49
  - 4.1.8 函数调用 ……………… 50
  - 4.1.9 符号 ……………… 50
- 4.2 操作符 ……………… 50
  - 4.2.1 算术操作符 ……………… 52
  - 4.2.2 关系操作符 ……………… 55
  - 4.2.3 相等操作符 ……………… 56
  - 4.2.4 逻辑操作符 ……………… 57
  - 4.2.5 按位操作符 ……………… 58
  - 4.2.6 缩减操作符 ……………… 59

4.2.7	移位操作符	60
4.2.8	条件操作符	62
4.2.9	拼接和复制操作符	62
4.3	表达式的类型	63
4.4	练习题	64

第 5 章 门级建模

5.1	内建基元(原语)门	65
5.2	多输入门	66
5.3	多输出门	68
5.4	三态门	69
5.5	上拉门和下拉门(电阻)	70
5.6	MOS 开关	71
5.7	双向开关	72
5.8	门延迟	73
5.9	实例数组	75
5.10	隐含的线网	76
5.11	一个简单的示例	76
5.12	2-4 编码器举例	78
5.13	主/从触发器举例	78
5.14	奇偶校验电路	79
5.15	练习题	80

第 6 章 用户定义的原语(基元 UDP)

6.1	UDP 的定义	82
6.2	组合逻辑的 UDP	83
6.3	时序逻辑的 UDP	84
6.3.1	状态变量的初始化	85
6.3.2	电平触发的时序逻辑 UDP	85
6.3.3	沿触发的时序逻辑 UDP	85
6.3.4	沿触发的和电平敏感的混合行为	86
6.4	另一个示例	87
6.5	表项的总结	88
6.6	练习题	88

第 7 章 数据流建模

7.1	连续赋值语句	89
7.2	示　例	91

7.3 线网声明赋值 ··· 91
7.4 赋值延迟 ··· 92
7.5 线网延迟 ··· 94
7.6 示　例 ·· 95
　　7.6.1 主/从触发器 ·· 95
　　7.6.2 幅值比较器 ··· 96
7.7 练习题 ·· 96

第8章　行为级建模
8.1 过程性结构 ·· 97
　　8.1.1 initial 语句 ·· 97
　　8.1.2 always 语句 ·· 100
　　8.1.3 两类语句在模块中的使用 ··· 102
8.2 时序控制 ··· 104
　　8.2.1 延迟控制 ·· 104
　　8.2.2 事件控制 ·· 105
8.3 语句块 ·· 109
　　8.3.1 顺序语句块 ··· 109
　　8.3.2 并行语句块 ··· 111
8.4 过程性赋值 ·· 113
　　8.4.1 语句内部延迟 ·· 114
　　8.4.2 阻塞性过程赋值 ··· 115
　　8.4.3 非阻塞性过程赋值 ·· 116
　　8.4.4 连续赋值与过程赋值的比较 ·· 119
8.5 条件语句 ··· 121
8.6 case 语句 ·· 122
8.7 循环语句 ··· 125
　　8.7.1 forever 循环语句 ··· 125
　　8.7.2 repeat 循环语句 ·· 126
　　8.7.3 while 循环语句 ··· 127
　　8.7.4 for 循环语句 ·· 127
8.8 过程性连续赋值 ·· 128
　　8.8.1 assign 与 deassign 语句 ··· 128
　　8.8.2 force 与 release 语句 ··· 129
8.9 握手协议示例 ··· 130

8.10 练习题 ……………………………………………………………………… 132

第 9 章 结构建模

9.1 模　块 ……………………………………………………………………… 134
9.2 端　口 ……………………………………………………………………… 134
9.3 模块实例引用语句 ………………………………………………………… 137
  9.3.1 未连接的端口 ……………………………………………………… 139
  9.3.2 不同的端口位宽 …………………………………………………… 139
  9.3.3 模块参数值 ………………………………………………………… 140
9.4 外部端口 …………………………………………………………………… 144
9.5 举　例 ……………………………………………………………………… 148
9.6 generate 语句 ……………………………………………………………… 151
  9.6.1 generate 循环语句 ………………………………………………… 151
  9.6.2 generate-conditional 条件语句 …………………………………… 153
  9.6.3 generate–case 分支语句 …………………………………………… 156
9.7 配　置 ……………………………………………………………………… 157
9.8 练习题 ……………………………………………………………………… 161

第 10 章 其他论题

10.1 任　务 …………………………………………………………………… 162
  10.1.1 任务的定义 ………………………………………………………… 162
  10.1.2 任务的调用 ………………………………………………………… 164
10.2 函　数 …………………………………………………………………… 167
  10.2.1 函数的定义 ………………………………………………………… 168
  10.2.2 函数的调用 ………………………………………………………… 171
  10.2.3 常数函数 …………………………………………………………… 172
10.3 系统任务和系统函数 …………………………………………………… 172
  10.3.1 显示任务 …………………………………………………………… 173
  10.3.2 文件输入/输出任务 ……………………………………………… 177
  10.3.3 时间标度任务 ……………………………………………………… 180
  10.3.4 仿真控制任务 ……………………………………………………… 181
  10.3.5 仿真时间函数 ……………………………………………………… 182
  10.3.6 转换函数 …………………………………………………………… 182
  10.3.7 概率分布函数 ……………………………………………………… 183
  10.3.8 字符串格式化 ……………………………………………………… 184
10.4 禁止语句 ………………………………………………………………… 185

10.5　命名事件 ··· 187
10.6　结构描述方式和行为描述方式的混合使用 ················· 189
10.7　层次路径名 ··· 191
10.8　共享任务和函数 ·· 193
10.9　属　性 ··· 195
10.10　值变转储文件 ··· 196
　10.10.1　四状态型 VCD 文件 ·· 196
　10.10.2　拓展的 VCD 文件 ·· 197
　10.10.3　示　例 ·· 198
　10.10.4　VCD 文件格式 ·· 200
10.11　指定块 ··· 201
10.12　强　度 ··· 207
　10.12.1　驱动强度 ·· 207
　10.12.2　电荷强度 ·· 208
10.13　竞争的状况 ·· 208
10.14　命令行参变量 ··· 210
10.15　练习题 ··· 211

第 11 章　验　证

11.1　编写测试平台 ·· 213
11.2　波形的生成 ··· 214
　11.2.1　值序列 ·· 214
　11.2.2　重复模式 ··· 216
11.3　测试平台举例 ·· 221
　11.3.1　解码器 ·· 221
　11.3.2　触发器 ·· 223
11.4　从文本文件中读取向量 ·· 225
11.5　向文本文件中写入向量 ·· 228
11.6　其他示例 ··· 229
　11.6.1　时钟分频器 ·· 229
　11.6.2　阶乘设计 ··· 231
　11.6.3　序列检测器 ·· 235
　11.6.4　LED 序列 ··· 237
11.7　实用程序 ··· 239
　11.7.1　检测 x ··· 239

11.7.2	将文件传递到任务中	240
11.7.3	操作码的调试	241
11.7.4	检测时钟脉冲是否出现丢失的情况	242
11.7.5	突发时钟发生器	242
11.8	练习题	243

第 12 章 建模示例

12.1	简单元素的建模	245
12.2	不同风格的建模方式	249
12.3	延迟的建模	251
12.4	真值表的建模	254
12.5	条件操作的建模	256
12.6	同步逻辑建模	258
12.7	通用移位寄存器	262
12.8	格雷码计数器	263
12.9	十进制数计数器	264
12.10	并行到串行转换器	265
12.11	状态机建模	265
12.12	状态机的交互	268
12.13	Moore 有限状态机的建模	272
12.14	Mealy 有限状态机的建模	273
12.15	简化的黑杰克程序	275
12.16	扫描单元	278
12.17	7 段 BCD 码译码器	279
12.18	实用程序	280
12.19	练习题	281

附录 A 语法参考资料

A.1	关键字	282
A.2	语法规则	284
A.3	语法	284

参考文献 315

索引 316

第 1 章 简 介

本章讲述 Verilog HDL 语言的发展历史及其主要功能。

1.1 什么是 Verilog HDL?

　　Verilog HDL 是一种用于数字系统建模的硬件描述语言,模型的抽象层次可以从算法级、门级一直到开关级。建模的对象可以简单到只有一个门,也可以复杂到一个完整的数字电子系统。用 Verilog 语言可以分层次地描述数字系统,并可在这个描述中建立清晰的时序模型。

　　Verilog 硬件描述语言能够描述:1)设计的行为特性;2)设计的数据流特性;3)设计的结构组成;4)包含响应监控和设计验证在内的延迟和波形产生机制(即测试激励的生成和观察机制)。所有这些都可以使用同一种建模语言来完成。此外,Verilog 硬件描述语言提供了编程语言接口(简称为 PLI)。通过 PLI,设计者可以在仿真验证期间(包括仿真运行的控制期间)与设计内部的运行信息进行交互。

　　Verilog 硬件描述语言不仅定义了语法,而且对每个语言结构都定义了十分清晰的仿真语义。因此,用这种语言编写的模型能够使用 Verilog 仿真器进行验证。Verilog 语言从 C 语言中继承了多种操作符和结构。Verilog 硬件描述语言提供了范围宽广的建模功能,其中部分建模功能在刚开始学习时很难理解,但是 Verilog HDL 语言的核心子集还是相当容易学习和使用的。该子集(在一般情况下)足以对付大多数应用系统的建模需要。然而,完整的 Verilog 硬件描述语言具有足够强大的功能,可以完全满足从最复杂的芯片到完整电子系统的描述。

1.2 历史

1983 年 Gateway Design Automation[①] 公司为其仿真器产品设计了一款硬件建模语言，这款硬件描述语言就是 Verilog 硬件描述语言的前身。当时它只是公司内部使用的专用语言。由于该公司的仿真器产品受到普遍的欢迎，Verilog 硬件描述语言作为一种实用方便的语言逐渐为广大的设计者们所接受。为了推广和普及这种语言，1990 年 Verilog 硬件描述语言被推荐给了 IC 设计界的广大设计师。"Verilog 国际"(OVI, Open Verilog International)是一个推广 Verilog 语言的国际性组织。1992 年，OVI 决定促进 Verilog 语言的标准化，使其成为 IEEE 标准。这一努力最后获得成功，1995 年 Verilog 语言被批准成为 IEEE 标准，即 IEEE Std1364-1995。完整的标准在 Verilog 硬件描述语言参考手册中有详细描述。

1.3 主要能力

下面列出的是 Verilog 硬件描述语言的主要能力：

- 基元(原语)逻辑门，例如 and、or 和 nand 等都是 Verilog 语言内部固有的(内建原语)要素。
- 创建用户定义原语(UDP)的灵活性。用户定义的原语既可以是描述组合逻辑的原语，也可以是描述时序逻辑的原语。
- 开关级建模的基元(原语)门，例如 pmos 和 nmos 等也是 Verilog 语言内部固有(内建原语)的。
- 为指定设计中端口到端口的延迟、路径的延迟以及设计的时序检测，Verilog 语言提供了明确的语言结构。
- 可采用 3 种不同的风格或采用混合风格为设计建模。这些风格包括：行为风格，即用过程化语言结构建模；数据流风格，即用连续赋值语句建模；结构风格，即使用门和模块的实例引用语句建模。
- Verilog 硬件描述语言中有两类数据类型：线网数据类型和变量数据类型。线网类型表示结构部件之间的物理连线，而变量类型表示抽象的数据存储元件。
- 用模块实例引用结构，可以描述一个由任意多个层次构成的设计。
- 设计规模的可大可小；Verilog 语言对设计的规模不施加任何限制。

[①] Gateway Design Automation 公司后来被 Cadence Design Systems 公司收购。

- Verilog 硬件描述语言不再是某些公司的专有语言,而是已符合 IEEE 标准的语言。
- 人和机器都可以理解 Verilog 语言,因此它可作为 EDA 的工具和设计者之间的交互语言。
- 使用编程语言接口(PLI)机制,能够进一步扩展 Verilog HDL 语言的描述能力。PLI 是一些子程序的集合,这些子程序允许外部函数访问 Verilog 模块的内部信息,允许设计者与仿真器进行交互。
- 能够在多个层次上对设计进行描述,从开关级、门级、寄存器传输级(RTL)到算法级,包括进程和队列级。
- 只用内建的开关级原语,也完全可以对设计进行建模。
- 只使用 Verilog 硬件描述语言就可以为设计生成测试激励,并为测试指定约束条件,例如指定输入值。
- Verilog 硬件描述语言能够用于对被测设计进行响应监控(即被测设计在测试激励作用下的响应值能够被监控和显示)。还能够将响应值与期望值进行比较,在发现不匹配的情况下,打印错误报告。
- 在行为级,Verilog 硬件描述语言不仅可以对设计进行寄存器(RTL)级的描述,还可以对设计进行体系结构行为级和算法行为级的描述。
- 在结构级,可以使用门和模块的实例引用描述电路的构造。
- 图 1.1 展示了 Verilog 硬件描述语言的混合建模能力,这是指构成设计的多个模块,其建模层次可以有很大不同的能力。

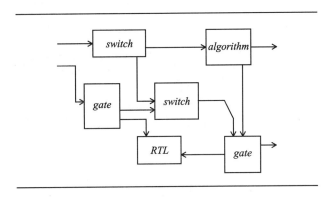

图 1.1 由不同层次混合而成的建模

- Verilog 硬件描述语言还具有内建逻辑函数,例如 &(按位与)及 |(按位或)。
- Verilog 硬件描述语言具有高级编程语言结构,例如条件语句、分支语句(case)语句和循环语句。
- 可以清晰地建立并发和时序模型。

- 提供了功能强大的文件读写能力。
- Verilog 硬件描述语言在某些情况下是非确定性的，换言之，在不同的仿真器上运行同一个模型有可能产生不同的仿真结果。例如，事件队列上的事件顺序在 Verilog 语言的标准中尚未被明确地定义。

1.4 练习题

1. Verilog 硬件描述语言在哪一年被首次纳入 IEEE 标准？
2. Verilog 硬件描述语言支持哪 3 种基本描述方式？
3. 使用 Verilog 硬件描述语言可以描述设计的时序吗？
4. Verilog 语言中的哪几条语法可以用来描述参数化设计？
5. 测试平台验证程序是否能够使用 Verilog 硬件描述语言来编写？
6. Verilog 硬件描述语言最早是由哪个公司开发的？
7. Verilog 硬件描述语言中的两类主要数据类型是什么？
8. UDP 代表什么？
9. 写出 2 个开关级建模基元（原语）门的名称。
10. 写出 2 个逻辑基元（原语）门的名称。

第 2 章 入门指南

本章为读者提供 Verilog 语言的快速入门指南。

2.1 模 块

Verilog 语言中的基本描述单位是模块。模块描述某个设计的功能或结构,以及它与其他外部模块进行通信的端口。使用开关级原语、门级原语和用户定义的原语可以对设计的结构进行描述;使用连续赋值语句可以对设计的数据流行为进行描述;使用过程性结构可以对时序行为进行描述。在模块内部可以实例引用另外一个模块。

模块基本语法举例说明如下:

```
module module_name ( port_list );
    Declarations:
        reg, wire, parameter,
        input, output, inout,
        function, task, …
    Statements:
        Initial statement
        Always statement
        Module instantiation
        Gate instantiation
        UDP instantiation
        Continuous assignment
        Generate statement
endmodule
```

声明(Declaration)被用于定义各种各样的条目,例如定义模块内的变量和参数。语句(Statement)被用于定义设计的功能和结构。声明和语句可以出现在模块中的任何地方;但是必须先对变量、线网和参数等作出声明,然后才能在语句中使用这些变量、线网和参数。为了使模块的描述清晰并具有良好的可读性,最好将所有的声明放在任何语句的前面。本书中的所有实例都将遵循这一约定。

下面这个简单的模块表示的是半加器电路的模型(如图 2.1 所示)。

```
module half_adder (a,b,sum,carry);
    input a,b;
    output sum,carry;

    assign #2 sum = a ^ b;
    assign #5 carry = a & b;
endmodule
```

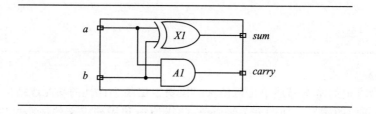

图 2.1 半加器电路

模块的名字是 half_adder。该模块有 4 个端口:2 个输入端口 a 和 b,2 个输出端口 sum 和 carry。由于没有定义端口的位数,因此所有端口的位宽都为 1 位;同时,由于没有声明各端口的数据类型,所以这 4 个端口都是线网类型。

该模块包含描述半加器数据流行为的两条连续赋值语句。这两条语句是并发的,也就是说,这两条语句在模块中出现的先后次序无关紧要。语句的执行次序取决于线网 a 和 b 上发生的事件。

在模块中,可用下面 4 种风格,对设计进行描述:
(1) 数据流风格;
(2) 行为风格;
(3) 结构风格;
(4) 上述描述风格的混合。

下面几节通过举例讲述这些设计风格。下面首先对 Verilog HDL 的延迟作一个简要的介绍。

2.2 延迟

Verilog HDL 模型中的所有延迟都是根据时间单位定义的。下面举例说明带延迟的连续赋值语句：

assign #2 sum = a ^ b;

其中，#2 指 2 个时间单位。

使用编译指令 \`timescale 可将时间单位与物理时间相关联。这样的编译器指令必须在模块声明之前定义，举例说明如下：

\`**timescale** 1ns /100ps

此语句说明延迟时间单位为 1ns 而时间精度为 100ps（时间精度是指所有延迟值的最小分辨度必须被限定在 0.1ns 内）。若上述编译器指令出现在包含上面的连续赋值语句的模块前，则 #2 代表 2ns。

若没有指定上述编译器指令，则 Verilog HDL 仿真器会指定一个缺省时间单位。IEEE Verilog HDL 标准并未对缺省的时间单位作出具体的规定。

2.3 数据流风格的描述

以数据流风格对设计进行建模的基本机制就是使用连续赋值语句。在连续赋值语句中，线网类型的变量被赋予某个值。连续赋值语句的句法为：

assign [delay] LHS_net = RHS_ expression;

右边表达式使用的操作数无论何时发生变化，右边表达式都会被重新计算，并且在指定的延迟后，由计算得到的值被赋予等号左边的线网变量。延迟定义了右边表达式操作数变化与赋值给左边表达式期间的时间。如果没有定义延迟值，默认的延迟为 0。

下面所举的例子展示了一个 2-4 解码器电路。该电路如图 2.2 所示，使用数据流风格对该模型建模。

\`**timescale** 1ns/1ns
module decoder2x4 (a,b,en,y);
　input a,b,en;
　output [0:3] y;
　wire abar,bbar;

```
    assign #1 abar = ~ a ;                    //语句 1
    assign #1 bbar = ~ b ;                    //语句 2。
    assign #2 y[0] = ~ ( abar & bbar & en );  //语句 3。
    assign #2 y[1] = ~ ( abar & b & en );     //语句 4。
    assign #2 y[2] = ~ ( a & bbar & en );     //语句 5。
    assign #2 y[3] = ~ ( a & b & en );        //语句 6。
endmodule
```

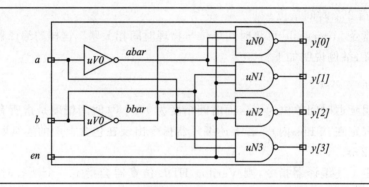

图 2.2 解码电路

以反引号`开始的第一条语句是编译器指令,编译器指令`**timescale**`将模块中所有延迟的单位设置为1ns,时间精度设置为1ns。例如,在连续赋值语句中延迟值#1 和#2 分别对应延迟1ns 和2ns。

模块 decoder2x4 有 3 个输入端口和 1 个 4 位输出端口。线网类型声明了 2 个 wire 类型变量 abar 和 bbar (wire 类型是线网类型的一种)。此外,模块包含 6 个连续赋值语句。

参见图 2.3 中的波形图。当 en 在第 5ns 变化时,语句 3、4、5 和 6 被执行。这是因为 en 是这些连续赋值语句中右边表达式的操作数。y[0]在第 7ns 时被赋予新值 0。当 a 在第 15ns 变化时,语句 1、5 和 6 被执行。执行语句 5 和 6 不影响 y[0]和 y[1]的取值。执行语句 5 导致 y[2]值在第 17ns 变为 0。执行语句 1 导致 abar 在第 16ns 被重新赋值。由于 abar 的改变,反过来又导致 y[0]值在第 18ns 变为 1。

请注意连续赋值语句是如何对电路的数据流行为进行建模的;这种建模风格是隐式而非显式的建模风格。此外,连续赋值语句是并发执行的,也就是说各语句的执行次序与其在描述中出现的次序无关。

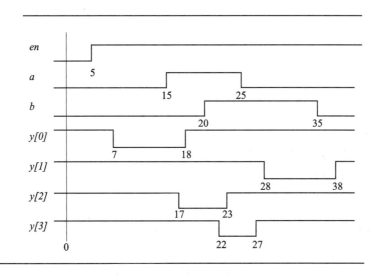

图 2.3 连续赋值语句举例

2.4 行为风格的描述

设计的行为功能可以使用下述过程性结构进行描述：
(1) initial 语句：本语句只执行一次。
(2) always 语句：本语句总是在循环执行中，换言之，本语句不断重复地执行。

只有变量类型数据能够在这两种语句中被赋值。这种类型的变量数据在被赋新值前保持原有值不变。所有的 initial 语句和 always 语句在 0 时刻并发执行。

下面举例说明 always 语句是如何被用来对 1 位全加器电路进行建模的，如图 2.4 所示。

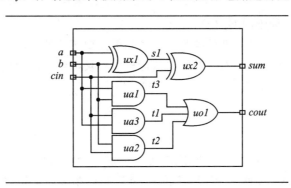

图 2.4 1 位全加器

```verilog
module fa_seq(a,b,cin,sum,cout);
input a,b,cin;
output reg   sum,cout;
reg t1,t2,t3;

always
    @( a or b or cin ) begin
        sum<= (a^b)^cin;
        t1 = a & cin;
        t2 = b & cin;
        t3 = a & b;
        cout<= ( t1 | t2 ) | t3;
    end
endmodule
```

模块 fa_seq 有 3 个输入和 2 个输出。因为 sum、cout、t1、t2 和 t3 是在 always 语句中被赋值的,所以都被声明为 **reg** 类型(**reg** 是变量数据类型的一种)。always 语句具有一个与事件控制(紧跟在字符@ 后面的表达式)相关联的顺序(**begin-end** 对)块。这意味着,无论何时,只要 a、b 或 cin 上有事件发生,即 a、b 或 cin 中的任意一个或几个的值发生变化,顺序块就被执行。在顺序块中的语句按照顺序执行,并且在执行结束后被挂起。顺序过程执行完成后,always 语句再次等待 a、b 或 cin 上发生事件。

在顺序块中出现的语句都是过程性赋值语句。过程性赋值语句有两种类型:① 阻塞过程性赋值(用"=");② 非阻塞过程性赋值(用"<=")。阻塞过程性赋值是按照顺序执行的,排列在前面的语句完成赋值后,再执行下面的赋值语句。非阻塞过程性赋值语句把想要赋给左式的值安排在未来时刻,然后继续执行,换言之,它并不等到赋值执行完成后才执行下一句。而阻塞赋值却一直等到左式被赋了新值后才执行下一句。过程性赋值语句可以选择带有一个延迟。

延迟可以指定为 2 种不同的类型:
(1) 语句间延迟:表示的是开始执行本条语句前需要等待的时间。
(2) 语句内延迟:表示的是右式计算出值后到左式被赋该值之间的时间。

下面是语句间延迟的示例:

sum = (a^b)^cin;
#4 t1 = a & cin;

在第 2 条语句中的延迟规定:该赋值语句将延迟 4 个时间单位才开始执行。也就是说,在第 1 条语句执行后必须等待 4 个时间单位后,才能执行第 2 条语句的逻辑运算和赋值。

下面举例说明语句内延迟:

```
sum = #3 (a^b)^cin;
```

这条赋值语句中的延迟意味着首先计算右边表达式的值,等待 3 个时间单位,然后将计算得到的结果值赋值给 sum。

若在阻塞过程性赋值中未指定延迟,则缺省延迟值为 0,也就是说,赋值立即发生。若在非阻塞过程性赋值中未指定延迟,则赋值发生在时阶(Time Step)结束的时刻,也就是说,赋值发生在所有此刻发生的事件已经完成后。关于可以在 always 过程块中指定的其他形式的语句,以及阻塞和非阻塞赋值的更多资料,将在第 8 章①中讨论。

下面举例说明 initial 语句的使用:

```
`timescale 1ns/1ns
module generate_waves (mclr,wren);
    output reg    mclr,wren;
    initial
        begin
            mclr = 0;              //语句 1
            wren = 0;              //语句 2
            mclr = #5    1;        //语句 3
            wren = #3    1;        //语句 4
            mclr = #6    0;        //语句 5
            wren = #2    0;        //语句 6
        end
endmodule
```

上面的模块产生如图 2.5 所示的波形。initial 语句包含一个顺序块。这一顺序块在 0 ns 时刻开始执行,当顺序块中所有的语句全部执行完毕后,initial 语句随即永远挂起。该顺序块包含带有语句内延迟的阻塞过程性赋值语句。语句 1 和 2 在 0 ns 时刻执行。第 3 条语句也在 0 时刻执行,使得 mclr 在第 5 ns 时被赋值。第 4 条语句在第 5 ns 时刻执行,而 wren 在第 8 ns 时刻被赋值。同样,mclr 在第 14 ns 时刻被赋值为 0,wren 在第 16 ns 时刻被赋值为 0。第 6 条语句执行后,initial 语句永远被挂起。第 8 章将更详细地讲解 initial 语句。

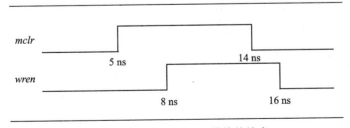

图 2.5 generate_waves 模块的输出

---

① 第 8 章将提供什么时候用阻塞赋值,什么时候用非阻塞赋值的指导原则。

2.5 结构风格的描述

在 Verilog HDL 中,可以使用以下 4 种构造对电路结构进行描述:
(1) 内建门级基元(原语):在门级描述电路;
(2) 开关级基元(原语):在晶体管级描述电路;
(3) 用户定义的基元(原语):在门级描述电路;
(4) 模块实例:创建层次结构描述电路。

用线网可以指定基元(原语)和模块实例之间的相互连接。下面举一个例子说明如何基于图 2.4 所示的逻辑图,用内建门级基元(原语)来描述全加器的电路结构。

```
module fa_str ( a,b,cin,sum,cout );
    input a,b,cin;
    output sum,cout;
    wire s1,t1,t2,t3;
    xor
        ux1 (s1,a,b),
        ux2 (sum,s1,cin);
    and
        ua1 (t3,a,b),
        ua2 (t2,b,cin),
        ua3 (t1,a,cin);
    or
        uo1 (cout,t1,t2,t3);
endmodule
```

在上面的例子中,模块包含了门的实例引用语句,也就是说,模块中实例引用了 Verilog 语言内建的 **xor**、**and** 及 **or** 基元门。这些基元门的实例由线网类型的变量 s1、t1、t2 和 t3 互相连接起来。由于没有顺序的要求,所以基元门的实例引用语句可以以任何顺序出现,表示的只是电路的结构,**xor**、**and** 和 **or** 是内建门级基元(原语);ux1、ux2、ua1 等是实例名称。紧跟在每个门后的信号列表是门的互连;列表中的第一个信号是门的输出,其余的都是输入。例如,s1 被连接到 xor 门实例 ux1 的输出,而 a 和 b 被连接到实例 ux1 的输入。

通过实例引用 4 个 1 位全加器模块可以描述一个 4 位全加器,其逻辑图如图 2.6 所示。下面列出的是描述该 4 位全加器的 Verilog 代码。

```
module four_bit_fa ( fa,fb,fcin,fsum,fcout );
    parameter SIZE = 4;
```

```
input [SIZE:1] fa,fb;
output [SIZE:1] fsum;
input fcin;
input fcout;
wire [SIZE-1:1] ftemp;

fa_str
        ufa1 (//按照对应端口名连接
            .a(f a[1]),.b(fb[1]),.cin(fcin),
            .sum(fsum[1]),.cout(ftemp[2])
            ),
        ufa2 (//按照对应端口名连接
            .a(fa[2]),.b(fb[2]),.cin(ftemp[1]),
            .sum(fsum[2]),.cout(ftemp[2])
            ),
        ufa3 (//按照端口顺序连接
            fa[3],fb[3],ftemp[2],fsum[3],ftemp[3]
            ),
        ufa4 (//按照端口顺序连接
            fa[4],fb[4],ftemp[3],fsum[4],fcout
            );
endmodule
```

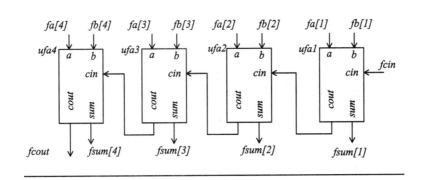

图 2.6 一个 4 位全加器

在这一例子中,模块实例被用于为 4 位全加器建模。在模块实例引用语句中,端口可以与端口名关联,也可以与端口位置关联。前两个实例 ufa1 和 ufa2 使用端口名关联的方式,也就是说,端口的名称和连接到该端口的线网被明确地加以描述(每一条连接形式都用.port_name(net_name)表示)。最后两个实例语句,即实例 ufa3 和 ufa4 使用位置关联方式将端口与线网关联。这里关联的顺序很重要,例如,在实例 ufa4 中,第一条线网 fa[4] 与 fa_str 的端口 a 连接,第二条线网 fb[4] 与 fa_str 的端口 b 连接,余下的由此类推。

2.6 混合设计风格的描述

在模块中,结构的构造和行为的构造可以自由地混合。换言之,模块描述中可以包含门的实例引用、模块的实例引用、连续赋值语句、always 语句和 initial 语句,以及其他语句的混合。来自 always 语句和 initial 语句(切记,只有变量类型数据可以在这两种语句中被赋值)的值能够驱动门或开关,而来自于门或连续赋值语句(只能驱动线网)的值能够被用于触发 always 语句和 initial 语句。

下面举一个用混合风格设计 1 位全加器的例子。在加法运算中,端口已经用模块端口描述风格加以描述,在这种描述中端口的声明与端口列表的本身被混合在一起。在前面的例子中曾经用过模块端口列表风格,在那种风格中,端口列表在模块声明时指定,而端口声明则位于端口列表下面的模块体中。

```
module fa_mix (
                input a,b,cin, ①
                output sum,
                output reg cout
                );
    reg t1,t2,t3;

    wire s1;

    xor ux1(s1,a,b) ;                   //门实例语句

    always
        @( a or b or cin ) begin        //always 语句
            t1 = a & cin;               //阻塞赋值
            t2 = b & cin;
            t3 = a & b;
            cout<= ( t1 | t2 ) | t3;    //非阻塞赋值
        end
    assign sum = s1 ^ cin;              //连续赋值语句
```

---

① 注意:不同类型的端口之间要用逗号分隔开。

endmodule

只要 a 或 b 上有事件发生,门的实例引用语句就被执行。只要 a、b 或 cin 上有事件发生,就执行 always 语句,并且只要 s1 或 cin 上有事件发生,就执行连续赋值语句。

2.7 设计的仿真

Verilog HDL 不仅提供了描述设计的能力,还提供了激励建模、控制、存储响应和验证的能力。激励和控制可以用初始化语句产生。来自于被测设计的响应可以作为"变化时保存"或作为选通数据被保存下来[1]。最后,通过在初始化语句中写入相应的语句,自动地与期望的响应值进行比较,从而完成设计的验证。

下面举了一个测试模块 fa_top 的例子,该例子测试前面 2.4 节中介绍过的 fa_seq 模块。

```
`timescale 1ns / 1ns
module fa_top ;  //一个模块可以有一个空的端口列表[2]
  reg pa,pb,pci;
  wire pco,psum;

  //实例引用被测模块:
  fa_seq  uf1 (
          pa,pb,pci,psum,pco
          );  //按照端口位置进行连接
initial
  begin: blk_only_once
    reg [3:0] pal;
    //需要 4 位,pal 才能取值 8
    for ( pal = 0 ;pal<8 ;pal = pal +1 )
      begin
        {pa,pb,pci} <= pal;
        #5 $display("pa,pb,pci = %b%b%b",pa,pb,pci,
                    " : : : pco,psum = %b%b",pco,psum);
      end
  end
endmodule
```

---

[1] 设计者可以用 Verilog 编写代码只把发生变化的响应数据或者想要观察的响应数据记录下来,以便于分析和验证。
[2] 模块可以没有端口列表。

按端口顺序对应方式将模块实例中的信号与被测试模块中的端口相连接。也就是说，pa 被连接到模块 fa_seq 的端口 a，pb 被连接到模块 fa_seq 的端口 b，以此类推。注意初始化语句中使用了一个 for 循环语句，在 pa、pb 和 pci 上产生波形。for 循环中的第一条赋值语句的目标是一个拼接项。等号右边相应的位被自右向左地赋值给等号左边的变量。初始化语句还包含一个 Verilog 硬件描述语言固有的系统任务。系统任务 $display 将输入以指定的格式打印输出。

调用系统任务 $display 时的延迟控制规定，等待 5 个时间单位后才执行 $display 任务。这 5 个时间单位代表了逻辑电路稳定需要的时间。也就是从施加输入向量至观察到被测试模块产生输出响应之间的延迟时间。

这一模型中还有另外一个细微差别。pa1 在初始化语句内被定义为局部变量。为了做到这一点，初始化语句中的顺序块（**Begin-end**）必须被标记。在这种情况下，为这个顺序块所做的标记是 blk_only_once。如果在顺序块内没有定义局部变量，就不需要该标记。测试模块产生的波形如图 2.7 所示。下面是测试模块产生的输出。

```
pa,pb,pci = 000 : : : pco,psum = 00
pa,pb,pci = 001 : : : pco,psum = 01
pa,pb,pci = 010 : : : pco,psum = 01
pa,pb,pci = 011 : : : pco,psum = 10
pa,pb,pci = 100 : : : pco,psum = 01
pa,pb,pci = 101 : : : pco,psum = 10
pa,pb,pci = 110 : : : pco,psum = 10
pa,pb,pci = 111 : : : pco,psum = 11
```

下面再举一个测试模块的例子，在这个例子中对由两个交叉耦合的与非门构成的 rs_

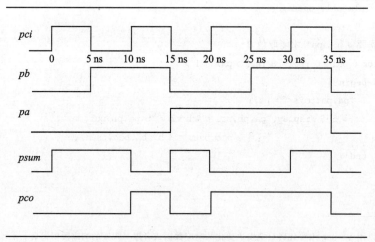

图 2.7　执行测试平台 fa_top 所产生的波形

flipflop 模块(如图 2.8 所示)进行测试。

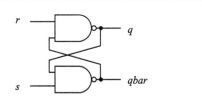

图 2.8　两个交叉偶合的与非门

```
`timescale 10ns/1ns
  module rs_flipflop ( q,qbar,r,s );
    output q,qbar;
    input r,s;

    nand #1 (q,r,qbar);
    nand #1 (qbar,s,q,);

  endmodule

  module test_rs_flipflop;
    reg ts,tr;
    wire tq,tqb;
    //实例引用被测试模块：
            rs_flipflop    u_rsff   (
              .q(tq),.s(ts),.r(tr),.qbar(tqb)
              );
    //采用按端口名连接的方式

    //加载激励：
  initial
    begin：
      tr = 0;
      ts = 0;
      #5 ts = 1;
      #5 ts = 0;
      tr = 1;
      #5 ts = 1;
      tr = 0;
      #5 ts = 0;
      #5 tr = 1;
    end
```

```
//显示输出:
initial
    $monitor ("at time %t ," ,$time,
              "tr = %b,ts = %b,tq = %b,tqb = %b"
              tr ,ts,tq,tqb);
endmodule
```

rs_flipflop 模块描述了设计的结构。在实例引用门的语句中使用门延迟,例如,第一条实例引用语句中的门延迟为 1 个时间单位。该门延迟意味着:若 r 或 qbar 假定在 T 时刻变化,则 q 将在 T+1 时刻获得计算结果值。

模块 test_rs_flipflop 是一个测试模块。在该测试模块中,被测设计 rs_flipflop 被实例引用,被测设计的端口按照端口名连接。在这一模块中有两条初始化语句。第一条初始化语句只简单地产生 ts 和 tr 上的波形,该初始化语句包含带有语句间延迟的阻塞过程性赋值语句。

第二条初始化语句调用了系统任务 $monitor。调用这一系统任务使得每当参数表中指定的变量值发生变化时就打印指定的字符串。图 2.9 展示了产生的波形。下面是测试模块产生的输出。请注意 timescale 编译指令对延迟产生的影响。

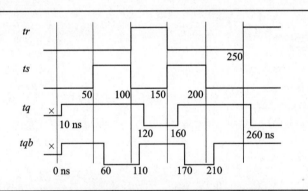

图 2.9 由模块 test_rs_flipflop 产生的波形

```
At time 0, tr = 0,ts = 0,tq = x,tqb = x
At time 10,tr = 0,ts = 0,tq = 1,tqb = 1
At time 50,tr = 0,ts = 1,tq = 1,tqb = 1
At time 60,tr = 0,ts = 1,tq = 1,tqb = 0
At time 100,tr = 1,ts = 0,tq = 1,tqb = 0
At time 110,tr = 1,ts = 0,tq = 1,tqb = 1
At time 120,tr = 1,ts = 0,tq = 0,tqb = 1
At time 150,tr = 0,ts = 1,tq = 0,tqb = 1
At time 160,tr = 0,ts = 1,tq = 1,tqb = 1
At time 170,tr = 0,ts = 1,tq = 1,tqb = 0
At time 200,tr = 0,ts = 0,tq = 1,tqb = 0
At time 210,tr = 0,ts = 0,tq = 1,tqb = 1
```

```
At time 250,tr = 1,ts = 0,tq = 1,tqb = 1
At time 260,tr = 1,ts = 0,tq = 0,tqb = 1
```

后面的章节将更详细地探讨这些主题。

2.8 练习题

1. 在数据流风格的 Verilog 设计描述中主要使用什么语句?
2. 使用 `timescale` 编译器指令的目的是什么?请举例说明。
3. 在过程性赋值语句中可以指定哪两种延迟?请举例详细说明。
4. 用数据流风格描述如图 2.4 所示的 1 位全加器。
5. initial 语句与 always 语句的关键区别是什么?
6. 用初始化语句写出如图 2.10 所示的变量 `peg_tsi` 的波形。

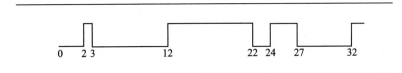

图 2.10 变量 peg_tsi 的波形

7. 用结构风格编写如图 2.2 中所示的 2.4 译码器的 Verilog 模型。
8. 为 2.3 节中描述的模块 decode2x4 编写一个测试平台(Test Bench)。
9. 写出能在 Verilog HDL 模型中使用的两类赋值语句的名称。
10. 在什么情况下需要为顺序块定义标记?
11. 用数据流描述风格,为如图 2.11 所示的异或逻辑编写 Verilog HDL 模型,并使用指定的延迟。

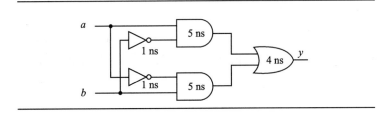

图 2.11 异或逻辑

12. 下面连续赋值语句的错误在哪里?

```
assign reset = #2 ^ hwrite_bus;
```

第 3 章
Verilog 语言要素

本章阐述了 Verilog HDL 的基本要素，包括标识符、注释、数值、编译程序指令、系统任务和系统函数。此外，本章还介绍了这种语言中的 2 种数据类型。

3.1 标识符

Verilog HDL 中的标识符（Identifier）是由任意字母、数字、$ 符号和_(下划线)符号的组成的字符序列，但标识符的第一个字符必须是字母或者下划线。此外，标识符是区分大小写的。下面举几个标识符的例子：

```
Count
COUNT           与小写的 Count 不同
_R1_D2
R56_68
FIVE$
```

转义标识符（Escaped Identifier）为在标识符中包含任何可打印字符提供了一条途径。转义标识符以 \(反斜线) 符号开头，以空白结尾(空白可以是空格、制表符或换行符)。下面举几个转义标识符的例子：

```
\7400
\.*.$
\{******}
\~Q
\OutGate        等同于 OutGate
```

最后的例子解释了这样一个事实:在转义标识符中,反斜线和结束空格并不是转义标识符的一部分。也就是说,标识符\OutGate 和标识符 OutGate 是完全等价的。

Verilog HDL 定义了一系列保留标识符,叫做关键词,仅用于表示特定的含义。附录 A 列出了 Verilog 语言中的所有保留字。注意只有小写的关键词才是保留字。例如,标识符 always(这是个关键词)与标识符 ALWAYS(非关键词)是不同的。

此外,在 Verilog 语言中,转义关键词与关键词是不同的。标识符\initial 与标识符 initial (这是个关键词)不同。请注意,这一约定与一般(即非关键词)的转义标识符不同。[①]

3.2 注 释

在 Verilog HDL 中有 2 种形式的注释。
/ * 第一种形式:可以
　　扩展至
　　多行 * /

//第二种形式:到本行结束为止

3.3 格 式

Verilog HDL 是大小写敏感的,也就是说,字符相同而字体(大小写)不同的两个标识符是不同的。此外,Verilog HDL 语句的格式很自由,即语句结构既可以跨越多行编写,也可以在一行内编写。空格(空白行、制表符和空格)没有特殊含义。下面举例加以说明:

initial **begin** gre_sel = 3´b001; #2 gre_sel = 3´b011 ;**end**[②]

上面的语句和下面的语句完全等价:

initial
　begin
　　　gre_sel = 3´b001;
　　#2　gre_sel = 3´b011;
　end

---

① 指导原则:不能用大小写混用字符串表示关键词,也不能把转义的关键词作为标识别符。
② 指导原则:行的长度必须小于 132 个字符。

3.4 系统任务和系统函数

以 $ 字符开始的标识符被认为是系统任务或系统函数。任务提供了一种把行为封装起来的机制,因而可在设计代码的不同位置调用这种封装起来的行为。任务可以返回 0 个或多个值。函数除了只能返回一个值以外,与任务类似。此外,函数的执行不需要时间(In Zero Time),即不允许有任何延迟,而任务可以带有延迟;但系统任务不能有任何延迟。

```
$display ( "Hi,you have reached LT today" );
/*     $display 系统任务用新的一行字符显示指定的信息。*/

$time
//该系统函数返回当前的仿真时间
```

系统任务和系统函数将在第 10 章中详细地讲解。

3.5 编译器指令

某些以 `(反引号)起头的标识符是编译器指令。在 Verilog 代码编译的整个过程中,编译器指令始终有效(编译过程可能跨越多个文件),直到遇到其他不同的编译器指令为止。下面列出了所有的标准编译器指令:
- `define、`undef
- `ifdef、`ifndef、`else、`elseif、`endif
- `default_nettype
- `include
- `resetall
- `timescale
- `unconnected_drive、`nounconnected_drive
- `celldefine、`endcelldefine
- `line

3.5.1 `define 和 `undef

`define 指令是用于定义文本替换的宏命令,它类似于 C 语言中的 #define 指令。下面举例说明了这个编译指令的使用：

```
`define   MAX_BUS_SIZE 32
`define   RESULT_SIZE ( AWIDTH * BWIDTH )
...
reg [`MAX_BUS_SIZE - 1: 0]add_reg;①
```

一旦 `define 指令被编译通过，则由其规定的宏定义在整个编译过程期间都保持有效。例如，在某个文件中通过 `define 指令定义的宏定义 MAX_BUS_SIZE 可以在多个文件中使用。

`undef 指令取消前面定义的宏。下面举例说明：

```
`define WORD 16        //建立一个文本宏替代
...
wire [`WORD: 1]sio_rdy;
...
`undef   WORD
// 在`undef 编译器指令后，WORD 宏定义不再有效
```

3.5.2   `ifdef、`ifndef、`else、`elseif 和 `endif

这些编译指令被用于条件编译。Verilog 语言支持 2 种这类编译指令，即 `ifdef 和 `ifndef。`ifdef 形式检查该宏定义是否存在；而 `ifndef 形式则检查该宏定义是否不存在。下面举例说明：

```
`ifdef   WINDOWS
parameter WORD_SIZE = 16;
`else
parameter WORD_SIZE = 32;
`endif
```

在编译过程中，如果已定义了名字为 WINDOWS 的宏文本，就选择第一种参数声明，否则选择第二种参数声明。

对于 `ifdef 指令而言，`else 指令是可选的（可有可无）。

`ifndef 编译指令与 `ifdef 指令正好相反，它的含义是"若没有定义该宏定义，则做某件事情"。`elseif 编译指令等价于 `else 后面再跟着 `ifdef 指令。下面举例说明：

```
//若未定义 RTL_SYNTHESIS 这个宏
`ifndef   RTL_SYNTHESIS
```

---

① 指导原则：宏定义名必须全部用大写字母。

```
    assign #(PERIOD/2) core_clock = ~core_clock;
`endif

`ifdef ALWAYS_FORM
    always @ (a,b)  y<= a | b;①
`elseif ASSIGN_FORM
    assign y = a | b;
`else
    or u1or (y,a,b);
`endif
```

3.5.3 `default_nettype

该指令用于为隐式线网指定线网类型,也就是为那些没有被声明类型的线网定义类型。

`default_nettype wand

上面的例子定义了缺省的线网为线与(wand)类型。因此,此指令后的任何模块中若有尚未声明类型的连线,则都被假定为线与类型。**none** 这个值也可以被用来指定缺省的线网类型,表示不允许使用隐含的线网类型。②

3.5.4 `include

`include 编译器指令用于在代码行中包含任何其他文件的内容③。被包含的文件既可以用相对路径名定义,也可以用全路径名定义,例如:

`include "../../primitives.v"

编译时,这一行由文件"../../primitives.v"的内容替换。

3.5.5 `resetall

该编译器指令将所有的编译指令重新设置为缺省值。

`resetall

---

① @(a,b) 与 @(a or b) 是等价的。
② 指导原则:该编译器指令必须位于模块外部。
③ 指导原则:将多个`define 编译器指令放在一个独立的名为<design>_defines.v 的文件中。用`include 编译器指令在设计文件中包含该文件。

举例说明：上面的指令将缺省线网类型设置为线网(wire)类型。

3.5.6 `timescale

在 Verilog HDL 模型中，所有延迟都用单位时间表示。使用`timescale 编译器指令可将时间单位与实际时间相关联。该指令用于指定延迟的时间单位和时间精度。`timescale 编译器指令的格式为：

`timescale *time_unit / time_precision*

其中 time_unit 和 time_precision 由值 1、10、和 100 以及单位 s、ms、us、ns、ps 和 fs 组成。例如：`timescale 1ns/100ps 表示延迟的时间单位为 1ns，延迟的时间精度为 100ps。`timescale 编译器指令放在模块声明的外部，它影响其后所有的延迟值。举例说明如下：

```
`timescale 1ns/100ps
module and_function ( y,a,b);
  output   y;
  input a,b;

  and   #(5.22,6.17)   u1and(y,a,b);
    //指定了上升及下降延迟值
endmodule
```

编译器指令定义延迟以 ns 为单位，并且延迟精度为 1/10ns(100ps)。因此，延迟值 5.22 对应 5.2ns，延迟 6.17 对应 6.2ns。若用如下的`timescale 编译器指令来代替上例中的编译器指令：

`timescale 10ns/1ns

则延迟 5.22 对应 52ns，而延迟 6.17 则对应 62ns。

在编译过程中，`timescale 指令影响这一编译器指令后面所有模块中的延迟值，直至遇到另一个`timescale 指令或`resetall 指令。当一个设计中的多个模块带有自身的`timescale 编译指令时将发生什么？在这种情况下，仿真器总是依据所有模块中的最小时间精度，所有延迟都相应地转换为最小延迟精度。举例说明如下：

```
`timescale 1ns/100ps
module  and_function (y,a,b);
  output y;
  input a,b;

  and #(5.22,6.17)   u1and (y,a,b);
endmodule
```

```
`timescale 10ns/1ns
module tb_and;
  reg   put_a,put_b;
  wire  get_y;

  initial
    begin
      put_a = 0;
      put_b = 0;
      #5.21 put_b = 1;
      #10.4 put_a = 1;
      #15 put_b = 0;
    end

  and_function   u_and_function (get_y,put_a,put_b);
endmodule
```

在上面这个例子中,每个模块都有自身的 `timescale` 编译器指令。`timescale` 编译器指令首先作用于延迟。因此,在第一个模块中,5.22 对应于 5.2 ns,6.17 对应于 6.2 ns;在第二个模块中 5.21 对应于 52 ns,10.4 对应于 104 ns,15 对应于 150 ns。如果仿真模块 tb_and,设计中的所有模块最小时间精度为 100 ps。因此,所有延迟(特别是模块 tb_and 中的延迟)将换算成精度为 100 ps。延迟 52 ns 现在对应于 520×100 ps,104 对应于 1 040×100 ps,150 对应于 1 500×100 ps。更重要的是,仿真使用 100 ps 为时间精度。若对模块 and_function 进行仿真,由于模块 tb_and 不是模块 and_function 的子模块,所以模块 tb_and 中的 `timescale` 程序指令将不再有效[①]。

3.5.7 `unconnected_drive` 和 `nounconnected_drive`

实例引用模块时,出现在这两个编译器指令之间的任何未连接的输入端口,可以是上拉状态(即 1),也可以是下拉状态(即 0)。

```
`unconnected_drive  pull1
 ...
/* 位于这两个编译器指令之间的所有未连接的输入端口为上拉(即连接到 1) */[②]
`nounconnected_drive

`unconnected_drive  pull0
```

---

① 此时起作用的将是精度高的时间刻度,因此模块 tb_and 中的延迟 5.21 对应的将是 5.2 ns,而不再是 52 ns。
② 这两个编译器指令必须位于模块外部。

...
/*位于这两个编译器指令之间的所有未连接的输入端口为下拉(即连接到 0)*/
`nounconnected_drive

3.5.8 `celldefine 和 `endcelldefine

这两个编译器指令用于把模块标记为单元(Cell)模块。它们一般包含模块的定义,举例说明如下。

```
`celldefine
  module FD1S3AX(D,CK,Q);①
    input D,CK;
    output Q;
    ...
  endmodule
`endcelldefine
```

单元模块由某些 PLI 子程序使用。单元模块通常具有一个指定该单元延迟的块。PLI 子程序可以利用这个信息(即 specify block 中的信息)进行这些单元的延迟计算。

3.5.9 `line

`line 指令在 Verilog 编译器中将行号和文件名复位至指定的值。

`line 52 "reset_map.vg"

上面这个指令实际上是 Verilog 2001 新添加的内部编译预先处理指令。当自动生成的(带有该处理指令的)Verilog HDL 文件被编译时,自动将指令值关联的原始文件复制到文件的指定行,该编译器指令值被用来发出信息。一般用户不会直接使用本编译器指令。

3.6 值集合

Verilog HDL 有下列 4 种基本值:
(1) **0**:逻辑 0 或"假"。
(2) **1**:逻辑 1 或"真"。

---

① 指导原则:单元的模块名和端口名一般都用大写字母。

(3) **x**：未知。

(4) **z**：高阻。

注意,这4种值的解释都是Verilog语言所固有的(内建的)。**z**值总是意味着高阻抗,0值总是表示逻辑0,其余以此类推。

在门的输入或表达式中的**z**值通常被解释为**x**。此外,**x**值和**z**值都是不分大小写的,也就是说,值0x1z与值0X1Z是等价的。Verilog HDL中的常量是由以上这4种基本值组成的。

Verilog HDL中有3种类型的常数：

(1) Integer(整型)；

(2) Real(实型)；

(3) String(字符串型)。

下划线符号_可以自由地在整数或实数中使用；就数值本身而言,它们没有任何意义。它们能够被用来改进易读性；唯一的限制是下划线符号不能用来作为常数的首字符。

3.6.1 整型数

整型数可以按照如下两种方式书写：

(1) 简单的十进制数格式；

(2) 基数格式。

1. 简单的十进制格式

这种形式的整数被定义为带有一个可选的 +(一元)或 -(一元)操作符的数字序列。下面举几个简单的十进制形式的整数作为例子：

```
32       是十进制数 32
-15      是十进制数 -15
```

这种形式的整数值代表一个有符号的数。负数可使用2的补码形式表示。因此32在6位的二进制形式中为100000,在7位二进制形式中为0100000；-15在5位二进制形式中为10001,在6位二进制形式中为110001。

2. 基数格式表示法

这种形式的整数格式为：

[size] '[signed] base value

size指定该常量用二进制表示的位数(位宽)；signed是小写 **s** 或者大写 **S**；base为 **o** 或 **O**(表示八进制),**b** 或 **B**(表示二进制),**d** 或 **D**(表示十进制),**h** 或 **H**(表示十六进制)之一；value是基于 base 的值的数字序列。值 **x** 和 **z** 以及十六进制中的 **a**~**f** 不区分大小写。下面是一些具体实例：

```
5 ′O37           5 位八进制数
4 ′D2            4 位十进制数
4 ′B1x_01        4 位二进制数
7 ′Hx            7 位 x(扩展的 x)，即 xxxxxxx
4 ′hz            4 位 z(扩展的 z)，即 zzzz
8 ′h  2A         在位长和字符之间，以及基数和数值之间允许出现空格
8 ′sh51          8 位有符号数 01010001
6 ′so72          6 位有符号数 111010，它是十进制下的 -6，等同于 6′sh3A

//非法整数举例
4 ′d-4           非法：数值不能为负
3 ′b001          非法：′和基数 b 之间不允许出现空格
(2+3) ′b10       非法：位长不能够用表达式表示
```

注意，x(或 z)在十六进制数值中代表 4 位 x(或 z)，在八进制中代表 3 位 x(或 z)，而在二进制中只代表 1 位 x(或 z)。

基数格式的数通常为无符号数。是否定义这种格式整型数的位宽是可选择的。若某整型数的位宽没有定义，则该数的位宽至少为 32 位。下面是两个例子：

```
′o721            32 位八进制数，无符号
′hAF             32 位十六进制数，无符号
′sb1011          32 位二进制数，有符号的 -5
```

若定义的位宽比为常量指定的位宽大，对无符号数则在数的左边填 0 补齐，而对有符号数则在左边填符号位补齐。但是如果数最左边一位为 x 或 z，则相应地用 x 或 z 在左边补位。例如：

```
10 ′b10          左边添 0 占位，0000000010
10 ′bx0x1        左边添 x 占位，xxxxxxx0x1
8 ′sb101101      左边添符号位(1)，11101101
```

若位宽定义得比数值小，则最左边的多余位被相应地截断。举例说明如下[①]：

```
3 ′b1001_0011    等同于 3′b011
5 ′HOFFF         等同于 5′H1F
3 ′sb10100       等同于 3′sb100
```

同样，若没有指定数的位宽，而需要的却是一个较大位宽的数，则对无符号数而言，只需要用 0 来填满即可；而对于有符号的数而言，则需要用最左边的那一位来填满多余的空位。若最

---

① 在截断期间符号位不予以保留。

左边的那一位是 x 或者 z，则左侧多余的空位分别用 x 或者 z 来填满。

```
reg [15:0]  pbus_select;
pbus_select = 'h5;      //左侧填 0,即赋值 0000 0000 0000 0101
pbus_select = 'hx11;    //左侧填 x,即赋值 xxxx xxxx 0001 0001
pbus_select = 'hz51;    //左侧填 z,即赋值 zzzz zzzz 0101 0001
```

字符问号？可以用来代替数中 z 值。当 z 被解释为无关状态时，用问号来代替 z 可以提高程序的可读性（参见第 8 章）。

3.6.2 实　数

实数可以用下列两种形式定义：

（1）十进制表示法。举例说明如下：

```
2.0
5.678
11572.12
0.1
2.            //非法：小数点两侧必须有数字
```

（2）科学记数法。举例说明如下：

```
23_5.1e2    其值为 23510.0；忽略下划线
3.6E2       360.0(e 与 E 相同 )
5E-4        0.0005
```

Verilog 语言定义了实数如何隐式地转换为整数。实数通过四舍五入被转换为最接近的整数，如：

```
42.446、42.45     被转换为整数 42
92.5、92.699      被转换为整数 93
-15.62           被转换为整数 -16
-26.22           被转换为整数 -26
```

3.6.3 字符串

字符串是双引号内的字符序列，不能分成多行书写。字符串举例如下：

```
"INTERNAL ERROR"
"REACHED->HERE"
```

用 8 位 ASCII 值表示的字符可看作是无符号整数。因此字符串是 8 位 ASCII 值的序列。为存储字符串"INTERNALERROR",需要一个位宽为 8 * 14 位的变量。

```
reg[1:8*14]   message;
...
message = "INTERNAL ERROR";
```

反斜杠\字符可用来表示某些特殊的字符:

\n   表示换行符
\t   表示制表符
\\   表示反斜杠字符(\)本身
\"   表示双引号字符(")
\206   表示值为八进制数 206 的字符

3.7 数据类型

Verilog HDL 有两大类数据类型。

(1) 线网类型(Net Type):表示 Verilog 结构化元件间的物理连线。线网的值由驱动元件的值决定,例如连续赋值或门的输出。如果没有驱动元件连接到线网,线网的缺省值为 z。

(2) 变量[①]类型(Variable Type):表示一个抽象的数据存储单元,它只能在 always 语句和 initial 语句中被赋值,变量的值被从一条赋值语句保存到下一条赋值语句。变量类型的缺省值为 x。

3.7.1 线网类型

下面列出了属于线网(Net)数据类型的不同种类的线网:

- wire
- tri
- wor
- supply0
- trior
- wand
- triand
- supply1
- trireg
- tri1
- tri0

声明线网的简单语法为:

net_kind [***signed***] [[***msb*** : ***lsb***]] *net1*,*net2*,...,*netN*;

---

① 在 IEEE 1364-2001 标准公布之前,该类型被称作寄存器类型。

其中 net_kind 是上述线网类型的一种[①]。用关键词 **signed** 声明具有符号值的线网；在缺省情况下，线网是没有符号值的。msb 和 lsb 是用于指定线网范围的常量表达式；范围的指定是可选的；如果没有指定范围，缺省的线网类型其位宽为 1 位。下面举几个例子说明线网类型的声明：

```
wire bist_ready,cnt_start;      //2 个 1 位的线网
wand [2:0]haddr;
    //haddr 是 3 位向量的线与(Wand)类型线网②
`define SIZE 16
wire signed[7:0] pwdata,prdata;
    // pwdata 和 prdata 线网持有符号
    //其数的形式为 2 的补码
wire signed[SIZE-1:0] usb_data;
    //usb_data 线网持有符号
    //其数的形式为 2 的补码
```

当一个线网具有多个驱动器时，即对一个线网存在多个赋值时，不同的线网其行为不同。例如：

```
wor qma_ready;
wire kbl_clear,kbl_enable;
...
assign qma_ready = bist_ready & cnt_start;
...
assign qma_ready = kbl_clear | kbl_enable;
```

在本例中，qma_ready 有两个驱动源，分别来自于两个连续赋值语句。由于它是线或类型的线网，qma_ready 的有效值是由线或(wor)表(参见后面线或网的有关章节)决定的，该线或(wor)表使用表达式右边的变量值作为驱动源(即作为该表的输入项)。

1. wire 和 tri 线网

wire 类型是用于连接电路元件最常见的线网类型。wire 类型的线网与 tri 类型的线网在句法和语义上是完全一致的；tri 类型的线网可用于描述由多个信号源驱动的线网，而并没有任何其他特殊意义。

```
wire reset;
wire [3:1] mode_enable,clk_enable,clk_mode;
```

---

① 指导原则：线网名一律使用小写字母。
② 指导原则：表示范围用降序，最低位的索引为 0。

```
parameter MSB = 8,LSB = 0;
tri [MSB - 1 : LSB + 1] rtc_status;
```

若 wire 类型(或者 tri 类型)的线网由多个源驱动,则线网的有效值由下表决定:

wire(或 tri)	0	1	x	z
0	0	x	x	0
1	x	1	x	1
x	x	x	x	x
z	0	1	x	z

下面举例说明:

```
assign  mode_enable = clk_enable & clk_mode;
...
assign mode_enable = clk_enable ^ clk_mode;
```

在这个例子中,mode_enable 有两个驱动源,分别为 clk_enable 和 clk_mode。两个驱动源的值(表达式等号右侧的两项)用于在上表中作索引,以便决定 mode_enable 的有效值。由于 mode_enable 是一个向量,每位的值需要独立计算。例如,若 clk_enable 的值为 01x,且 clk_mode 的值为 11z,则 mode_enable 的有效值是 x1x(第 1 位 0 和 1 在表中索引到 x,第 2 位 1 和 1 在表中索引到 1,第 3 位 x 和 z 在表中索引到 x)。

2. wor 和 trior 线网

线或(wor)是指两个驱动源中若某一个为 1,则线网的值为 1。线或(wor)和三态线或(trior)类型的线网在语法和功能上是一致的。

```
wor [ MSB : LSB ]ctrl_reg;
localparam MAX = 32,MIN = 1;
trior [ MAX - 1 : MIN - 1 ]mode_reg,next_data,load_reg;
```

若由多个驱动源驱动该线网,则线网的有效值由下表决定:

wor(或 trior)	0	1	x	z
0	0	1	x	0
1	1	1	1	1
x	x	1	x	x
z	0	1	x	z

3. wand 和 triand 线网

线与(wand)是指两个驱动源中若某个信号为 0,则线网的输出值为 0。线与(Wand)和三态线与(triand)类型的线网在语法和功能上都是一致的。

wand [-7:0]paddress;
triand　preset,pwrite;

这种类型的线网若由多个源驱动,则该线网的有效值由下表决定。

wor(或 triand)	0	1	x	z
0	0	0	0	0
1	0	1	x	1
x	0	x	x	x
Z	0	1	x	z

4. trireg 线网

这种类型的线网能储存数值(类似于变量),可用于电容节点的建模。当三态变量(Trireg)的所有驱动源都处于高阻态,也就是说,所有驱动源的输出值均为 **z** 时,三态变量类型的线网保存作用在该线网上的最后一个值。此外,三态变量线网的缺省初始值为 **x**。

trireg [1:8]　bmc_datain,　bmc_dataout;

5. tri0 和 tri1 线网

这两类线网也可以用于线逻辑线网的建模,即由多个源驱动的线网。tri0(tri1)线网的特征是,若无驱动源驱动该线网,则其值为 0(tri1 的值为 1)。

tri0 [-3:3]　ground_bus;①
tri1 [0:-5]　otp_bus,itp_bus;

下面的表格展示若由多个源驱动时,tri0 或 tri1 类型线网的有效值:

tri0(tri1)	0	1	x	z
0	0	x	x	0
1	x	1	x	1
x	x	x	x	x
z	0	1	x	0(1)

---

① 范围表示也可以用负数。

6. supply0 和 supply1 线网

supply0 线网用于对"地"建模,即低电平 0;supply1 线网用于对电源线网建模,即高电平 1。举例说明如下:

```
`define RANGE [2:0]

supply0       logic_0,clk_ground,VSS;
supply1 `RANGE logic_1,VDD;
```

3.7.2 未声明的线网

在 Verilog HDL 中,对某个信号的线网类型不予以声明也是可以的。在这种情况下,线网类型被缺省地设置为 1 位的 wire 型线网。

这一隐含的线网声明可以使用`default_nettype 编译器指令加以改变。使用方法如下:

```
`default_nettype net_kind
```

举例说明如下,若带有下列编译器指令:

```
`default_nettype wand
```

任何未被声明的线网被缺省地设置为 1 位的线与(wand)型线网。

所有线网类型都必须明确地加以声明的目的,可以用上述编译指令实现,执行编译器指令 `default_nettypenone 即可。

3.7.3 向量线网和标量线网

在定义向量线网时可选用关键词 scalared 或 vectored。若使用关键词 vectored 定义线网,则不允许选择该向量的某位和选择该向量的部分位。换言之,必须对线网整体赋值(选择向量的某一位和选择向量的部分位将在下一章中讲解)。

举例说明如下:

```
wire vectored [3:1]grb_count;
    //不允许选择位 grb_count[2] 和选择部分位 grb_count[3:2]
wor scalared [4:0]bst_addr;
    //与 wor [4:0]bst_addr;相同;
    //允许选择位 bst_addr[2] 和选择部分位 bst_addr[3:1]
```

若没有指定这样的关键词,缺省设置为 scalared(标量)。

3.7.4 变量类型

有 5 种不同的变量[①]类型。
- reg
- integer
- time
- real
- realtime

用变量声明赋值语句(见 8.1.1 小节)可以把变量初始化为常数。

1. reg 变量类型

reg 类型的数据变量是最常用到的数据变量。reg 类型使用保留字 reg 予以声明,形式如下:

reg [signed][[msb : lsb]] reg1,reg2,... regN;[②]

msb 和 lsb 指定了范围,且均为常数值表达式。范围定义是可选的;若没有定义范围,则缺省设置为 1 位的 reg 变量。下面举几个例子加以说明:

reg [3:0] ext_bus;   //ext_bus 为 4 位的变量
reg   test_reqa;   //1 位的变量
reg [1:32] sm_datain,sm_address,tc_bus;

reg 变量的位宽可以取任意位。在 reg 变量中的值通常被解释为无符号数,除非用了关键词 signed,在这种情况下,reg 变量保存的是有符号数(以 2 的补码形式保存)。下面举几个例子加以说明:

regsigned [1:4] xfer_rsp;

...
    xfer_rsp = -2;   //xfer_rsp 的值为 14(1110)
                      //1110 是 2 的补码
    xfer_rsp = 5;   //xfer_rsp 的值为 5(0101)

parameter MSB = 16,LSB = 1;
reg signed [MSB : LSB] usim_counter ;
    //usim_counter 以 2 的补码形式保存有符号数

未初始化的 reg 变量的缺省值为 **x**。

[①] 指导原则:变量名全部用小字符。
[②] 指导原则:用参数来指定变量的范围,例如:[SIZE - 1 : 0]。

2. 存储器(memories)

存储器是由 reg 变量组成的数组。存储器以如下形式用 reg 变量予以声明：

reg[[msb:1sb]] memory1 [upper1 : lower1],
    memory2 [upper2 : lower2],...;

下面举例说明存储器的声明：

reg [0:3]ebi_mem [0:63]
//ebi_mem 为一个由 64 个 4 位 reg 变量组成的数组
reg gnt_rfile [1:5]
 //gnt_rfile 为一个由 5 个 1 位 reg 变量组成的数组

ebi_mem 和 gnt_rfile 都是存储器。存储器属于变量数据类型，2 维数以上的数组和线网类型的数组都是允许的。请参阅后面关于数组的章节。

单个 reg 的声明语句既能够用于变量类型的声明，也可以用于存储器类型的声明。

parameter ADDR_SIZE = 16, WORD_SIZE = 8;
reg [1:WORD_SIZE]par_ram [ADDR_SIZE - 1 : 0], dburst_reg;

par_ram 是存储器，是一个由 16 个 8 位 reg 变量组成的数组，而 dburst_reg 是一个 8 位 reg 变量。

在赋值语句中需要注意如下区别：存储器赋值不能在一条赋值语句中完成，但是 reg 变量却可以。因此在存储器被赋值时，需要定义一个索引。下面举例说明它们之间的不同。在下面的赋值中，

reg [1:5]qburst; //qburst 是一个 5 位 reg 变量
...
qburst = 5´b11011;

这样的赋值是正确的，但下述赋值不正确：

reg hold_gnt [1:5];
//hold_gnt 是一个由五个 1 位 reg 变量组成的存储器
...
hold_gnt = 5´b11011;

有一种存储器赋值的方法是分别对存储器中的每个字赋值。例如：

reg [0:3]xp_rom [1:4];
...
xp_rom [1] = 4´hA;
xp_rom [2] = 4´h8;

```
xp_rom [3] = 4´hF;
xp_rom [4] = 4´h2;
```

为了将一个存储器的内容复制到另外一个存储器,可以用一条循环语句每次复制一个字。下面举例说明：

```
parameter WORD_LENTH = 8 , NUM_WORDS = 64;
reg [ WORD_LENTH - 1 : 0 ]
    mem_a [ NUM_WORDS - 1 : 0 ],
    mem_b [ NUM_WORDS - 1 : 0 ];
integer i;

//mem_a = mem_b;是不允许的

for ( i = 0;i<NUM_WORDS;i = i + 1 )
mem_a [ i ] = mem_b [ i ];
```

另一种为存储器赋值的方法是使用系统任务：
(1) **$ readmemb**(加载二进制值)
(2) **$ readmemh**(加载十六进制值)

这两个系统任务从指定的文本文件中读取数据并加载到存储器。文本文件必须包含相应的二进制或者十六进制形式的数。例如：

```
reg [1:4]cdn_rom [7:1];
 $ readmemb ( "ram.patt",cdn_rom );
```

cdn_rom 是存储器。文件"ram.patt"必须包含二进制值。文件也可以包含空格和注释。下面举例说明文件中的内容。

```
1101    0000
1110    1001
1000    0011
0111
```

系统任务 **$ readmemb** 从文件"ram.patt"中的第一个数字开始读取,逐个放入 cdn_rom[i]即索引从 7~1。如果只加载存储器的一部分,值域可以在 **$ readmemb** 方法中明确地定义。例如：

```
 $ readmemb ( "ram.patt",cdn_rom,5,3 );
```

在这种情况下,从文件头开始的值 1101、1100 和 1000 分别被读入 cdn_rom[5]、cdn_rom[4]和 cdn_rom[3]。

文件"ram.patt"中也可以明确地包含地址信息。

```
@hex_address  value
```

若文件中的内容如下：

```
@5   11001
@2   11010
```

则 11001 和 11010 被分别读入存储器指定的地址中。[①]

若只指定地址起始值，则逐个读取文件中的数字，放到以地址起始值为索引的存储器中，直至到达存储器索引的右端边界。例如：

```
$readmemb("rom.patt",cdn_rom,6);
//从文件的开始逐个读取文件中数据
//放入存储器,从地址 6 起,至地址 1 结束

$readmemb("rom.patt",cdn_rom,6,4);
//从文件的开始逐个读取文件中数据
//放入存储器,从地址 6 起至地址 4 结束
```

3．整数型(integer)变量

整数型(简称整型)变量包含整数值。整型变量可以作为普通变量使用，通常用于高层次行为建模。下面对整型变量声明语句的格式作以下说明：

```
integer integer1,integer2,...intergerN[msb:lsb];
```

msb 和 lsb 是指定整型数组范围的常量表达式，数组范围的定义是可选的。注意不定义整型数组的范围是允许的。一个整型数至少有 32 位。具体实现时，可提供更多的位。下面举例说明整型变量的声明。

```
integer a,b,c;         //3 个整型变量
integer hist[3:6];     //一个由 4 个整型数组成的数组
```

整型变量可存储有符号数，且算术运算可提供用 2 的补码表示的运算结果。

整型数能被当作位向量存取。整型变量被当作有符号的 reg 变量，其最小位的索引为 0。例如，对上面的整型变量 b 的声明语句而言，b[6]和 b[20:10]是允许的。下面举例声明：

```
reg[31:0]  sel_reg;
integer sel_int;
...
//sel_int[6]和 sel_int[20:10]是允许的。
```

---

① 如果用上述程序，必须把 reg[1:4]cdn_rom[7:1]改写成 reg[1:5]cdn_rom[7:1]才能在 cdn_rom 中放入 5 位数字。——译者注。

```
...
sel_reg = sel_int;
```

上面的例子展示了如何通过简单的赋值语句,将整型数转换为位向量。类型的转换是自动完成的,不必使用专用的函数。从位向量到整型数的转换也可以通过一条赋值语句完成。下面举几个例子加以说明:

```
integer j;
reg [3:0]bcq;
j = 6;              //j 的值为 32´b0000...00110
bcq = j;            //bcq 的值为 4´b0110

bcq = 4´b0101;
j = bcq;            //j 的值为 32´b0000...00101

j = -6;             //j 的值为 32´b1111...11010
bcq = j;            //bcq 的值为 4´b1010
```

请注意:赋值总是从最右端的位起,至最左边的位;任何多余的位被截断。若能够记得整型数是被表示成 2 的补码的位向量,则很容易理解这种数型的转换。

下面举一个整型数组的例子,展示整型数的声明、赋值及其用法。

```
module mod_int_array;
    localparam ARRAY_SIZE = 8;
    integer int_array [0:ARRAY_SIZE-1];

    initial
        begin
            int_array[0] = 56;
            int_array[1] = 12;
            int_array[2] = int_array[0] / 2;
            $display ("int_array[2] is %d", int_array[2]);
        end
endmodule
```

4. 时间(time)变量

时间变量用于存储和处理时间值。时间变量的声明格式如下:

time *time_id*1, *time_id*2,..., *time_idN* [*msb* : *lsb*];

其中 *msb* 和 *lsb* 是常量表达式,定义数的位宽。若未定义数的位宽,则每个标识符存储的时间值至少为 64 位。时间变量只能存储无符号数。下面举例说明时间变量的声明:

```
time events [0:31];           //时间变量数组
time curr_time;               //curr_time 存储一个时间值
```

5. 实型(real)和实型时间(realtime)变量

实型变量(或实型时间变量)可以用如下格式声明:
//实型变量的声明:

real real_reg1,real_reg2,...,real_regN;
//实型时间变量的声明:
realtime realtime_reg1,realtime_reg2,...,realtime_regN;

实型时间(realtime)变量与实型(real)变量完全相同。下面举几个例子:

real swing_margin,top_mark;
realtime curr_time_in_real;

实型(real)变量的缺省值为 0。实型变量的声明中不允许对位宽或字界做任何指定。若将值 **x** 和 **z** 赋予实型变量,则这些值将被当作 0 处理。

real amr_count ;
...
amr_count = ′b01x1Z;

amr_count 赋值后的值为′b01010。

3.7.5 数　组

线网和变量的多维数组可以用一条数组语句予以声明。数组的元素可以是标量值或者向量值。下面举几个例子说明:

```
wire push_bus[0:4];        //一个由 5 个元素组成的数组
                           //其中每个元素是一个标量元素:1 位的线网
reg[0:7] smc_fifo[0:63],req_stack[0:63];
    //由 64 个元素组成的数组,其中每个元素是一个 8 位的向量
tri[0:31] biq_addr[0:1][0:3];
    //三态线网的 2 维数组,其中每个元素的位宽为 32

integer run_stats[0:15][0:15];
    //16×16 的数组,其中每个元素都是整型变量
```

向量的大小指定了该向量中每个元素的位宽,而变量右边的范围指定了该数组每一维的元素的个数。请注意,一维的 reg 变量数组被称作存储器(见前面一节)。[①]

---

① 指导原则:数组命名时应避免起只在名字的尾部有个别不同数字的名字。例如应该避免起如下数组名:ram_addr0 和 ram_addr。

不能用一条赋值语句就把某个数组的值赋值给另一个数组。不能在单次赋值操作中就把某个值赋值给某个数组的一个范围（Range）或者一部分（Slice）。只能对数组的一个元素进行赋值操作。选择数组元素中的某个位或某些位进行存取或者赋值操作是可行的。

```
smc_fifo[5] = 26;                    //给数组的第 5 个元素赋值是可行的
smc_fifo = req_stack;                //不可行
                                     //不能给一个完整的数组赋值
biq_addr[0][1] = 32´b0;
biq_addr[1][0] = 32´b1;
push_bus[0:2] = 1;                   //不可行
                                     //不允许同时给数组的几个元素或者某个范围内的元素赋值
biq_addr[0][0][0:5] = 6´b100011      //可行
                                     //给数组中某一个元素的部分位赋值是允许的
```

3.7.6　reg 与 wire 的不同点

reg 是变量类型之一，而 wire 是线网类型之一。其他变量类型的例子是整型变量和时间变量。其他线网类型的例子是线与（wand）和三态（tri）类型的线网。

reg 变量只能在 always 和 initial 语句中赋值。wire 线网只能用连续赋值语句赋值，或者通过模块实例的输出（和输入/输出）端口赋值。并且进行初始化后，reg 变量的值变为 x（未知），而线网的值变为 z（高阻）。线网可以被赋予强度值，而 reg 变量不能被赋予强度值。

3.8　参数(parameter)

参数是一个常量。参数经常用于指定延迟和变量的位宽。用参数声明语句，只能对参数赋一次值。参数声明语句的格式如下：

parameter [**signed**][[*msb*：*lsb*]]　*param1 = const_expr1,*
　　　　　　　　　　　　　　param2 = const_expr2,..., paramN = const_exprN;[1]

下面举几个例子说明：

parameter LINELENGTH = 132, ALL_X_S = 16´bx;
　// LINELENGTH 的范围是[31：0]，ALL_X_S 的范围是[15：0]
parameter BIT = 1, WBYTE = 8, PI = 3.14;
　// BIT 和 WBYTE 的范围是[31：0]，而 PI 是实数

---

[1]　指导原则：参数名都用大写字母。

```
parameter   STROBE_DELAY = (WBYTE + BIT) / 2;
parameter   TQ_FILE = "/home/bhasker/TEST/add.tq";

parameter signed [3:0] MEM_DR = -5,CPU_SPI = 6;
    //MEM_DR 和 CPU_SPI 是有符号的 4 位数值

`define   WIDTH   16
parameter [WIDTH-1:0] RED = 0,BLUE = 1,YELLOW = 2;
parameter LINEAR_SIZE = 2 * MEM_DR + CPU_SPI;
```

参数值也可以在编译时被改变。参数值的改变可以使用 defparam（即重新定义参数）语句实现，也可以通过在实例引用模块的语句中指定新的参数值而加以修改（这两种机制将在第 9 章中阐述）。

参数声明语句也能选择指定一种类型，诸如整数（integer）、实数（real）、实型时间（realtime），或者时间（time）型，在这种情况下，不允许用参数指定范围和使用关键词 Signed。

```
parameter time TRIG_TIME = 10,APPLY_TIME = 25;
parameter integer COUNT_LIMIT = 25;
```

parameter（参数）与 `define（宏定义）究竟有什么不同呢？参数是局部的，只在其定义的模块内部起作用，而宏定义对同时编译的多个文件起作用。即使在某一个模块内部指定的宏定义，在编译过程中仍旧对多个文件起作用，直至遇到重新定义为止。因此，为了保险起见，读者应该将 `define 严格地用于全局变量和全局文本的替换，而将参数用于某个模块内部所需要的常数。[1]

局部参数

局部参数是模块内部的参数。在实例引用该模块时不能通过参数传递或者重新定义参数值（defparam）语句对局部参数进行修改。除了所用的关键词为 **localparam**，不同于 parameter 外，从句法的角度看，局部参数的声明与普通参数的声明语句完全一致。下面举几个例子予以说明：

```
localparam TC_IDLE = 2'b00;
localparam [3:0] INCR_BY = 12;
localparam signed [7:0] TSM_MAX = 56 ;
localparam real TWO_PI = 2 * 3.14;
```

---

[1] 指导原则：用参数定义常数，用宏定义指定 ASCII 文本。

若局部参数是用其他非局部参数定义的,则外部赋值使得参数值发生变化时,局部参数值间接地发生改变。下面举几个例子加以说明:

parameter BYTE = 8;
localparam NIBBLE = 2 * BYTE;

在编译期间,若参数 BYTE 发生改变,则局部变量 NIBBLE 也将随之发生变化。

3.9 练习题

1. 下列标识符中哪些是合法的,哪些是非法的?
   COunT, 1_2Many, **1, Real?, \Wait, Initial
2. 系统任务和系统函数标识符的第一个字符是什么?
3. 用例子解释文本替换编译指令。
4. 在 Verilog HDL 中是否有布尔类型?
5. 请用二进制数(即每位的值,Bit Pattern)来表示下列表达式:
   $7'o44, 'Bx0, 5'bx110, 'hA0, 10'd2, 'hzF$
6. 赋值后存储在 qpr 中的二进制数是什么?

   reg [1:8*2]qpr;
   ...
   qpr = "ME";
7. 若线网 gnt 的类型已被声明,但尚未赋值,则其缺省值为多少?
8. Verilog HDL 允许没有明确声明类型的线网。若这样,如何确定线网类型?
9. 下面的整型变量声明语句错在哪里?

   integer [0:3]ripple;
10. 编写一个系统任务从数据文件 memA.data 中将 32×64 个字[1]加载到存储器中。
11. 说出在编译时重置参数值的两种方法。

---

[1] 每个字 16 位。——译者注

第 4 章 表达式

本章阐述有关 Verilog HDL 中如何编写表达式的基础知识。表达式由操作数和操作符组成,可以用在期望数值出现的任何地方。

4.1 操作数

操作数可以是以下类型中的一种:
(1) 常数   (2) 参数
(3) 线网   (4) 变量
(5) 位选(Bit-select)   (6) 部分位选(Part-select)
(7) 存储器和数组元素   (8) 函数调用

4.1.1 常 数

在前面的章节中,我们曾对常量做过介绍。下面举几个例子加以说明:

```
256, 7              //位数不确定的十进制数
4´b10_11,8´hOA      //位数确定的整型常量
´b1,´hFBA           //位数不确定的整型常量
90.00006            //实型常量
"BOND"     /*字符串常量;每个字符作为 8 位 ASCII 值存储*/
```

表达式中的整数值可以被认为是有符号数或无符号数。若表达式中是十进制整数,例如 12,则 12 被解释为有符号数。若整数是基数型整数(位数确定或者不确定),则该整数被当作

无符号数。下面举几个例子加以说明。

12	是 01100 的 5 位向量形式(有符号)
-12	是 10100 的 5 位向量形式(有符号)
5′b01100	是十进制数 12(无符号)
5′b10100	是十进制数 20(无符号)
4′d12	是十进制数 12(无符号)
8′shDF[①]	是 11011111 以 8 位向量的形式表示(有符号)

更为重要的是这样一个事实,即用基数或不用基数表示的整数,其负值的处理方式是各不相同的。不用基数表示的负整数值被当作有符号数处理,而用基数表示的负整数值被当作无符号数。因此 -44 和 -6′o54(十进制的 44 等于八进制的 54)在下例中处理不同。

```
integer event_reg;
…
event_reg = -44 / 4;
event_reg = -6′o54 / 4;
```

请注意,表示 -44 和 -6′o54 的二进制位序列是相同的;但是 -44 作为有符号数处理,而 -6′o54 作为无符号数处理。因此第一个字符中 event_reg 的值为 -11,而在第二个赋值中 event_reg 的值为 1073741813[②]。

4.1.2 参 数

在前一章中,我们曾介绍过参数。参数类似于常量,使用参数声明语句加以说明。下面举几个例子介绍参数声明语句的格式:

```
parameter LOAD = 4′d12,STORE = 4′d10;
localparam [7:0] LIMIT = 112;
localparam [31:0] HIGH_BYTE_MASK = 32′hF000;
```

上面的例子中,LOAD 和 STORE 是参数,它们的值分别被声明为 12 和 10。LIMIT 和 HIGH_BYTE_MASK 是局部参数。

4.1.3 线 网

标量线网(1 位)和向量线网(多位)都可用于表达式。下面举例介绍线网的声明方式:

---

① 原文为 8′shCF,若不改成 8′shDF,则后面的二进制数表示应该改为 11001111。——译者注

② -44 和 -6′o54 转变为 32 位的二进制数均为 32′hFFFF_FFD4。-44 作为有符号数除以 4 后变成 (FFFFFFF5)$_{HEX}$=(-11)$_{10}$;-6′o54 作为无符号数除以 4 后变成 (3FFFFFF5)$_{HEX}$=(1073741813)$_{10}$。——译者注

```
wire [0:3]gpio_port;        //gpio_port 是一个 4 位的向量线网
wire intr;                  //intr 是标量线网
wire signed [3:0]jch;       //4 位有符号的向量线网
```

在线网的声明语句中,若没有关键词 **signed**,则线网中的值被解释为无符号数。在下面的连续赋值语句中:

```
assign gpio_port=-3;
```

gpio_port 被赋予位向量 1101,即十进制数 13。在下面的连续赋值中:

```
assign  gpio_port = 4´HA;
```

gpio_port 被赋予位向量 1010,即十进制数 10。

4.1.4　变　量

标量变量和向量变量都可以用于表达式。用变量声明语句可以对变量进行声明。下面举几个例子介绍变量声明语句的格式:

```
integer periph_id,   test_input1;
reg [1:5]mis_state;
reg signed[3:0]   raw_count;
time   t_que [1:5];
```

整型变量的值被解释为有符号的二进制补码数,而时间变量中的值被解释为无符号数。若 reg(寄存器)变量声明语句中包含 **signed** 则 reg(寄存器)变量中的值被解释为有符号数,否则 reg(寄存器)变量中的值被解释为无符号数。实型和实型时间变量中的值被解释为有符号浮点数。

```
periph_id = -10;            //periph_id 的值为位向量 10110,即 10 的二进制补码
periph_id = ´b1011;         //periph_id 的值为十进制数 11
mis_state = -10;            //mis_state 的值为位向量 10110,即十进制数 22
mis_state = ´b1011;         //mis_state 的值为位向量 01011,即十进制数 11
```

4.1.5　位　选

位选是指从一个向量中抽取特定的位。位选的句法格式如下:

net_or_reg_vector [*bit_select_expr*]

下面举几个例子说明在表达式中如何进行位选:

```
mis_state[1] &&mis_state[4]        //变量的位选
gpio_port[0] |intr                 //线网的位选
LIMIT[5]                           //参数的位选
```

若位选表达式索引的位为 **x**、**z** 或越界,则位选值为 **x**。例如 `mis_state[x]` 的值为 x。

4.1.6 部分位选

部分位选是指在向量中选取相邻的若干位。部分位选的句法格式如下:

net_or_reg_vector [*msb_const_expr* : *lsb_const_expr*]

其中,范围表达式必须为常数表达式。下面举几个例子说明:

```
mis_state[1:4]                     //变量的部分选择
gpio_port[1:3]                     //线网的部分选择
HIGH_BYTE_MASK[31:16]              //参数的部分选择
```

用索引的部分位选的句法格式如下:

net_or_reg_vector [*base_expr* +: *const_width_expr*]
net_or_reg_vector [*base_expr* -: *const_width_expr*]

其中,基表达式(base_expr)不必是常数。位选的范围是由基表达式加上或减去宽度(const_width_expr)所表示的位的个数。+:表示部分位选以基表达式作为起点增加若干位。-:表示部分位选以基表达式作为起点减小若干位。下面举几个例子解释用索引的部分位选语句格式:

```
integer mark;
reg[0:15] inst_code;
wire[31:0] gpio_data;

inst_code[mark+ :2]                //选择 mark、mark+1  2位
gpio_data[mark- :4]                //选择 mark、mark-1、
                                   //mark-2 和 mark-3  4位

inst_code[0+ :8]                   //等价于 inst_code[0:7] ①
gpio_data[31- :16]                 //等价于 gpio_data[31:16]

inst_code[mark- :2]                //选择 mark-1、mark 2位
```

---

① 注意 inst_code 和 gpio_data 序号声明的顺序。

```
gpio_data[mark+ :4]         //选择 mark+3、mark+2、
                            //mark+1 和 mark 4 位

inst_code[15- :4]           //等价于 inst_code[12 :15]
gpio_data[0+ :8]            //等价于 gpio_data[7 :0]
```

其中,基表达式(起始索引)可以是变量,但部分位选的宽度必须是常数。
若索引越界或者计算时遇到 **x** 或者 **z**,则部分选择的值为 **x**。

4.1.7 存储器和数组元素

存储器元素是指从某个存储器中选取一个字。语句格式如下:

memory[*word_address*]

下面举一个例子:

```
reg [1:8]hdlc_ram[0:63], intr_ack;
...
intr_ack = hdlc_ram[60];    // 存储器的第 60 个单元
```

数组元素选择数组中的一个字,其格式为:

array[*word_address*]{[*word_address*]}

存储器元素或数组元素的部分位选或者位选是允许的。例如:

```
hdlc_ram[60][2]      //第 60 个元素第 2 位的值
hdlc_ram[15][2:4]    //第 15 个元素的部分位选在[2:4]位范围内的值
hdlc_ram[0:2]        //不允许,非法
```

下面是另外一个存储器声明语句:

```
reg [15:0] fill_pattern[0:63];    // 64 个字的存储器,每个字 16 位
```

为从存储器 fill_pattern 地址为 10 的元素中读取该字的低字节,用如下语句即可:

```
reg [7:0] test_pattern;
test_pattern = fill_pattern[10][7:0];
```

下面举几个数组的例子:

```
reg [7:0] sense_data[15:0][15:0];
integer three_d[255:0][255:0][255:0];
wire xbar;
```

```
sense_data[2][3]        //访问数组的整个元素①
sense_data[1][1][0]     //访问数组索引为[1][1]的元素中的0位

three_d[5][5][2]        //允许
three_d[2][1:2][8]      //不允许

xbar[0][2:0]            //不允许
```

4.1.8 函数调用

函数调用可以用于表达式。函数调用可以是以 $ 字符起头的系统函数调用,也可以是用户自定义的函数调用。例如:

```
$time + sum_of_events ( a,b )
/* $time 是系统函数,而 sum_of_events 是用户自定义函数(在别处定义的)。*/
```

第 10 章将更详细地介绍函数。

4.1.9 符　号

操作数可以是有符号的,也可以是没有符号的。若某个表达式中的所有操作数全部都是有符号的,则该表达式的结果也是有符号的,否则是无符号的。以后我们还要更进一步地讲解这个问题。

```
8´d2 + 8´sb0101         //结果是没有符号的,因为 8´d2 是一个无符号数
4´sb0110 - 4´sd1        //结果是有符号的,因为所有的操作数都是有符号数
```

4.2　操作符

Verilog HDL 中的操作符可以分为以下 9 类:
(1) 算术操作符　　　　　(2) 关系操作符
(3) 相等操作符　　　　　(4) 逻辑操作符
(5) 按位操作符　　　　　(6) 缩减操作符
(7) 移位操作符　　　　　(8) 条件操作符

---

① 存储器或数组元素的位选和部分位选是允许的。

(9) 拼接和复制操作符

表 4.1 列出了所有操作符的优先级和名称。操作符从最高优先级(顶行)排到最低优先级(底行)。同一实框中的操作符优先级相同。

表 4.1 操作符的优先级和名称

操作符	名　称	操作符	名　称
+	一元加	<	小于
-	一元减	<=	小于等于
!	一元逻辑非	>	大于
~	一元按位求反	>=	大于等于
&	缩减①与	==	逻辑相等
~&	缩减与非	!=	逻辑不等
^	缩减异或	===	全等
^~ 或 ~^	缩减同或	!==	非全等
|	缩减或	&	按位与
~|	缩减或非	^	按位异或
**	指数幂	^~ 或 ~^	按位同或
*	乘	|	按位或
/	除	&&	逻辑与
%	求模	||	逻辑或
+	二元加	?:	条件判断
-	二元减	{}	拼接
<<<	算术左移	{{}}	重复
>>>	算术右移		
<<	逻辑左移		
>>	逻辑右移		

除条件操作符是从右向左处理外,其余所有操作符都是自左向右处理。下面的表达式:

a + b - c

等价于:

(a + b) - c　　　　　　　　//自左向右处理

而表达式:

a ? : b : c ? d : f

---

① 缩减操作符为一元操作符,对操作数的各位进行逻辑操作,结果为二进制数。

等价于：
$$a ? b : (c ? d : f) \text{ //从右向左处理}$$
小括号能够被用来改变优先级的顺序,如以下表达式：
$$(a ? b : c) ? d : f$$

4.2.1 算术操作符

算术操作符共有下面 6 种：
(1) +（一元加和二元加）　　　　(2) -（一元减和二元减）
(3) *（乘）　　　　　　　　　　 (4) /（除）
(5) %（取模）　　　　　　　　　 (6) **（幂运算）

整数除法截断任何小数部分。例如：7/4 的运算结果为 1。

取模操作符求出与第一个操作符符号相同的余数,例如：7%4 的运算结果为 3；而 -7%4 的运算结果为 -3。

下面举例说明如何使用幂运算符：

parameter ADDR_SIZE = 16;
localparam RAM_SIZE = 2 ** ADDR_SIZE - 1;

算术操作符中任意操作数中只要有一位为 x 或 z,则整个运算结果为 x。例如：'b10x1 + 'b01111 的运算结果为不确定数'bxxxxx。

1. 算术运算结果的位宽

算术表达式运算结果的位宽由最大操作数的位宽决定。在赋值语句下,算术运算结果的位宽也由赋值等号左端目标变量的位宽决定。考虑下面这个例子：

reg [0B:3] mask_intr, test_ctrl, raw_intr;
reg [0:5] intr_req;
…
mask_intr = test_ctrl + raw_intr;
intr_req = test_ctrl + raw_intr;

第一个加法运算的结果位宽由 test_ctrl、raw_intr 和位宽为 4 的 mask_intr 的位宽决定。第二个加法运算的结果位宽同样由 intr_req 的位宽决定(intr_req、test_ctrl 和 raw_intr 中位宽最大的那个),位宽为 6 位。在第一条赋值语句中,加法操作的溢出部分被丢弃；而在第二条赋值语句中,任何溢出的位将被存储在结果位 intr_req[1] 中。

在较大的表达式中,运算中间结果的位宽是如何确定的？在 Verilo HDL 中定义了如下规则：表达式中的所有中间结果应取最大操作数的位宽(在赋值时,此规则也包括赋值等号左端的目标变量）。再举一个例子：

```
wire [4:1]intra_ena,test_reg;
wire [1:5]next_iev;
wire [1:6]peg_intr;
wire [1:8]adt_sense;
...
assign adt_sense = (intra_ena + next_iev) + (test_reg + peg_intr);
```

赋值等号右边表达式中最大操作数的位宽为 6，但是将左边包含在内时，最大变量的位宽为 8 位。所以，所有的加法运算都使用 8 位进行。例如：intra_ena 和 next_iev 相加将产生位宽为 8 位的运算结果。

2. 有符号数和无符号数

在执行算术运算和赋值时，注意到哪些操作数应该被当作无符号数处理，哪些操作数应该被当作有符号数处理是非常重要的。

无符号数值存储在：
- 线网中；
- reg（寄存器）变量中；
- 用普通（没有有符号标记 s）的基数格式表示的整型数中。

有符号数值存储在：
- 整型变量中
- 用 s（有符号）标记的基数格式表示的整型数中；
- 十进制形式的整数中；
- 有符号的 reg（寄存器）变量中；
- 有符号的线网中。

下面举几个赋值语句的例子：

```
reg [0:5]burst_data;
integer  mtx_addr;
...
burst_data = -4´d12;       //reg 变量 burst_data 的十进制数为 52
                           //即向量 110100
mtx_addr = -4´d12;         //整型数 mtx_addr 的十进制数为 -12
                           //用二进制的位表示为 110100
-4´d12/4                   //结果是 1073741821
-12/4                      //结果是 -3
```

因为 burst_data 是一般的寄存器（reg）类型变量，只存储无符号数。右侧表达式的值为

'b110100（12 的二进制补码）。因此在赋值后，burst_data 存储的是十进制值 52。在第二条赋值语句中，右侧表达式相同，值为'b110100，但此时被赋值到存储有符号的整型变量中。mtx_addr 存储十进制值－12（位向量为 110100）。请注意，在两种情况下，存储的位向量的内容都相同；但是在第一种情况下，向量被解释为无符号数，而在第二种情况下，向量被解释为有符号数。

下面再举一些例子：

```
burst_data = - 4´d12/4;
mtx_addr = - 4´d12/4;
burst_data = - 12/4;
mtx_addr = - 12/4;
```

在第一条赋值语句中，burst_data 被赋予十进制值 61（位向量为 111101）。而在第二条赋值语句中，mtx_addr 被赋予十进制值 1073741821（位向量为 0011...11101）。burst_data 在第三条赋值语句中赋予与第一条赋值相同的值。这是因为 burst_data 只存储无符号数。在第四条赋值语句中，mtx_addr 被赋予十进制值－3。

下面再举一些例子：

```
burst_data = 4 - 6;
mtx_addr = 4 - 6;
```

burst_data 被赋予十进制值 62（－2 的二进制补码），而 mtx_addr 被赋予十进制值－2（位向量为 111110）。

下面再举另一个例子：

```
burst_data = - 2 + ( - 4);
mtx_addr = - 2 + ( - 4);
```

burst_data 被赋予十进制值 58（位向量为 111010），而 mtx_addr 被赋予十进制值－6（位向量为 111010）。

`$signed` 和 `$unsigned` 这两个系统函数可以分别用来进行有符号形式和无符号形式之间的转换。

```
$signed(4´b1101)    是一个有符号数，其值为 - 3
$unsigned(4´shA)    是一个无符号数，其值为 10
```

在一个表达式中混用有符号和无符号操作数时，必须非常小心。只要有一个操作数是无符号的，那么在开始任何操作前，所有其他的操作数都被转换成了无符号数。

´d2 + 4´sb1001 是一个无符号十进制数，其值为 11。[1]

---

[1] 只要有一个操作数是无符号的，那么在开始任何操作前，所有的操作符都将被转换为无符号数。

为了完成有符号数的运算,可以用 `$signed` 系统任务将所有无符号操作数转换成有符号操作数。当单个表达式中既有有符号操作数,又有无符号操作数时,我们可以用 `$signed` 和 `$unsigned` 这两个系统任务控制有符号的行为。举例说明如下:

```
$signed(´d2) + 4´sb1001                      是 -5
$unsigned(5´sb11010 + 5´sh1C) - 5´b01001     是 13
```

在最后一个例子中加法运算是有符号的,产生(-6)+(-4)=-10,转换成无符号数产生+22。与最右面的操作数进行无符号的减法运算产生运算结果 13。在这个特定的例子中,假如用 `$signed` 系统任务来代替 `$unsigned` 系统任务,产生的运算结果正好完全一致。这是因为前面我们讲述过的规定在起作用,即只要有一个操作数是无符号的,那么在开始任何操作前,所有其他的操作数都被隐含地转换成了无符号数。

为了进行有符号的运算,在一个表达式中的所有操作数必须都是有符号数。举例说明如下:

```
2 + 8´shCA - $signed( 8´o32 )          //有符号
reg signed [15: 0] num_events;
num_events / 2                         //有符号
num_events * $signed(4´d3)             //有符号
```

4.2.2 关系操作符

关系操作符有以下 4 种:
(1) >(大于)   (2) <(小于)
(3) >=(大于等于)   (4) <=(小于等于)

关系操作符的结果为真(值为 1)或假(值为 0)。若操作数中有一位为 x 或 z,则结果为 x。例如:

```
23 > 45
```

结果为假(值为 0),而:

```
52 < 16´hxFF
```

结果为 x。若操作数的位宽不同,并且所有操作数都是无符号的,则位宽较小的操作数在高位方向(左方)添 0 补齐。例如:

```
´b1000 >= ´b01110
```

等价于:

```
´b01000 >= ´b01110
```

比较的结果为假(0)。若两个操作数都是有符号数,则用符号位将位数较小的操作数的位数补齐。举例说明如下:

    4′sb1011<＝8′sh1A

等价于:

    8′sb11111011 <＝8′sb00011010

比较的结果为真(1)。

若表达式中一个操作数是无符号的,则该表达式的其余操作数均被当作无符号数处理。

    (4′sd9 * 4′d2)< 4   为假(18<4)
    (4′sd9 * 2)< 4   为真(-14<4)

4.2.3 相等操作符

相等关系操作符有下面 4 种:
(1)＝＝(逻辑相等)   (2)！＝(逻辑不等)
(3)＝＝＝(全等,case equality)   (4)！＝＝(非全等,case inequality)

若比较结果为假,则结果为 0;否则结果为 1。在全等比较(Case Comparison)中,我们是把 **x** 和 **z** 当作数值(而不考虑其物理含义)严格地按字符值进行比较的。因此其比较结果不是 1,就是 0,永远不可能出现未知值。而在逻辑比较中,值 **x** 和 **z** 具有通常的物理含义,其比较结果很可能出现不确定值。换言之,在逻辑比较中,若有一个操作数包含 **x** 或 **z**,则结果必定为未知值(**x**)。

下面举一个例子说明:设

    sw_data =′b11x0;
    sw_addr =′b11x0;

则:

    sw_data ＝＝ sw_addr

上式的比较结果为未知,即为 **x**,但:

    sw_data ＝＝＝ sw_addr

上式的比较结果为真,即为 1

    ′b010x ！＝ ′b11x0

虽然上式中的两个操作数中都有 **x**,但比较结果为真,是因为第一位不同。

若操作数的位宽不相等,位宽较小的操作数在左侧添 0 位补齐,例如:

2´b10 = = 4´b0010

与下面的表达式相同：

4´b0010 = = 4´b0010

所以比较结果为真(1)。若操作数的位宽不同，且两个操作数都是有符号数，则较小的操作数用符号位扩位补齐。

下面的例子可将 4 个字节通过多路选择器放到总线上：

```
`define WIDTH 8
wire [WIDTH 1:0] mux_bus,byte_a,byte_b,
                 byte_c,byte_d;

wire [1:0] select;

assign mux_bus = ( select = = = 0) ? byte_a :
                 ( select = = = 1) ? byte_b :
                 ( select = = = 2) ? byte_c :
                 ( select = = = 3) ? byte_d :
                 8´bz;
```

4.2.4 逻辑操作符

逻辑操作符共有下列 3 种：

(1) &&　　　　　（逻辑与）
(2) ||　　　　　（逻辑或）
(3) !　　　　　　（逻辑非）

这些操作符对逻辑值 0 或 1 进行操作，逻辑操作产生的结果为 0 或 1。若假设：

mlock = ´b0;　　　　　　//0 为假
mprot = ´b1;　　　　　　//1 为真

则：

mlock && mprot　　　　　的结果为 0（假）
mlock || mprot　　　　　的结果为 1（真）
! mprot　　　　　　　　　的结果为 0（假）

对于向量操作数而言，非 0 向量被当作 1 处理。若假定：

rdy_bus = ´b0110;
intr_bus = ´b0100;

则：

rdy_bus || intr_bus	的结果为 1
rdy_bus && intr_bus	的结果也为 1

并且！rdy_bus 与！intr_bus 的结果相同均为 0。

假设任意操作数内某一位为 x 或者 z，若逻辑操作的结果是未定的，则运算的结果为 x。

´b1 || ´bx	的结果为 1
´b0&&´bz	的结果为 0
！x	的结果为 x

4.2.5 按位操作符

按位操作符共有以下 5 种：

(1) ~ （一元非）
(2) & （二元与）
(3) \| （二元或）
(4) ^ （二元异或）
(5) ~^,^~ （二元同或）

这些操作符对输入的操作数进行逐位操作，逐位操作就对应位进行操作，产生一个向量的结果。表 4.2 列举了不同操作符逐位操作的结果。

表 4.2　不同操作符逐位操作的结果

(a) 与逐位操作的结果

&（与）	0	1	x	z
0	0	0	0	0
1	0	1	x	x
x	0	x	x	x
z	0	x	x	x

(b) 或逐位操作的结果

|（或）	0	1	x	z
0	0	1	x	x
1	1	1	1	1
x	x	1	x	x
z	x	1	x	x

(c) 异或逐位操作的结果

^（异或）	0	1	x	z
0	0	1	x	x
1	1	0	x	x
x	x	x	x	x
z	x	x	x	x

(d) 同或逐位操作的结果

^~（同或）	0	1	x	z
0	1	0	x	x
1	0	1	x	x
x	x	x	x	x
z	x	x	x	x

(e) 求反逐位操作的结果

~（求反）	0	1	x	z
结　果	1	0	x	x

下面举一个例子，假设：

a = ′b0110;
b = ′b0100;

则：

a | b　　为 0110
a&b　　　为 0100

若两个操作数的位宽不等，且其中一个操作数是无符号操作数，则位宽较小的操作数用 0 在高位补齐。若两个操作数均为有符号数，则位宽较小的操作数用符号位在高位与位宽最大的操作数补齐，然后才开始操作。举例说明如下：

′b0110 ^ ′b10000

等价于：

′b00110 ^ ′b10000

操作的结果为 ′b10110。下面再举一个有符号操作数的例子：

4′sb1010　　&　　8′sb01100010

扩位后变成：

8′sb11111010　　&　　8′sb01100010

产生的操作结果为 8′sb01100010。

4.2.6　缩减操作符

缩减操作符对单一操作数上的所有位进行操作，产生 1 位的操作结果。缩减操作符共有 6 种，排列如下：

(1) &（缩减与）

操作数中只要有任意一位的值为 0，则该操作的结果便为 0；操作数中只要有任意一位的值为 x 或 z，则该操作的结果便为 x；否则其操作结果为 1。

(2) ~&（缩减与非）

缩减与操作结果的求反。

(3) |（缩减或）

操作数中只要有任意一位的值为 1，则该操作的结果便为 1；操作数中只要有任意一位的值为 x 或 z，则该操作的结果便为 x；否则其操作结果为 0。

(4) ~|（缩减或非）

缩减或操作的求反。

(5) `~^`(缩减异或)

操作数中只要有任意一位的值为 **x** 或 **z**,则该操作的结果便为 **x**;若操作数中有偶数个 1,则操作结果为 0;否则其操作结果为 1。

(6) `~^`(缩减同或)

缩减同或操作的求反。

下面举几个例子。假设:

a = ´b0110;
b = ´b0100;

则:

|b   的结果为 1
&b   的结果为 0
~^ a   的结果为 1

缩减异或操作符可以被用来确定向量中是否存在任何值为 **x** 的位。假设:

addr_port = 4´b01x0;

则 ^addr_port 的结果为 **x**。

对上述功能,我们可以使用如下的 if 语句进行检查:

if (^addr_port = = = 1´bx)
    $display ("There is an unknown in the vectoraddr_port!");

请注意,逻辑相等(==)操作符不能用于这一类比较,因为用逻辑相等操作符进行比较,就上面的式子而言,比较结果只能是 **x**。全等操作符产生的操作结果为 1,那才是期望的操作结果。

4.2.7 移位操作符

移位操作符共有下列 4 种:
(1) <<   (逻辑左移)
(2) >>   (逻辑右移)
(3) <<< (算术左移)
(4) >>> (算术右移)

移位操作符将位于移位操作符左侧的操作数向左或右移位,移位的次数由右侧操作数表示。右侧操作数总被认为是一个无符号的数字。若右侧操作数的值为 **x** 或 **z**,则移位操作的结果必定为 x。对逻辑移位操作符而言，由于移位而腾空的位总是填 0。而对于算术移位而言，左移腾出空的位总是填 0；而在右移的场合，若（位于左侧的）操作数是无符号数，则腾出的空位总是填 0；若操作数是有符号数，则腾出的空位总是填符号位（即有符号数的最高位 MSB）。
若：

    reg [0:7]qreg;
    regsigned [3:0]pmaster;
    …
    qreg = 8´h17;
    pmaster = 4´sb1011;

则：

    qreg>>2   //移位结果是 8´b00000101
    qreg<<2   //移位结果是 8´b01011100
    qreg<<<4   //移位结果是 8´b01110000
    qreg<< -2   //因为右操作数总是一个无符号数
                       //因此向左移位了 2**31-2 次
    qreg>>4   //移位结果是 8´b00000001
    qreg>>>2   //移位结果是：8´b00000101
    pmaster>>>2   //移位结果是：4´sb1110,用到了符号位 1

移位操作符可以被用来完成指数（幂）运算。例如，若我们对计算 $2^{\text{num\_bits}}$ 感兴趣，可以用以下的移位操作符来实现计算：

    32´b1 << num_bits   // num_bits 必须小于 32
    //指数（幂）操作符也可以用 2**num_bits 来实现

以类似的思路，也可以用移位操作符为 2-4 译码器建立 Verilog 模型：

    wire[0:3]   decode_out = 4´d1 << address[0:1];

上面这条语句中 address[0:1]可以有 4 种取值：0,1,2 和 3,decode_out 可以分别对应以下 4 个值：4´b0001,4´b0010,4´b0100 和 4´b1000,因此这条语句是这个译码器的模型。

算术右移操作是有符号的除以 2 的运算，分数部分被移位到下一个最低位的整型数中。

    qreg >>> 2   //运算结果是 5(23/4)
    pmaster>>>2   //运算结果是 -2(-5/4)

在算术移位操作符场合，存在这样一种特殊情况：即使操作数是有符号的,移位进入的却仍旧是 0。第 4.1.9 小节描述了这种场合，此时，在一个表达式中只要有一个操作数是无符号的，则整个表达式就当作无符号数处理。若需要计算下面表达式的值：

    reg signed [3:0] xfer_port;

```
3'd4 + xfer_port>>>1
```

则因为 xfer_port 当做无符号数处理,所以移位腾出的最左边的空位中填 0。

4.2.8 条件操作符

条件操作符根据条件表达式的值从两个表达式中选择一个表达式,语句的格式如下:

cond_expr ? *expr1* : *expr2*

若 cond_expr 为真(即值为 1),则选择 expr1;若 cond_expr 为假(值为 0),则选择 expr2。若 cond_expr 为 **x** 或 **z**,则操作结果将按以下逻辑执行 expr1 和 expr2 的按位操作:0 与 0 得到结果 0,1 与 1 得到结果 1,其余情况下的结果为 **x**。

举例说明如下:

wire [0:2] student = marks>18 ? grade_a : grade_c;

先计算表达式 marks>18。若为真,则 student 被赋值为 grade_a;若 marks<=18,则 student 被赋值为 grade_c。下面再举一个例子:

always @(**posedge** clk)
　　#5dlc_ctr = (dlc_ctr != 25) ? (dlc_ctr + 1) : 5;

过程性赋值语句中的表达式表明:若 dlc_ctr 不等于 25,则 dlc_ctr 加 1;否则若 dlc_ctr 的值为 25,则将 dlc_ctr 重新置为 5。

4.2.9 拼接和复制操作符

拼接(Concatenation)是将小表达式中的位拼接起来形成一个由多个位组成的大表达式的操作。其语法格式如下:

{ *expr1*, *expr2*, . . . , *exprN* }

下面举例说明:

wire [7:0]dbus;
wire [11:0]abus;

assign dbus[7:4] = {dbus[0],dbus[1],dbus[2],dbus[3]};
　　//将 dbus 的低 4 位的值以颠倒的顺序,赋值给其高 4 位
assign abus[7:0]① = {dbus[3:0],dbus[7:4]};

---

① 原文中该处为 dbus[7:0],但赋值的线网也是 dbus。译者认为不妥,所以擅自纠正为 abus[7:0]。——译者注

//将 dbus 的高 4 位与低 4 位交换后赋值给 abus[7∶0]

由于未指定位宽的常数其位数是未知的,所以拼接操作中不允许出现未指定位宽的常数。举例说明如下:

{dbus,5}   //不允许在拼接操作中使用未指定位宽的常数

以上的拼接操作是非法的。

复制操作通过指定重复次数来执行。语句的格式如下:

{repetition_number {expr1,expr2,...,exprN}}

下面举几个例子:

abus = { 3{4´b1011} };   //位向量 12´b101110111011
abus = { {4{dbus[7]}},dbus };   /*符号扩展*/

{3{1´b1}}   结果为 111
{3{ack}}   结果与{ack,ack,ack}相同

重复操作也可以被参数化,见下面的例子:

parameter LENGTH = 8;
{LENGTH {1´b0}}   是一个由 8 个 0 组成的字符串

下面再举一个例子说明参数化的拼接操作如何被用来计算 2 的幂指数、符号的扩展以及 0 的扩展。

parameter POWER_OF = 4,PAD_BY = 5;
wire [7∶0] cgr_reg;

wire [31∶0] power_of_two = {1´b1,{POWER_OF {1´b0}}};
wire [12∶0] sign_extension = { { PAD_BY{cgr_reg [7]} },
                             cgr_reg };

wire [11∶0] zero_extension = { {4{1´b0}},cgr_reg };

4.3 表达式的类型

常量表达式是在编译时就可以计算出常数值的表达式。通常,常量表达式可由下列要素构成:
(1) 常量文字,诸如´b10 和 326。
(2) 参数名,诸如参数声明语句中的 SIZE;

parameter SIZE = 4´b1110;

（3）参数的位选和部分位选。

（4）常量函数调用（见第 10 章）。

标量表达式是计算结果为 1 位的表达式。如果希望产生标量结果，但是表达式产生的结果却为向量，则非 0 向量被当作结果为 1 对待。

计算表达式的步骤如下：

（1）确定表达式的位宽，一般情况下为最大操作数的位宽。

（2）确定表达式是否有符号。若表达式中有任意一个操作数为无符号数，则该表达式为无符号表达式。若表达式中所有的操作数都是有符号的，则该表达式是有符号的表达式。表达式等号左边（即目标）的类型不能决定表达式的符号。

（3）所有的操作数都被强制为有符号的操作数。

（4）每个操作数的位宽都被扩展到表达式的位宽，有符号的操作数用符号进行扩展，无符号的操作数用 0 进行扩展。

（5）计算表达式的值。

4.4　练习题

1. 声明参数 GATE_DELAY 的值为 5。

2. 假设有一个可以储存 64 个字的存储器，每个字为 8 位，编写 Verilog 代码，按逆序交换存储器的内容。即将第 0 个字与第 63 个字交换，第 1 个字与第 62 个字交换，以此类推。

3. 假设有一条 32 位的总线 address_bus，编写一个表达式，计算该总线上第 11 位～第 20 位的缩减与非的值。

4. 假设有一条总线 control_bus[15：0]，编写赋值语句将总线分为两条总线：abus[0：9] 和 bbus[6：1]。

5. 编写一个表达式对寄存在 qparity 变量中的 8 位有符号数执行算术移位。

6. 使用条件操作符，编写赋值语句选择 next_state 的值。若 current_state 的值为 RESET，则 next_state 的值为 GO；若 current_state 的值为 GO，则 next_state 的值为 BUSY；若 current_state 的值为 BUSY；则 next_state 的值为 RESET。

7. 请只使用一条连续赋值语句为如图 2.2 所示的 2－4 译码器电路的行为建模。（提示：使用移位操作符、条件操作符和拼接操作符。）

8. 如何将标量变量 a、b、c 和 d 合并成一条总线 bus_q[0：3]？如何将两条总线 bus_a[0：3] 和 bus_y[20：15] 合并成一条新的总线 bus_r[10：1]？

第 5 章 门级建模

本章阐述 Verilog HDL 门级电路的建模能力,介绍可以使用的内建基元门,以及如何使用这些内建基元门来描述硬件。

5.1 内建基元(原语)门

Verilog HDL 提供下列内建基元门:
(1) 多输入门:
与门(and)、与非门(nand)、或门(or)、或非门(nor)、异或门(xor)、同或门(xnor)。
(2) 多输出门:
缓冲器(buf)、非门(not)。
(3) 三态门:
bufif0、bufif1、notif0、notif1。
(4) 上拉、下拉门:
pullup、pulldown。
(5) MOS 开关:
cmos、nmos、pmos、rcmos、rnmos、rpmos。
(6) 双向开关:
tran、tranif0、tranif1、rtran、rtranif0、rtranif1。
在设计中,我们可以用实例引用语句来描述具体的门。下面是简单的门实例引用语句的格式。

gate_type [instance_name] (term1,term2,...,termN);

注意,instance_name 是可选的;gate_type 是上面列出的某种类型的门。term1~termN 表示:与名为 instance_name,类型为 gate_type 门的输入/输出端口相连的线网或变量。[①]

同一类型门的多个实例能够在一条语句结构中定义。语法如下:

gate_type
    [instance_name1] (term11,term12,...,term 1N),
    [instance_name2] (term21,term22,...,term2N),
    ...
    [instance_nameM] (termM1,termM2,...,termMN);

5.2 多输入门

内置的多输入门如下:
与门(**and**)、与非门(**nand**)、或非门(**nor**)、或门(**or**)、异或门(**xor**)、同或门(**xnor**)。

这些逻辑门只有单个输出,1 个或多个输入。多输入门实例引用的句法如下:

multiple_input_gate_type [instance_name]
    (OutputA,Input1,Input2,...,InputN);

第一个端口是输出,其他端口均为输入,如图 5.1 所示。

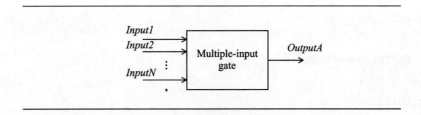

图 5.1 多输入门

下面举几个具体例子。对应的逻辑图如图 5.2 所示。

and u1and (out1,in1,in2);

---

① 指导原则:建议给实例起名时使用格式 u<整型数><门的类型>。

```
and u2and (
    req,sw_data[15],sw_data[14],ack[2],ack[1]
);

xor①
    (qpr,byte_a,byte_b,byte_c ),
    (mlock,mprot[0],mprot[1] ),
    (xparity,intr_vec[2],intr_vec[1],
    intr_vec[0],intr_vec[3] );
```

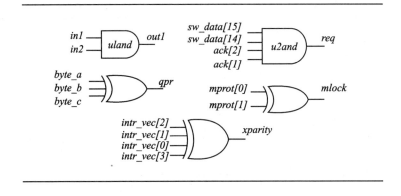

图 5.2 多输入门举例

第一条实例引用语句定义了一个名为 u1and 的双输入与门,其输出为 out1,两个输入分别为 in1 和 in2。

第二条实例语句定义了一个名为 u2and 的四输入与门,其输出为 req,4 个输入分别为 sw_data[15]、sw_data[14]、ack[2] 和 ack[1]。

第三条实例引用语句定义了一个没有具体名称的异或门,其输出是 qpr,3 个输入分别为 byte_a、byte_b 和 byte_c;该条语句同时还定义了另外两个没有具体名称的异或门。

这些门的真值表排列如表 5.1 所列。请注意出现在输入端的 z 值其处理方式与 x 值相同;此外多输入门的输出决不可能是 z。

---

① 实例名是可选的。注意:引用异或门时没有指定实例名。

表 5.1　多输入门的真值

(a) 与非门的真值

nand	0	1	x	z
0	1	1	1	1
1	1	0	x	x
x	1	x	x	x
z	1	x	x	x

(b) 与门的真值

and	0	1	x	z
0	0	0	0	0
1	0	1	x	x
x	0	x	x	x
z	0	x	x	x

(c) 或门的真值

or	0	1	x	z
0	0	1	x	x
1	1	1	1	1
x	x	1	x	x
z	x	1	x	x

(d) 或非门的真值

nor	0	1	x	z
0	1	0	x	x
1	0	0	0	0
x	x	0	x	x
z	x	0	x	x

(e) 异或门的真值

xor	0	1	x	z
0	0	1	x	x
1	1	0	x	x
x	x	x	x	x
z	x	x	x	x

(f) 同或门的真值

xnor	0	1	x	x
0	1	0	x	x
1	0	1	x	x
x	x	x	x	x
z	x	x	x	x

5.3　多输出门

多输出门有 **buf** 及 **not**。

这两种类型的门都只有一个输入，而输出可以是一个或者几个，如图 5.3 所示。实例引用这种类型门的基本句法如下：

multiple_output_gate_type [*instance_name*]
　　(Out1, Out2, ... OutN, InputA);

最后的端口是输入端口，其余的端口全都为输出端口。

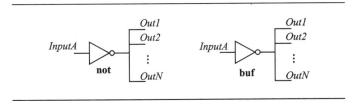

图 5.3 多输出门

下面举几个例子：

buf u5buf(clk_tx,clk_rx,clk_io1,clk_spi,clk_core);
not u8not(phase_a_rdy,phase_b_rdy,ready);

在第一条实例引用缓冲门的语句中,clk_core 是名为 u5buf 的缓冲门的输入。该缓冲门有 4 个输出:clk_tx、clk_rx、clk_io1 和 clk_spi。在第二条实例引用非门的语句中,ready 是名为 u8not 的非门的唯一输入端口。该非门有两个输出:phase_a_rdy 和 phase_b_rdy。

这两个门的真值如表 5.2 所列。

表 5.2 多输出门的真值

(a) buf 门的真值

buf	0	1	x	z
输出	0	1	x	x

(b) not 门的真值

not	0	1	x	z
输出	1	0	x	x

5.4 三态门

三态门有 4 种类型:**bufif0**、**bufif1**、**notif0** 及 **notif1**。

这 4 种门可以用来给三态驱动器建模。这 4 种门均有一个输出、一个数据输入和一个控制输入。实例引用三态门的基本语法如下:

tristate_gate [*instance_name*] (*OutputA*, *InputB*, *ControlC*);

第一个端口 *OutputA* 是输出端口,第二个端口 *InputB* 是数据输入,*ControlC* 是控制输入。参见图 5.4。根据控制输入,输出可被驱动到高阻状态,即值 z。对于 bufif0,若通过控制输入为 1,则输出为 z;否则数据被传输至输出端。对于 bufif1,若控制输入为 0,则输出为 z。对于 notif0,如果控制输出为 1,那么输出为 z;否则输入数据值的非被传输到输出端。对于 notif1,若控制输入为 0,则输出为 z。

下面举两个例子加以说明：

bufif1   u7bufif1 (dbus,mem_data,strobe);
notif0   u3notif0 (paddr,abus,probe);

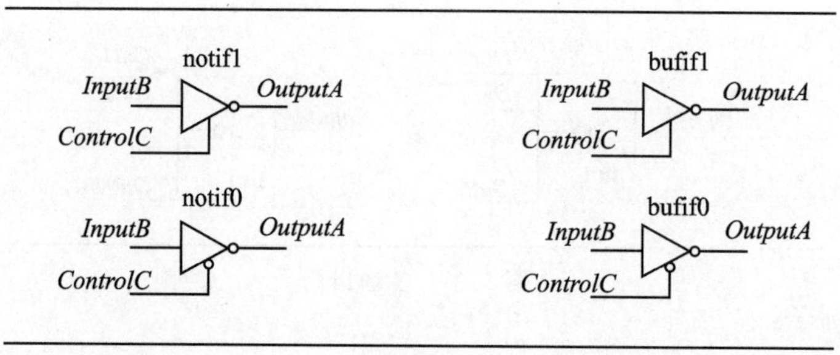

notif1: InputB, ControlC → OutputA
bufif1: InputB, ControlC → OutputA
notif0: InputB, ControlC → OutputA
bufif0: InputB, ControlC → OutputA

图 5.4

当 strobe 为 0 时，名为 u7bufif1 的三态门（bufif1）输出线 dbus 将被驱动至高阻；否则 mem_data 的值被传输至 dbus。在第 2 条实例引用语句中，当 probe 为 1 时，paddr 将被驱动至高阻；否则 abus 的非被传输到 paddr。

表 5.3 列出了这 4 种门的真值。

表 5.3 三态门的真值

(a) bufif0 的真值

bufif0		control			
		0	1	x	z
Data	0	0	z	x	x
	1	1	z	x	x
	x	x	x	x	x
	z	x	x	x	x

(b) bufif1 的真值

bufif1		control			
		0	1	x	z
Data	0	z	0	x	x
	1	z	1	x	x
	x	z	x	x	x
	z	z	x	x	x

(c) notif0 的真值

notif0		control			
		0	1	x	z
Data	0	1	z	x	x
	1	0	z	x	x
	x	x	z	x	x
	z	x	z	x	x

(d) notif1 的真值

notif1		control			
		0	1	x	z
Data	0	z	1	x	x
	1	z	0	x	x
	x	z	x	x	x
	z	z	x	x	x

5.5 上拉门和下拉门（电阻）

上拉门和下拉门分别为 **pullup** 和 **pulldown**。

这两种门都只有一个输出，没有输入。上拉门（电阻）将输出置为 1。下拉门（电阻）将输出置为 0。实例引用上拉/下拉门的句法如下：

pull_gate [*instance_name*] (*OutputA*);

该门的端口列表中只包含 1 个输出。举例说明如下：

```
pullup u0pullup (core_pwr);
```

此上拉门(电阻)实例名为 u0pullup,其输出 core_pwr 被连接到高电平 1。

5.6 MOS 开关

MOS 开关共有以下 6 种类型:

cmos   pmos   nmos   rcmos   rpmos   rnmos

这 6 种类型的门可以用来给单向开关建模,也就是说,通过设置控制输入的值(1/0)可以接通或者关闭从输入流向输出的数据流。

pmos(p 类型 MOS 管)、nmos(n 类型 MOS 管)、rnmos(r 代表电阻)和 rpmos 开关有一个输出、一个输入和一个控制输入。实例引用这类门的基本句法如下:

gate_type [*instance_name*]
(*OutputA*, *InputB*, *ControlC*);

第一个端口为输出,第二个端口是输入,最后一个端口是控制输入。若 nmos 和 rnmos 开关的控制输入为 0,pmos 和 rpmos 开关的控制输入为 1,则开关关闭,即输出为 z;若 nmos 和 rnmos 开关的控制是 1,pmos 和 rpmos 开关的控制输入为 0,则输入数据传输至输出,如图 5.5 所示。与 nmos 和 pmos 相比,rnmos 和 rpmos 在输入引线和输出引线之间存在比较高的阻抗(电阻)。当数据从输入传输至输出时,由于开关阻抗的存在,所以数据信号的强度会出现衰减。信号强度问题将在第 10 章进行阐述。

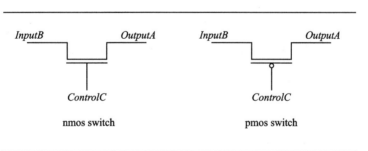

图 5.5   nmos 和 pmos 开关

下面举例加以说明:

```
pmos  u9pmos   ( io1_bus,read_data,gate_ctrl);
rnmos u2rnmos  ( control_bit,ready_bit,hold );
```

第一条语句表示一个实例名为 u9pmos 的 pmos 开关,其输入为 read_data,输出为 io1_bus,控制信号为 gate_ctrl。

这些开关的真值如表 5.4 所列。

表 5.4 MOS 开关的真值

(a) pmos 和 rpmos 的真值

pmos rpmos		control			
		0	1	x	z
Data	0	0	z	x	x
	1	1	z	x	x
	x	x	z	x	x
	z	z	z	z	z

(b) nmos 和 rnmos 的真值

nmos rnmos		control			
		0	1	x	z
Data	0	z	0	x	x
	1	z	1	x	x
	x	z	x	x	x
	z	z	z	z	z

cmos（互补型 MOS）和 rcmos（阻型 CMOS）开关具有一个数据输出、一个数据输入和两个控制输入。实例引用这两种开关的句法如下：

(r)cmos [instance_name]
(OutputA, InputB, NControl, PControl);

第一个端口为输出，第二个端口为输入，第三个端口为 n 沟道控制输入，第四个端口为 p 沟道控制输入。cmos（rcmos）开关的行为与具有共同输入和输出的 pmos（rpmos）和 nmos（rnmos）开关组合非常类似。参见图 5.6。

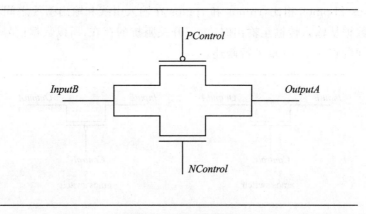

图 5.6 (r)cmos 开关

5.7 双向开关

双向开关共有 6 种，它们分别是：

```
tran    rtran    tranif0    rtranif0    tranif1    rtranif1
```

这些开关是双向的,也就是说,数据可以双向流动,并且当数据通过开关传播时没有延时。后四个开关能够通过设置合适的控制信号而关闭但 tran 和 rtran 这两种开关不能被关闭。

实例引用 tran 或 rtran(阻抗型 tran)开关的句法如下：

(r)tran [*instance_name*]**(***SignalA***,***SignalB***);**

端口列表中只能有两个端口,并且无条件地双向流动,即从 *SignalA* 流向 *SignalB*,反之亦然。

实例引用其他双向开关的句法如下：

gate_type [*instance_name*]
(*SignalA***,***SignalB***,***ControlC***);**

前两个端口是双向端口,即数据从 *SignalA* 流向 *SignalB*,反之亦然。第三个端口是控制信号。若双向开关的类型为 tranif0 和 rtranif0,且设置 *ControlC* 为 1,则禁止双向数据的流动；若双向开关的类型为 tranif1 和 rtranif1,且设置 *ControlC* 为 0,则禁止双向数据的流动。对于 rtran、rtranif0 和 rtranif1 这三种阻抗型双向开关而言,当信号流经开关时,信号强度会出现衰减。

5.8 门延迟

信号从任何门的输入到其输出的传输延迟可以用门延迟来定义。在门实例引用语句中可以指定门延迟。实例引用带延迟参数的门的语法如下：

gate_type [*delay*] [*instance_name*] **(***terminal_list***);**

delay 规定了门的延迟,即从门的任意输入到输出的传输延迟。若没有指定门延迟值,则默认的延迟值为 0。

门延迟最多可由 3 种延迟值组成：

(1) 上升延迟；
(2) 下降延迟；
(3) 截止延迟。

门延迟可以指定包含 0、1、2 或 3 个延迟值。表 5.5 列出了当指定的延迟值个数不同时,delay 的 4 种表示方法。

请注意：转换到 **x** 的延迟(to_x)值不能被明确地指定,但可以通过其他指定的值加以确定。

表 5.5　delay 的 4 种表示方法

延迟值	无延迟	1 个延迟 (d)	2 个延迟 (d1,d2)	3 个延迟 (dA,dB,dC)
上升	0	d	d1	dA
下降	0	d	d2	dB
To_x	0	d	min注(d1,d2)	min(dA,dB,dC)
Turn_off	0	d	min(d1,d2)	dC

注：min 是 minimum 的缩写词。

下面举一些具体例子加以说明。请注意，Verilog HDL 模型中的所有延迟都以时间单位表示。时间单位与实际时间的关联可以通过 `timescale` 编译器指令实现。在下面的实例引用中，

not u10not (qbar,q);

门延迟为 0，因为没有定义延迟。下面的实例引用门的例子中，

nand #6 (hmark,in1,in2);

所有延迟均为 6，即上升延迟和下降延迟都是 6。与非门没有截止延迟，因为与非门的输出不可能是高阻态。转换到 **x** 的延迟也是 6。

and #(3,5) (yout,a,b,c);

在这个实例引用门的例子中，上升延迟被定义为 3，下降延迟为 5，转换到 **x** 的延迟为 3 和 5 中间的最小值，即 3。在下面的例子中：

notif1 #(2,8,6)(dout,din1,din2);

上升延迟为 2，下降延迟为 8，截止延迟为 6，转换到 x 的延迟是 2、8 和中的最小值，即 2。

对多输入门（例如与门和或门）和多输出门（缓冲门和非门）最多只能定义 2 个延迟（因为输出决不可能是 **z**）。三态门最多可以指定 3 个延迟，而上拉/下拉门（电阻）不能有任何延迟。

Min：typ：max 延迟形式

门延迟，包括所有其他的延迟，例如连续赋值语句的延迟，都可以采用 min：typ：max 形式定义。具体形式如下：

minimum : *typical* : *maximum*

最小值、典型值和最大值必须是常数表达式。下面是在实例引用门时使用这种形式延迟

的一个例子：

nand # (2,3,4,5,6,7)(pout,pin1,pin2);

选择使用哪种形式的延迟通常可作为仿真运行时的一个选项供用户选择。举例说明如下：若进行最大延迟的仿真，则上述与非门实例使用上升延迟 4 和下降延迟 7。

指定块(Specify Block)也能用来指定门延迟。有关指定块的定义和用法将在第 10 章中讨论。

5.9 实例数组

当需要重复进行多次实例引用时，在门实例引用语句中可以指定一个范围（在实例引用模块时也能够使用范围指定），以便自动地生成多个重复的实例。在这种情况下，实例引用门的句法如下：

gate_type [*delay*] *instance_name*
[*leftbound* : *rightbound*] (*list_of_terminal_names*);

leftbound 和 *rightbound* 值是任意的两个常量表达式。左界不必大于右界，并且左、右界两者都不必限定为 0。举例说明如下：

wire [3:0] irq,ctrl,sense ;
...
nand u8nand[3:0](irq,ctrl,sense) ;

上面指定范围的实例引用语句与下列语句等价：

nand[1]
    u8nand3 (irq[3],ctrl[3],sense[3]) ,
    u8nand2 (irq[2],ctrl[2],sense[2]) ,
    u8nand1 (irq[1],ctrl[1],sense[1]) ,
    u8nand0 (irq[0],ctrl[0],sense[0]) ;

请注意：当指定实例数组时，必须明确地定义实例名。

再举一个例子加以说明：

parameter NUM_BITS = 4;
wire [NUM_BITS - 1 : 0] gated_d,din;

---

[1] 实例数组的索引范围也可以用负数，例如：[-7:0]。

```
wire bypass;

and #(1,2) u0and [ NUM_BITS-1 : 0 ] (gated_d,din,bypass);
```

请注意,bypass 是一个标量。在这种情况下,该标量扇出(连接)到所有的实例的端口。上面的例子与下列语句等价:

```
and    #(1,2) u0and3 (gated_d[3],din[3],bypass);
and    #(1,2) u0and2 (gated_d[2],din[2],bypass);
and    #(1,2) u0and1 (gated_d[1],din[1],bypass);
and    #(1,2) u0and0 (gated_d[0],din[0],bypass);
```

也支持模块实例的数组,见第 9 章的例子。

5.10　隐含的线网

在 Verilog HDL 模型中没有特别声明的线网被默认为是 1 位线网。但是用户可以用 `default_nettype 编译指令设置默认(缺省)的线网类型。编译指令的格式如下:

`default_nettype   net_type

举例说明如下:

`default_nettype wand

有了这条编译指令,所有后续未声明的线网全都被定义为 **wand** 类型。

`default_nettype 编译指令必须出现在模块定义的外面,并且在遇到下一个同样的编译指令或者遇到 resetall 编译指令之前一直保持有效。

在 `default_nettype 编译指令后面跟一个 **none** 值,就可以把已默认的线网定义取消掉。在这种情况下,编译器若发现没有声明类型的任何线网都将报告出错。

5.11　一个简单的示例

下面是如图 5.7 所示的 4 选 1 多路器电路的门级描述。请注意:因为实例名是可选的(除用于实例数组情况外),所以在实例引用门的语句中没有指定实例名。

```
module  mux4x1(y,d0,d1,d2,d3,s0,s1 );
    output   y;
    input    d0,d1,d2,d3,s0,s1;
```

```
    and (t0,d0,s0bar,s1bar),
        (t1,d1,s0bar,s1),
        (t2,d2,s0,s1bar),
        (t3,d3,s0,s1);

    not
        (s0bar,s0),
        (s1bar,s1);

    or (y,t0,t1,t2,t3,);
endmodule
```

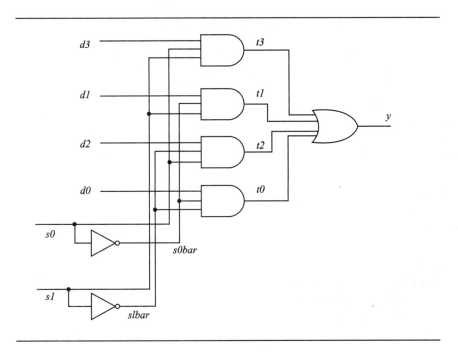

图 5.7 4 选 1 多路器

如果上面模块中实例引用或门的语句由下列语句代替会发生什么情况呢？

`or y (y,t0,t1,t2,t3,);`   //非法的 VerilogHDL 表达式

请注意：上面那句实例引用语句中，或门实例名是 y，而连接到该或门实例输出的线网也是 y。这种情况在 VerilogHDL 中是不允许的。在同一模块中，实例名不能与线网名相同。

5.12　2-4编码器举例

下面的模块用门级结构的Verilog HDL描述了如图5-8所示的2-4编码器电路。

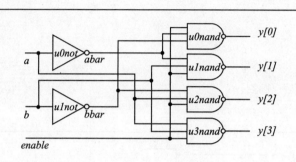

图5.8　2-4编码器

```
module dec2×4(a,b,enable,y);
  input    a,b,enable;
  output [0:3]y;
  wire abar,bbar;

    not # (1,2)
       u0not (abar,a),
       u1not (bbar,b);

    nand # (4,3)
       u0nand (y[0],enable,abar,bbar),
       u1nand (y[1],enable,abar,b),
       u2nand (y[2],enable,a,bbar),
       u3nand (y[3],enable,a,b);
endmodule
```

5.13　主/从触发器举例

图5.9所示的主/从D触发器的Verilog HDL门级描述如下：

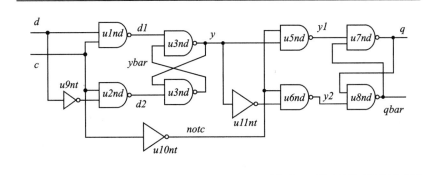

图 5.9 主/从触发器

```
module ms_dflip_flop (d,c,q,qbar);
  input d,c;
  output q,qbar;

  not
    n9nt (notd,d),
    n10nt (notc,c),
    n11nt (noty,y);

  nand
    n1nt (d1,d,c),
    n2nt (d2,c,notd),
    n3nt (y,d1,ybar),
    n4nt (ybar,y,d2),
    n5nt (y1,y,notc),
    n6nt (y2,noty,notc),
    n7nt (q,qbar,y1),
    n8nt (qbar,y2,q);
endmodule
```

5.14 奇偶校验电路

图 5.10 所示的 9 位奇偶校验位发生器的 Verilog 门级模型描述如下:

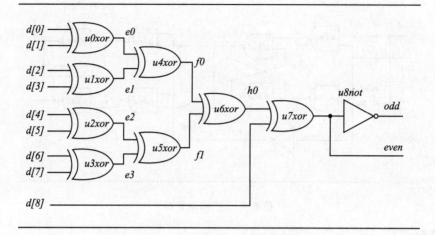

图 5.10 奇偶校验位发生器

```
module parity_9_bit(d,even,odd);
   input [0:8] d;
   output even,odd;

   xor #(5,4)
      u0xor (e0,d[0],d[1]),
      u1xor (e1,d[2],d[3]),
      u2xor (e2,d[4],d[5]),
      u3xor (e3,d[6],d[7]),
      u4xor (f0,e0,e1),
      u5xor (f1,e2,e3),
      u6xor (h0,f0,f1),
      u7xor (even,d[8],H0);
   not #2
      u8xor (odd,even);
endmodule
```

5.15 练习题

1. 用 Verilog 基元(Primitive)门为如图 5.11 所示的电路建立模型。编写一个测试平台验证该电路模型的输出。使用所有可能的输入值对电路进行测试。

2. 用 Verilog 基元门描述如图 5.12 所示的优先编码器电路的模型。当所有输入为 0 时,

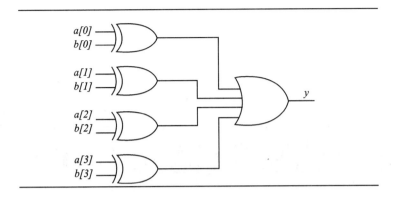

图 5.11　a 不等于 b 的逻辑

输出 valid 为 0，否则输出为 1。编写测试平台，验证该模型的行为符合优先编码器的要求。

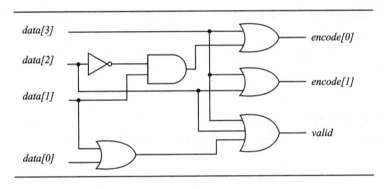

图 5.12　优先编码器

第 6 章
用户定义的原语(基元 UDP)

在第 5 章中,我们介绍了 Verilog HDL 提供的内置基本门。本章讲述 Verilog HDL 指定用户定义原语 UDP 的能力。

UDP 的实例语句与基本门的实例语句完全相同,即 UDP 实例语句的语法与基本门的实例语句语法一致。

6.1 UDP 的定义

UDP 可以使用具有如下语法的 UDP 语句来定义:

primitive UDP_name (OutputName,List_of_inputs);
  Output_declaration
  List_of_input_declarations
  [Reg_declaration]
  [Initial_statement]

  table
    List_of_tabel_entries
  endtable
endprimitive

也可以使用如下形式的语句来定义:

primitive UDP_name (
  Output_declaration,List_of_inputs_declarations);
  [Reg_declaration]

```
[Initial_statement]
  table
    List_of_tabel_entries
  endtable
endprimitive
```

UDP 的定义不依赖于模块定义,因此出现在模块定义以外。也可以在单独的文本文件中定义 UDP。

UDP 只能有一个输出和一个或多个输入。第一个端口必须是输出端口。此外,输出可以取值 0、1 或 **x**(不允许取 **z** 值),输入中出现值 **z** 以 **x** 处理。UDP 的行为以表的形式描述。

在 UDP 中可以描述下面两类行为:
(1) 组合电路;
(2) 时序电路(沿触发和电平触发)。

6.2　组合逻辑的 UDP

在组合逻辑的 UDP 中,表规定了不同的输入组合和相对应的输出值。没有指定的任意组合输出为 **x**。下面以 2-1 多路选择器为例加以说明。

```
primitive mux_2by1 (y,a,b,select );
  output y;
  input  a,b,select;

  table
    //注:下一行仅作为注释
    //  a    b    select :  y
        0    ?    1      :  0;
        1    ?    1      :  1;
        ?    0    0      :  0;
        ?    1    0      :  1;
        0    0    x      :  0;
  endtable
endprimitive
```

字符 ? 代表不必关心相应变量的具体值,即它可以是 0、1 或 **x**。输入端口的次序必须与表中各项的次序匹配,即表中的第一列对应于原语端口队列的第一个输入(例子中为 a),第二列是 b,第三列是 select。在该多路选择器的表中没有一项的输入组合为 **01x**(还缺少其他一些组合项);在这种情况下,输出的缺省值为 x(对其他未定义的输入组合项也是如此)。

图 6.1 所示的是一个由 3 个 2 选 1 多路器原语(基元)组成的 4 选 1 多路选择器。

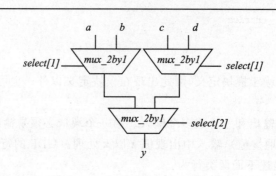

图 6.1　使用 UDP 构造的 4-1 多路选择器

```
module mux_4by1 (y,a,b,c,d,select);
    input a,b,c,d;
    input[2:1] select;
    output y;
    parameter tRISE = 2, tFALL = 3;

    mux_2by1   # ( tRISE,tFALL )①
        (temp1,a,b,select[1] ),
        (temp2,c,d,select[1] ),
        (y,temp1,temp2,select[2]);
endmodule
```

如上例所示,在 UDP 实例中,总共可以指定 2 个延迟,这是由于 UDP 的输出可以取值 0、1 或 x(无截止延迟)。

6.3　时序逻辑的 UDP

在时序逻辑的 UDP 中,使用 1 位寄存器描述内部状态。该寄存器的值是时序电路 UDP 的输出值。

共有两种不同类型的时序 UDP:一种时序 UDP 是电平敏感行为的模型;另一种是跳变沿触发行为的模型。

---

① 实例名是可选的,此处引用多路选择器时,没有指定实例名。

时序电路 UDP 使用寄存器当前值和输入值决定寄存器的下一状态（和后继的输出）。

6.3.1 状态变量的初始化

可以使用一条过程性赋值语句对时序逻辑 UDP 的状态进行初始化。其形式如下：

`initial   reg_name = 0,1,or x;`

初始化语句在 UDP 定义中出现。

6.3.2 电平触发的时序逻辑 UDP

下面是 D 锁存器建模的电平触发的时序逻辑的 UDP 举例。只要时钟为低电平 0，数据就从输入传递到输出；否则输出值被锁存。

```
primitive latch (q,clk,d );
output q;
input   clk,d;
reg q;

    table
       //clk    d    q(state)   q(next)
         0      1      : ?        : 1;
         0      0      : ?        : 0;
         1      ?      : ?        : -;
    endtable
endprimitive
```

- 字符表示值"无变化"。注意 UDP 的状态存储在变量 q 中。

6.3.3 沿触发的时序逻辑 UDP

下例用跳变沿触发的时序逻辑 UDP 为 D 型沿触发的触发器建模。一条初始化语句用于初始化该触发器的状态。

```
primitive d_edge_flip_flop (q,clk,data);
  output q;
  input  clk,data;
  reg q;
```

```
    initial q = 0;

        table
        //clk      data      q(state)      q(next)
          (01)      0    :      ?      :      0;
          (01)      1    :      ?      :      1;
          (0x)      1    :      1      :      1;
          (0x)      0    :      0      :      0;
        //忽略时钟负边沿:
          (? 0)     ?    :      ?      :      -;
        //忽略在稳定时钟上的数据变化:
          ?        (??)  :      ?      :      -;
        endtable
    endprimitive
```

表项(01)表示从 0 转换到 1，表项(0x)表示从 0 转换到 **x**，表项(? 0)表示从任意值(0,1 或 **x**)转换到 0，表项(??)表示任意转换。对任意未定义的转换，输出缺省为 **x**。

假定上面的 UDP 定义了 d_edge_flip_flop，现在就能够在模块中象基元门那样，实例引用该原语(基元)，见下面的 4 位寄存器的举例：

```
    module register4 (clk,data_in,date_out);
      input clk;
      input [0:3]data_in;
      output [0:3]date_out;
          d_edge_flip_flop
              u0_d_edge_flip_flop (data_out[0],clk,data_in[0]),
              u1_d_edge_flip_flop (data_out[1],clk,data_in[1]),
              u2_d_edge_flip_flop (data_out[2],clk,data_in[2]),
              u3_d_edge_flip_flop (data_out[3],clk,data_in[3]);
    endmodule
```

6.3.4　沿触发的和电平敏感的混合行为

在同一个表中能够混合电平触发和沿触发项。在这种情况下，边沿变化在电平触发之前处理，即电平触发项覆盖边沿触发项。

下面的 UDP 示例描述了一个带异步清零端的 D 触发器：

```
    primitive d_async_ff (q,clk,clear,data);
      output q;
```

```
input clock,clear,data;
reg q;

table
    //clock   clear   data    q(state)   q(next)
      (01)     0       0    :    ?    :    0;
      (01)     0       1    :    ?    :    1;
      (0x)     0       1    :    1    :    1;
      (0x)     0       0    :    0    :    0;
    //忽略时钟负边沿：
      (? 0)    0       ?    :    ?    :    -;
      (??)     1       ?    :    ?    :    0;
       ?       1       ?    :    ?    :    0;
endtable
endprimitive
```

6.4 另一个示例

下面的 UDP 描述了一个 3 位表决器电路。若输入向量中存在 2 个或 2 个以上的 1，则输出为 1。请注意端口声明的另外一种风格。在本模块中，我们使用了这种风格的端口声明。

```
primitive majority_of_3 (
    output y,
    input a,b,c
);
//端口的声明已包括在端口列表中

table
    //a   b   c   :   y
      0   0   ?   :   0;
      0   ?   0   :   0;
      ?   0   0   :   0;
      1   1   ?   :   1;
      1   ?   1   :   1;
      ?   1   1   :   1;
endtable
endprimitive
```

6.5 表项的总结

出于完整性考虑,下表列出了所有可以用于 UDP 原语表项中的值。

符 号	意 义
0	逻辑 0
1	逻辑 1
x	未知值
?	0、1 或 x 中的任一个
b	0 或 1 中任选一个
—	不变
(AB)	值由 A 变到 B
*	与(??)相同
r	上跳变沿,与(01)相同
f	下跳变沿,与(10)相同
p	(01)、(0x)和(x1)中的任一种
n	(10)、(1x)和(x0)中的任一种

6.6 练习题

1. 组合逻辑的 UDP 与时序逻辑的 UDP 有什么区别?
2. UDP 是否可有一个或多个输出?
3. 初始化语句是否可用于初始化描述组合逻辑的 UDP?
4. 为图 5.12 所示的优先编码器电路编写一个 UDP,编写测试平台,验证该 UDP 模型。
5. 编写一个描述 T 触发器的 UDP。在该 T 触发器中,若数据输入为 0,则输出不变化。若数据输入是 1,则输出在每个时钟沿翻转。假定触发时钟沿是时钟下跳沿,编写测试平台,验证所描述的模型。
6. 为正沿触发的 JK 触发器编写一个 UDP 模型。若 J 和 K 两个输入均为 0,则输出不变。若 J 为 0,K 为 1,则输出为 0。若 J 是 1,K 是 0,则输出是 1。若 J 和 K 都是 1,则输出翻转。编写测试平台,验证所描述的模型。

第 7 章

数据流建模

本章阐述 Verilog HDL 语言中连续赋值语句的特性。连续赋值语句常用来建立数据流的行为模型;而过程性赋值(第 8 章的主题)却大不相同,常用来为时序电路建立行为模型。建立组合逻辑电路行为模型的最好方法是使用连续赋值语句。

7.1 连续赋值语句

连续赋值语句可以用来对线网进行赋值(不能用来对寄存器进行赋值),它的格式如下(简单格式):

assign LHS_target = RHS_expression ;

举例说明如下:

//线网声明:
wire [3:0] frm_rdy,coh_rdy,hrd_tag;

//连续赋值语句:
assign hrd_tag = coh_rdy & frm_rdy;

连续赋值语句的被赋值目标是 hrd_tag,右侧的表达式是 coh_rdy & frm_rdy。需要特别指出的是,在连续赋值语句中一定有关键词 **assign** 出现。

连续赋值语句在什么时候执行呢? 只要右侧表达式中的操作数有事件发生(即操作数值改变)时,就会计算右侧表达式;若新的结果值与原来的值不同,则把新的结果值赋给左侧的被赋值目标。

在上面的例子中,若 coh_rdy 或 frm_rdy 发生了变化,就会计算右侧的表达式。若右侧表达式的值发生了变化,则把新计算出的值赋给线网 hrd_tag。

连续赋值的目标可以是以下类型之一:
(1) 标量线网;
(2) 向量线网;
(3) 矩阵中的一个元素(该矩阵可以是标量线网类型的,也可以是向量线网类型的);
(4) 向量线网的某一位;
(5) 向量线网的部分位;
(6) 上述各种类型的拼接体。

下面举几个连续赋值语句的例子:

assign bus_error = dma_parity | (lock_data & OP_MASK) ;

assign y = ~ (a | b) & (c | d) & (e | f) ;

只要 a、b、c、d、e 或 f 的值发生变化,连续赋值语句就会执行。在这种情况下,会计算整个右侧的表达式,然后将结果赋给目标 y。

在下面的例子中,被赋值的目标是一个标量线网和一个向量线网的拼接体。

wire carry_out,carry_in;
wire [3:0] sum,a,b;
...
assign {carry_out,sum} = a + b + carry_in ;

因为 a 和 b 是 4 位宽,所以加法运算能够产生最大为 5 位的结果。因此左侧表达式的宽度指定为 5 位(carry_out 1 位,sum 4 位)。最终这个赋值语句将右侧表达式最右边 4 位的值赋给 sum,第 5 位(进位位)的值赋给 carry_out。

下面的例子说明如何在一条连续赋值语句中进行多次赋值:

assign mux_out = (select = = 0) ? Input_a : ´bz,
       mux_out = (select = = 1) ? Input_b : ´bz,
       mux_out = (select = = 2) ? Input_c : ´bz,
       mux_out = (select = = 3) ? Input_d : ´bz;

上面的赋值语句是下面 4 条独立连续赋值语句的简化书写格式。

assign mux_out = (select = = 0) ? Input_a : ´bz;
assign mux_out = (select = = 1) ? Input_b : ´bz;
assign mux_out = (select = = 2) ? Input_c : ´bz;
assign mux_out = (select = = 3) ? Input_d : ´bz;

下面再举一个例子：

```verilog
wire dtag;
parameter SIZE = 7;
wire [SIZE : 0] padded_dtag;

assign padded_dtag = {{SIZE{1´b0}},dtag};
```

若没有对连续赋值的目标类型进行声明，则将把它默认为标量线网。

```verilog
//没有对 mc_noburst 进行声明
assign mc_noburst = dma_lock;
//mc_noburst 被默认为 1 位的线网
```

7.2 示 例

下面的例子是一个用数据流方式描述的 1 位全加器。

```verilog
module     full_adder_dataflow(a,b,carry_in,sum,carry_out );
    input a,b,carry_in;
    output sum,carry_out;

    assign sum = a^ b^ carry_in;
    assign carry_out = (a& carry_in) | (b& carry_in) | (a& b);
endmodule
```

在本例中，有两个连续赋值语句。这些赋值语句是并发的，与其书写的顺序无关。只要连续赋值语句的右侧表达式中的操作数的值发生了变化，就执行该连续赋值语句。若 a 发生变化，则上面两个连续赋值都要被重新计算，即对连续赋值语句的右侧表达式进行求值，并将结果赋给左侧的赋值目标。

7.3 线网声明赋值

连续赋值可以作为线网声明的一部分。这样的赋值称为线网声明赋值。例如：

```verilog
wire [3 : 0] qmv_wr = 4´b0;
wire frm_wait = ´b1;
```

```
wire ictr_gt_qctr = ictr > qctr ,
     qctr_gt_ictr = qctr > ictr ;
wire[(8 * 12 - 1) : 0] dbg_dump_rpt = "dbg_dump.rpt";
```

线网声明赋值不但声明了线网,还对声明的线网进行连续赋值。线网声明赋值是声明线网,然后编写连续赋值语句的一种简便形式。参考下面的例子:

```
wire wr_cycle;
assign wr_cycle = ´b1;
```

等价于线网声明赋值语句:

```
wire wr_cycle = ´b1;
```

不允许对同一个线网进行多个线网声明赋值。若必须进行多个赋值,则必须使用连续赋值语句。

7.4 赋值延迟

若在连续赋值语句中没有指定延迟,如前面的例子,则立即把右侧表达式的值赋给左侧表达式,其延迟为 0。在下面的例子中,在连续赋值语句中明确地指定了延迟。

```
assign #6 dbg_data = int_data | | peg_cntxt;
```

上述赋值语句中指定的延迟(#6),是指从右侧表达式中任一操作数的变化,到右侧表达式的重新计算,再把计算结果赋给左侧的赋值目标总共需要 6 个时间单位的延迟。例如,若在时刻 5,int_data 值发生变化,则在时刻 5 重新计算赋值语句的右侧表达式,并在时刻 11(=5+6)把计算出的新值赋给 dbg_data。图 7.1 举例说明了延迟的概念。

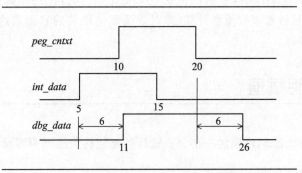

图 7.1　连续赋值语句中的延迟

若在把右侧的值传递给左侧之前,右侧的值发生了变化,会怎么样呢？在这种情况下,最后一次值的变化将起决定作用。下面的例子描述了这种行为：

assign #4 peg_free = xbid_par;

图 7.2 显示了这种变化的效果。在延迟期间右侧表达式发生的变化会被滤除。例如,xbid_par 在时刻 5 的上升沿按理应该能在时刻 9 显示在 peg_free 上,但由于 xbid_par 在时刻 8 已返回到 0,原先应该在 peg_free 上显示的值被删除了。同理,xbid_par 在时刻 18 和 20 之间的负脉冲也被滤除了。这就是所谓的惯性延迟行为,换言之,在把右式的变化传播到左式之前,右式必须至少能够在该延迟期间（#4）保持其值不变；在延迟期间,若右式的值发生了变化,则前面的值就不能传播到输出。

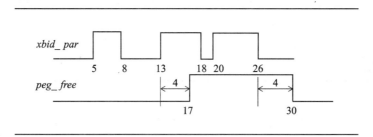

图 7.2 快于延迟间隔的值的变化

在每个延迟的声明中,总共有 3 个延迟值可以被指定：
(1) 上升延迟值；
(2) 下降延迟值；
(3) 截止延迟值。
下面是指定这三个延迟值的语法格式：

assign #(rise, fall, turn-off)
    LHS_target = RHS_expression;

下面将讲述当这三个延迟值为 0 时,如何在连续赋值语句中指定这些延迟：

//一个延迟参数
assign #4 biu_par = fe_par || vsp_par;

//两个延迟参数
assign #(4,8) biu_par = rd_trg;

//三个延迟参数
assign #(4,8,6) fe_arb = & fe_dbus;

//没有延迟参数
assign fe_dbus = rd_address[7:4];

在第一条赋值语句中,上升延迟、下降延迟、截止延迟(即变化到 z 的延迟)和变化到 **x** 的延迟相同,都为 4。在第二条赋值语句中,上升延迟为 4,下降延迟为 8,截止延迟和 **x** 的延迟相同,为 4 和 8 中的最小值,即 4。在第三条赋值语句中,上升延迟为 4,下降延迟为 8,截止延迟为 6,变化到 **x** 的延迟为 4(4、8 和 6 中的最小值)。在最后一条赋值语句中,所有的延迟都为 0。

若被赋值的目标是向量线网,那么上升延迟意味着什么呢?若右侧表达式的值从非 0 向量变化到 0 向量,则使用下降延迟;若右侧表达式的值变化到 **z**,则使用截止延迟;其余的情况都使用上升延迟。

7.5 线网延迟

延迟也可以在线网声明中定义,如下面的声明语句。

wire #5   mem_write;

该延迟指的是 mem_write 驱动源的值发生改变到线网 mem_write 本身的值发生改变的延迟。考虑下面对线网 mem_write 的连续赋值语句:

assign #2 mem_write = chunk_valid& flop_valid;

在时刻 10,flop_valid 的变化导致要重新计算右侧表达式的值。若结果跟以前的值不同,则在 2 个时间单位后(即时刻 12)把新值赋给 mem_write。但是因为指定了 mem_write 的线网延迟,对线网 mem_write 的赋值实际上发生在时刻 17(=10+2+5)。图 7.3 中的波形说明了这两种不同的延迟。

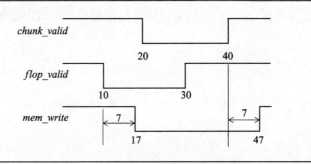

图 7.3   带有赋值延迟的线网延迟

图 7.4 很好地描述了线网延迟的影响。首先赋值延迟起作用,然后再加上线网延迟产生的作用。

若在线网声明赋值中指定了延迟,则这个延迟不是线网延迟,而是赋值延迟。下面对 nc_data 进行的线网声明赋值中,2 个时间单位指的是赋值延迟,而不是线网延迟。

```
//赋值延迟
wire [3:0] #2 nc_data = si_data - mem_wdata;
```

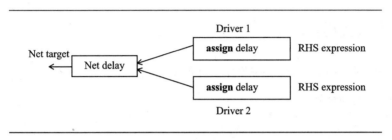

图 7.4 线网延迟的影响

7.6 示　例

7.6.1 主/从触发器

下面的 Verilog HDL 代码表示的是如图 5.9 所示的主/从触发器模型。端口的声明采用模块端口声明的风格。

```
module msdff_dataflow(
    input d,clk,
    output q,q_bar
);

wire not_clk,not_d,not_y,y,d1,d2,y_bar,y1,y2;

assign not_d = ~ d;
assign not_clk = ~ clk;
assign not_y = ~ y;

assign d1 = ~ (d& clk);
assign d2 = ~ (clk& not_d);
```

```
    assign y = ~ (d1 & y_bar );
    assign y_bar = ~ (y& d2);
    assign y1 = ~ (y& not_clk);
    assign y2 = ~ (not_y& not_clk);
    assign q = ~ (q_bar & y1);
    assign q_bar = ~ (y2 & q);
endmodule
```

7.6.2 幅值比较器

下面是一个 8 位(参数化的)的幅值比较器的数据流模型。

```
module magnitude_comparator(
    a,b,a_gt_b,a_eq_b,a_lt_b
    );
    parameter BUS = 8;
    parameter EQ_DELAY = 5,LT_DELAY = 8,GT_DELAY = 8;
    input [BUS-1:0]a,b;
    output a_gt_b,a_eq_b,a_lt_b;
    assign #EQ_DELAY    a_eq_b = a = = b;
    assign #GT_DELAY    a_gt_b = a> b;
    assign #LT_DELAY    a_lt_b = a< b;
endmodule
```

7.7 练习题

1. 举例说明如何在连续赋值语句中使用截止延迟。
2. 当对同一被赋值目标同时进行 2 次或多次赋值时,怎样来决定被赋值目标的有效值?
3. 描述出图 5.10 所示的奇偶校验产生电路的数据流模型。只允许使用两个赋值语句,并规定上升延迟和下降延迟。
4. 用连续赋值语句描述出图 5.12 所示的优先编码器电路的行为。
5. 假设:

```
tri0 [4:0] cell_data;
assign cell_data = vq_data;
assign cell_data = tim_ctr;
```

若 vq_data 和 tim_ctr 均为高阻态 z,cell_data 上将出现什么值?

第 8 章 行为级建模

在前面几章中,我们已经介绍了使用门和 UDP 的实例引用进行门级建模,以及使用连续赋值语句进行数据流建模。本章将描述用 Verilog HDL 进行建模的第 3 种风格,即行为级建模。为了充分使用 Verilog HDL,一个模型可以包含所有上述的 3 种建模风格。

8.1 过程性结构

下面两种语句是对设计进行行为级建模的主要结构:
(1) initial 语句;
(2) always 语句。

一个模块中可以包含任意多条 initial 语句或 always 语句。这些语句相互之间是并行执行的,换言之,这些语句在模块中的顺序并不重要。一条 initial 语句或 always 语句的执行会产生一个单独的控制流。所有的 initial 语句和 always 语句都是在 0 时刻开始并行地执行。

8.1.1 initial 语句

一条 initial 语句只执行一次。initial 语句在仿真开始时(即 0 时刻)开始执行,语法格式如下:

initial
    [*timing_control*] *procedural_statement*

procedural_statement 是下列语句之一:

```
procedural_assignment              //阻塞性或非阻塞性过程赋值语句
procedural_continuous_assignment   //过程连续赋值语句
conditional_statement              //条件语句
case_statement                     //分支语句
loop_statement                     //循环语句
wait_statement                     //等待语句
disable_statement                  //禁止语句
event_trigger                      //事件触发器
sequential_block                   //顺序块
parallel_block                     //并行块
task_enable                        //(用户定义或者系统定义的)任务调用
```

顺序块(**begin...end**)是最常使用的过程性语句。这里的 *timing_control* 可以是延迟控制,即指定的等待时间;也可以是事件控制,即等待指定的事件发生或指定的条件为真。在执行 initial 语句的时候,各条过程性语句仅执行一次。注意 initial 语句在仿真的 0 时刻开始执行。根据过程性语句中出现的时间控制,initial 语句会在一定的时间后完成执行。

下面举一个 initial 语句的例子:

```
reg intf_read;
...
initial
    intf_read = 2;
```

上述 initial 语句中包含无时序控制的过程性赋值语句。initial 语句在 0 时刻执行,因此 intf_read 在 0 时刻被赋值为 2。下面的例子是一条带有时序控制的 initial 语句。

```
reg fc_addr;
...
initial
    #2 fc_addr = 1;
```

reg 变量 fc_addr 在时刻 2 被赋值为 1。initial 语句在 0 时刻开始执行,但是在时刻 2 才完成执行。

若一个 reg 类型变量只需要在 initial 语句中被赋予一次值,则可以在变量本身的声明中完成赋值,所使用的语句称为变量声明赋值语句。

```
reg intf_read = 2;①
    //相当于先声明 reg 变量 intf_read,
```

---

① 相当于在 initial 语句块中再用一条阻塞赋值语句。

```verilog
//然后再在 initial 语句中对其赋值
```

```verilog
integer fe_count = 0;
//这一条语句相当于下面两条语句:
//integer fe_count;
//initial  fe_count = 0
```

下面举一个例子介绍带有顺序块的 initial 语句。

```verilog
parameter SIZE = 1024;
reg [7:0]vld_ram [0:SIZE - 1];
reg speed_reg;

initial
    begin: seq_blk_a
        integer    index;
        
        speed_reg = 0;
        
        for (index = 0;index<SIZE;index = index + 1)
            vld_ram[index] = 0;
    end
```

使用关键词 **begin...end** 可划定顺序块的界线,顺序块包含的过程语句是按顺序执行的,与 C 语言等高级编程语言相似。seq_blk_a 是顺序块的标签;若过程中没有出现局部声明语句,就不需要这一标签。例如,若对 index 的声明语句出现在 initial 语句之外,就可以不用 seq_blk_a 标签。在这个块内已经声明了局部整数型变量 index,此外该顺序块还包含一条带有 for 循环的过程性赋值语句。该 initial 语句在执行时将所有的内存空间初始化为 0。

下面再举一个带有顺序块的 initial 语句例子。在此例中,该顺序块包含了带时序控制的过程性赋值语句。

```verilog
//生成波形:
parameter APPLY_DELAY = 5;
reg [0:7] port_cmb;
…
initial
    begin
        port_cmb = 'h20;
        #APPLY_DELAY    port_cmb = 'hF2;
        #APPLY_DELAY    port_cmb = 'h41;
```

```
    #APPLY_DELAY    port_cmb = 'h0A;
end
```

在执行过程中,port_cmb 值的变化如图 8.1 所示。

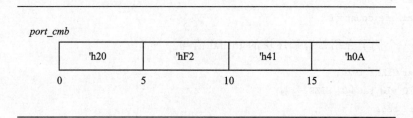

图 8.1 使用 initial 语句产生的波形

如上面的例子所示,initial 语句主要用于初始化和波形的生成。

8.1.2 always 语句

与 initial 语句不同,always 语句是反复执行的。与 initial 语句类似的地方只有 always 语句也是从 0 时刻开始执行。always 语句的语法格式如下:

always
   [*timing_control*] *procedural_statement*

其中,*timing_control*(时序控制)和 *procedural_statement*(过程性语句)与 8.1.1 小节中描述的一样。

下面举一个 always 语句的例子:

```
always
    clk_siob = ~ clk_siob;
//将无限循环
```

此 always 语句包含了一条过程性赋值语句。因为 always 语句是重复执行的并且在此例中没有指定时序控制,这条过程赋值语句将在 0 时刻起开始无限循环。因此,always 语句必须总是带有某种时序控制。

下面例子中的 always 语句与上面的例子基本相同,只是加入了延迟控制。

```
always
    #5 clk_siob = ~ clk_siob;
//在 clk_siob 上生成时钟周期为 10 个时间单位的波形
```

此 always 语句在执行时生成周期为 10 个时间单位的波形。

下面的例子是一条由事件控制的顺序块的 always 语句。

```
reg [0:5] instr_reg;
reg [3:0] cpu_accum;
wire execute_cycle;

always
    @(execute_cycle)
    begin
        case(instr_reg[0:1])
            2'b00: store_data(cpu_accum,instr_reg[2:5]);
            2'b11: load_data(cpu_accum,instr_reg[2:5]);
            2'b01: jump_to(instr_reg[2:5]);
            2'b10:;
        endcase
    end
    //store_data、load_data 和 jump_to 是在其他地方由用户定义的任务
```

顺序块（**begin...end**）内的语句相互之间按照顺序执行。这条 always 语句意味着只要在 execute_cycle 上有事件发生，即只要 execute_cycle 发生变化，就执行顺序块，顺序块的执行是指按顺序地执行顺序块中的所有语句。

下面再举一个例子。该例子描述了一个带异步置位的由负跳变沿触发的 D 触发器的行为模型。

```
module d_flipflop(clk,d,set,q,qbar);
    input clk,d,set;
    output reg q,qbar;

    always
        wait (set == 1)
            begin
                #3 q <= 1;
                #2 qbar <= 0;
                wait (set == 0);
            end

    always
        @ (negedge clk)
```

```verilog
        begin
            if(set!=1)
                begin
                    #5 q<=d;
                    #1 qbar=~q;
                end
        end
endmodule
```

此模块中有两条 always 语句。在第一条 always 语句中,顺序块的执行由电平敏感事件控制。在第二条 always 语句中,顺序块的执行由跳变沿敏感事件控制。

8.1.3　两类语句在模块中的使用

一个模块可以包含多条 always 语句和多条 initial 语句。每条语句启动一个单独的控制流。每条语句都在 0 时刻开始并行执行。

下例中含有一条 initial 语句和两条 always 语句。

```verilog
module test_xor_behavior;
    reg wave_a,wave_b,z_mon;

    initial
        begin
            wave_a=0;
            wave_b=0;
            #5 wave_b=1;
            #5 wave_a=1;
            #5 wave_b=0;
        end

    always
        @(wave_a or wave_b)  z_mon=wave_a^wave_b;
        //事件的列表也可以写成:@(wave_a,wave_b)或者更简单的@ *

    always
        @(z_mon)
            $display(
                "At time %t,wave_a=%d,wave_b=%d,z_mon=%b",
                $time,wave_a,wave_b,z_mon);
```

endmodule

因为模块中的三条语句是并行执行的,所以它们在模块中的顺序并不重要。当 initial 语句开始执行时,执行顺序块中的第一条语句,即把 wave_a 赋值为 0;下一条语句在经过了 0 延迟后立即执行。在 initial 语句内的顺序块的第 3 行中的"♯5"表示"等待 5 个时间单位"。因此 wave_b 在 5 个时间单位后被赋值为 1,wave_a 在再过 5 个时间单位后被赋值为 0,最后 wave_b 在再过 5 个时间单位后被赋值为 0。在执行完顺序块的最后一条语句后,这条 initial 语句就被永远挂起。

第一条 always 语句等待在 wave_a 或 wave_b 上发生事件。当 wave_a 或 wave_b 上有事件发生时,就执行 always 语句内的语句,然后 always 语句重新等待在 wave_a 或 wave_b 上发生事件。注意,由于在 initial 语句内对 wave_a 和 wave_b 进行了赋值,always 语句将在第 0、5、10 和 15 个单位时刻执行。

同样,当在 z_mon 上有事件发生时,就执行第二条 always 语句。在这种情况下,执行系统任务 $display,然后 always 语句重新等待在 z_mon 上发生事件。在 wave_a、wave_b 和 z_mon 上产生的波形如图 8.2 所示。下面是对模块进行仿真时产生的输出。

```
At time    5,wave_a = 0,wave_b = 1,z_mon = 1
At time   10,wave_a = 1,wave_b = 1,z_mon = 0
At time   15,wave_a = 1,wave_b = 0,z_mon = 1
```

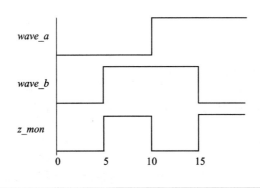

图 8.2　在 wave_a、wave_b 和 z_mon 上产生的波形

8.2 时序控制

时序控制可以与过程语句关联。时序控制有两种形式：
(1) 延迟控制；
(2) 事件控制。

8.2.1 延迟控制

延迟控制格式如下：

```
#delay    procedural_statement
```

例如：

```
#2    tx_addr = rx_addr - 5;
```

延迟控制指定了从到达该语句到执行该语句的时间间隔。延迟控制基本上可以看作是在语句执行前的"等待延迟"。在上面的例子中，过程赋值语句在到达该语句后的 2 个时间单位时执行，也就是等待 2 个时间单位，然后执行赋值。

下面再举一个例子：

```
initial
    begin
        #3 wave_set_a = 'b0111;
        #6 wave_set_a = 'b1100;
        #7 wave_set_a = 'b0000;
    end
```

上面的 initial 语句在 0 时刻执行。首先，等待 3 个时间单位执行第一条赋值语句；然后再等待 6 个时间单位，执行第二条赋值语句；再等待 7 个时间单位，执行第三条语句；然后永远地挂起。

延迟控制也可以用另一种格式来指定：

```
#delay;
```

这一语句使得在执行下一条语句前等待指定的延迟。下面举例说明这种用法：

```
parameter ON_DELAY = 3, OFF_DELAY = 5;
always
    begin
```

```
    # ON_DELAY;        //等待 ON_DELAY 个时间单位的延迟
    clk_ref = 0;
    # OFF_DELAY;       //等待 OFF_DELAY 个时间单位的延迟
    clk_ref = 1;
end
```

延迟控制中的延迟可以是任意表达式,即不必限制为一个常量,见下面的例子。

```
# strobe_delay
    start_ptr = tx_addr ^MASK;
# (PERIOD / 2)
    clk_crd = ~clk_crd;
```

若延迟表达式的值为 0,则称为显式零延迟。

```
# 0; // 显式零延迟
```

显式零延迟触发一个等待,直到所有其他的在当前仿真时刻要被执行的事件执行完毕后,才将其恢复;仿真时间不会前进。

若延迟表达式的值为 x 或 z,则它等效于零延迟。若延迟表达式计算结果为负值,则将其二进制补码值作为延迟。

若延迟值包含了空格字符,需要用圆括号把延迟值括起来。

```
next_frame <= # (5 ´b11011) curr_frame;
coh_hdr <= # (i + j) pkt_load;
```

若用表达式来表示延迟也需要用圆括号将其包括起来。以上的规则对于连续赋值中的延迟也一样。

```
assign # (soh_dly * 2) crd_updata = feq_data;
```

8.2.2 事件控制

在事件控制中,语句的执行是基于事件的。有两种事件控制的方式:
(1) 跳变沿敏感事件控制;
(2) 电平敏感事件控制。

1. 跳变沿敏感事件控制

跳变沿敏感事件控制的格式如下:

```
@event  procedural_statement
```

如下例所示：

@(**posedge** clock)
　　curr_state = next_state;

带有事件控制的过程性语句必须等到指定事件发生才执行。在上例中，若在 clock 信号上出现了正跳变沿（从低电平变为高电平），就执行赋值语句；否则赋值语句的执行被挂起，直到在 clock 信号上出现了正跳变沿。

下面是一些其他的示例：

@(**negedge** reset)intf_count = 0;

@cell_byte
　　per_frame = cell_data;

在第一条语句中，只有当 reset 上出现负跳变沿时赋值语句才执行。第二条语句中，当 cell_byte 上有事件发生时，把 cell_data 的值赋给 per_frame，即一直等到 cell_byte 上有事件发生，才把 cell_data 的值赋给 per_frame。

事件控制也可以使用如下格式：

@event;

该语句描述了一个等待，等待直到指定的事件发生。在下面的例子中，我们用 initial 语句来检测一个时钟的脉冲宽度。①

time rise_edge,on_delay;

initial
　begin
　　　//等待直到在时钟上出现正跳变沿
　　　@(**posedge** clk_cell);
　　　rise_edge = $ **time**;
　　　//等待直到在时钟上出现负跳变沿
　　　@(**negedge** clk_cell);
　　　on_delay = $ **time** - rise_edge;
　　　$ **display** ("The on - period of clock is % t.",on_delay);
　end

可以在敏感事件之间加或(or)来表示"只要敏感事件中任何一个发生即可"。下面举例说明：

@(**posedge** clear **or negedge** reset)
　　q = 0;

---

① 指导原则：命名时钟信号时最好用 clk 作为前缀或者后缀。

```
@(ctrl_a or ctrl_b)
    token_bus = 'bz;
```

注意关键字 **or** 与在表达式中的逻辑或并不相同。

在 Verilog HDL 中 **posedge** 和 **negedge** 分别是表示正跳变沿和负跳变沿的关键字。下述转换中的任意一种都称为负跳变沿：

```
1 -> x
1 -> z
1 -> 0
x -> 0
z -> 0
```

下述转换中的任意一种都称为正跳变沿：

```
0 -> x
0 -> z
0 -> 1
x -> 1
z -> 1
```

下面是事件控制的简单格式：

@(**negedge** clk_core)

当事件控制中的敏感事件是由多个表达式组成的时候，我们用关键词 **or** 或者逗号来把它们隔开。例如：

//用逗号隔开敏感事件列表
@(**negedge** clk_core,**posedge** reset_core)

//用 or 隔开敏感事件列表
@(request **or** grant)

通过一种方式可以隐含地把相应的过程性语句中所有的变量和线网都包含在敏感事件的列表中。@ * 表明相应的过程性语句对于其内部的任何值的变化都会敏感。
例如：

always
    @ * procedural_statement

@ * 把过程性语句内部所有的变量都看作是敏感事件列表的一部分。

always
    @ * cpu_reg = master_reg + control_reg;

在上面的 always 语句中，隐含地把 master_reg 和 control_reg 包含在敏感事件列表中。

它实际上是下面always语句的简写格式:

```
always
    @(master_reg,control_reg)
        cpu_reg = master_reg + control_reg;①
```

@ * 代表了在相应块中的任何语句中使用了的变量和线网。除此之外,还包括在赋值语句中的等号左边的表达式中的序号变量。

```
always
    @ *
        valid_ptr[k] = ram_wrn & chip_sel;
```

在这个例子中,@ * 等价于@(ram_wrn,chip_sel,k)。

下面还有一个例子:

```
always
    @ *
        case(select)
            2´b00:    y = a;
            2´b01:    y = b;
            2´b10:    y = c;
            2´b11:    y = d;
        endcase
```

在这个例子中,@ * 等价于@(a,b,c,d,select)。②

2. 电平敏感事件控制

在电平敏感事件控制中,直到条件变为真后,过程性语句才执行。电平敏感事件控制的格式如下:

```
wait (condition)
    procedural_statement
```

procedural_statement 过程性语句只有在条件为真时才执行,否则过程性语句一直等待直到条件为真。若执行到该语句时条件已经为真,则过程性语句立即执行。在上面的表达式中,过程性语句是可选的。

例如:

---

① 使用逗号分隔事件列表和使用or进行分隔一样。
② 虽然这两种表达方式是等价的,但是整本书的其余部分中作者仍旧用or来分隔事件列表。

```
wait (token_sum > 22)
    token_sum = 0;
wait (dataready)
    spi_data = intf_bus;
wait (preset);
```

在第一条语句中，只有当 token_sum 的值大于 22 时，才把 token_sum 赋值为 0。在第二条语句中，只有当 dataready 为真，即 dataready 值为 1 时，将 intf_bus 的值赋给 spi_data。最后一条语句表示等待直到 preset 变为真（即值为 1）时，它后面的语句才可以继续执行。

8.3 语句块

语句块提供了一种机制，可以将两条或更多条语句并置成一种相当于一条语句的语法结构。在 Verilog HDL 中有两种语句块，即：
(1) 顺序语句块(begin...end)：语句块中的语句按照给定次序顺序执行。
(2) 并行语句块(fork...join)：语句块中的语句并行执行。

语句块的标识符是可选的。若有标识符，则可以在语句块内部声明局部变量。带标识符的语句块还可以被引用，例如，可以使用 disable 语句来禁止某个标识语句块的执行。此外，语句块标识符提供了一种可对变量作唯一标识的途径。但是，要注意所有的局部变量均是静态的，即它们的值在整个仿真运行期间保持不变。

8.3.1 顺序语句块

顺序语句块中的语句是按顺序执行的。每条语句中的延迟值是与其前一条语句执行的仿真时间相关的。一旦顺序语句块执行完毕，紧随该顺序语句块的下一条语句将继续执行。顺序语句块的语法如下：

```
begin
    [ : block_id { declarations } ]
    procedural_statement(s)
end
```

例如：

```
//生成波形：
begin
    #2 ve_stream = 1;
```

```
    #5 ve_stream = 0;
    #3 ve_stream = 1;
    #4 ve_stream = 0;
    #2 ve_stream = 1;
    #5 ve_stream = 0;
end
```

假设此顺序语句块在第 10 个单位时刻开始执行。第一条语句在 2 个时间单位之后执行，即在第 12 个单位时刻执行。在执行完第一条语句之后，下一条语句在第 17 个单位时刻执行（由于延迟了 5 个时间单位）。然后再下一条语句在第 20 个单位时刻执行，后面以此类推。该顺序语句块执行过程中产生的波形如图 8.3 所示。

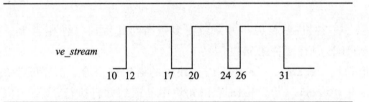

图 8.3 顺序块中语句的延迟是累积的

下面再举一个顺序块的示例。

```
begin
    mem_rdata = sms_result | mem_status;

    @(negedge clk_sms)
        update_rw = & mem_rdata;
end
```

在上面的例子中，先执行第一条语句，然后执行第二条语句。当然，第二条语句中的赋值只有在 clk_sms 上出现负跳变沿时才执行。下面是顺序块的另一个示例。

```
begin: lbl_seq_blk
    reg [3:0] dmac_channel;
    dmac_channel = dmac_breq & dmac_clear;
    dmac_parity = ^ dmac_channel;
end
```

在上面的例子中，顺序块带有标记 lbl_seq_blk，并且声明了一个局部 reg 变量。在执行时，首先执行第一条语句，然后执行第二条语句。

8.3.2 并行语句块

并行语句块的定界符是 **fork** 和 **join**(顺序语句块的定界符是 **begin** 和 **end**)。并行语句块中的语句是并行执行的。在并行语句块内的每条语句中指定的延迟值都是相对于语句块开始执行的时刻的。当并行语句块中的最后一个行为(并不一定是最后一条语句)执行完成时，再继续执行这个并行块后面的其他语句。换言之，在执行跳出语句块前必须执行完并行语句块内的所有语句。并行语句块的语法如下：

fork
    [: *block_id* {*declarations* }]
    procedural_statement(s)
join

例如：

```
//生成波形：
fork
    #2 req_stream = 1;
    #7 req_stream = 0;
    #10 req_stream = 1;
    #14 req_stream = 0;
    #16 req_stream = 1;
    #21 req_stream = 0;
join
```

若并行语句块在第 10 个单位时刻开始执行，则所有的语句并行执行并且所有的延迟值都是相对于第 10 个单位时刻的。例如，第 3 个赋值在第 20 个单位时刻执行，第 5 个赋值在第 26 个单位时刻执行，以此类推。其产生的波形如图 8.4 所示。

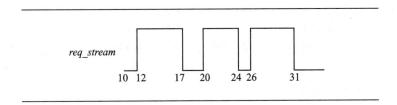

图 8.4　并行块中所有语句的延迟都是相对于起点时刻的

下面的例子混合使用了顺序语句块和并行语句块以强调两者的不同之处。

```verilog
always
    begin: blk_seq_a
        #4 pm_write = 5 ;                    //S1

        fork: blk_par_a                      //S2
            #6 pm_select = 7 ;               //P1

            begin: blk_seq_b                 //P2
                wdog_rst = pm_enable ;       //S6
                #5 wdog_intr = wdog_rst ;    //S7
            end

            #2 frc_sel = 3 ;                 //P3
            #4 pm_itcr = 2 ;                 //P4
            #8 itop = 4 ;                    //P5
        join

        #8 pm_lock = 1 ;                     //S3
        #2 pcell_id = 52 ;                   //S4
        #6 $stop ;                           //S5
    end
```

always 语句中包含顺序语句块 blk_seq_a，并且顺序语句块内的所有语句（S1、S2、S3、S4 和 S5）都是按照顺序执行的。always 语句是在 0 时刻开始执行的，在第 4 个单位时刻把 pm_write 赋值为 5，同时并行语句块 blk_par_a 也在第 4 个单位时刻开始执行。并行语句块中的所有语句（P1、P2、P3、P4 和 P5）在第 4 个单位时刻开始并行执行。这样在第 10 个单位时刻对 pm_select 进行赋值，在第 6 个单位时刻对 frc_sel 进行赋值，在第 8 个单位时刻对 pm_itcr 进行赋值，在第 12 个单位时刻对 itop 进行赋值。顺序语句块 blk_seq_b 在第 4 个单位时刻开始执行，因此将依次执行该顺序块中的语句 S6、S7。wdog_intr 在第 9 个单位时刻被赋予新值。因为并行语句块 blk_par_a 中的所有语句在第 12 个单位时刻完成执行，语句 S3 在第 12 个单位时刻开始执行，在第 20 个单位时刻对 pm_lock 进行赋值，然后语句 S4 才开始执行，在第 22 个单位时刻对 pcell_id 进行赋值，然后再执行下一语句。最后在第 28 个单位时刻执行系统任务 $stop。图 8.5 展示了 always 语句执行期间发生的事件。

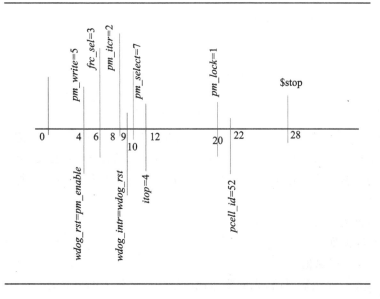

图 8.5 顺序块和并行块混合使用时语句的延迟

8.4 过程性赋值

过程性赋值是在 initial 语句或 always 语句内进行的赋值,它只能用来对变量数据类型赋值。赋值语句的右侧可以是任何表达式。例如:

reg [3:0] prn_data,lock_write,data_reg;
...
#5 prn_data = ~ lock_write & ~ data_reg;

prn_data 是 reg 变量。由于存在着延迟控制,所以在轮到该语句执行时,延迟 5 个时间单位才执行该赋值语句。然后重新计算右式,并把计算的结果赋给 prn_data。

过程性赋值相对于出现在它周围的语句按顺序执行。下面举一个 always 语句的例子:

```
always
    @(a,b,c,d)                    //等同于@(a or b or c or d)
        begin: blk_aoi
            reg temp1,temp2;

            temp1 = a & b;
```

```
            temp2 = c & d;
            temp1 = temp1 | temp2;
            y = ~temp1;
        end
/* 可用 1 条语句代替上面的 4 条语句,例如:
    y = ~((a & b) | (c & d));
但是,在上面的例子中用四条语句的目的是为了说明顺序块中语句的顺序特性 */
```

always 语句内的顺序块在信号 a、b、c 或 d 发生变化时开始执行。首先执行对 temp1 的赋值语句。然后执行第 2 条赋值语句。在前面赋值语句中计算得到的 temp1 和 temp2 的值将在第 3 条赋值语句中被使用。最后一条赋值语句使用了在第 3 条语句中计算得到的 temp1 的值。

过程性赋值分为两类:
(1) 阻塞性过程赋值;
(2) 非阻塞性过程赋值。
在讨论这两类过程性赋值前,先简要地说明语句内部延迟的概念。

8.4.1 语句内部延迟

出现在赋值语句右式左端的延迟称为语句内部延迟。通过语句内部延迟,可以在把右式的值赋给左式的目标之前延迟一段时间。例如:

```
frc_done = #5 ´b1;
```

重要的是,在语句内部延迟之前计算右式,然后进入延迟等待,最后把重新计算的值赋给左式的目标。为了理解语句间延迟和语句内部延迟的不同,举例说明如下:

```
frc_done = #5 ´b1;              //语句内部延迟控制

//等同于下面的语句
begin
    temp = ´b1;
    #5 frc_done = temp;         //语句间延迟控制
end

q = @(posedge clk_io1) d;       //语句内事件控制

//等同于下面的语句
begin
```

```
        temp = d;
    @(posedge clk_iol)        //语句间事件控制
        q = temp;
end
```

除上述两种时序控制(延迟控制和事件控制)可用于指定语句内部延迟之外,还有另一种称为重复事件控制的时序控制可以用来指定语句内部延迟。格式如下:

repeat(*expression*) @(*event_expression*)

这种控制格式是利用一个或多个事件发生的次数来指定延迟。例如:

hresult = **repeat**(2) @(**negedge** tclk) hw_data + hr_data;

上面的语句在执行时先计算右侧的值,即 hw_data + hr_data 的值,然后等待时钟 tclk 上出现 2 个负跳变沿,再把右侧的值赋给 hresult。该重复事件控制示例与下面的语句等价:

```
begin
    temp = hw_data + hr_data;
    @(negedge tclk);
    @(negedge tclk);
    hresult = temp;
end
```

这种形式的延迟控制方式在使赋值语句和某些沿或一定数量沿同步的时候非常有用。

8.4.2 阻塞性过程赋值

赋值操作符是=的过程性赋值称为阻塞性过程赋值。例如:

p_address = 52;

就是一条阻塞性过程赋值语句。阻塞性过程赋值语句是在其后所有的语句执行前执行的,即在下一条语句执行前,该赋值语句必须已全部执行完毕,举例说明如下:

```
always
    @(a or b or cin )
        begin: blk_carry_out
        reg t1,t2,t3;

        t1 = a & b;
        t2 = b & cin;
```

```
        t3 = a & cin;
        cout = t1 | t2 | t3;
    end
```

首先对 t1 进行赋值,计算出 t1 的值;接着执行第 2 条语句,对 t2 进行赋值;然后执行第 3 条语句,对 t3 进行赋值;后面依此类推。

下面的例子是使用了语句内部延迟的阻塞性过程赋值语句。

```
initial
    begin
        scan_clear = #5 0;
        scan_clear = #4 1;
        scan_clear = #10 0;
    end
```

第 1 条语句在 0 时刻执行,在 5 个时间单位后 scan_clear 被赋值为 0;接着执行第 2 条语句,在 4 个时间单位后(从 0 时刻开始为第 9 个单位时刻)使 scan_clear 被赋值为 1;然后执行第 3 条语句使 scan_clear 在 10 个时间单位后(从 0 时刻开始为第 19 个单位时刻)被赋值为 0。在 scan_clear 上生成的波形如图 8.6 所示。

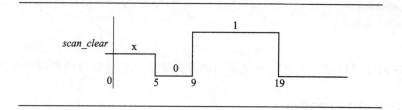

图 8.6　带有语句内部延迟的阻塞性过程赋值

再举一个例子:

```
begin
    itc_reset = 0;
    itc_reset = 1;
end
```

在上面的示例中,itc_reset 被赋值为 1。这是因为在第 1 条语句中 itc_reset 被赋值为 0,然后执行下一条语句使得 itc_reset 在 0 延迟后被赋值为 1。

8.4.3　非阻塞性过程赋值

在非阻塞性过程赋值语句中,使用赋值符号<=。下面举几个非阻塞性过程赋值的例子:

```
begin
    rms_load <= 32;
    wr_enable <= rms_load;
    rd_strobe <= rms_store;
end
```

在非阻塞性过程赋值语句中，对目标的赋值是非阻塞的（由于延迟），但可以被预定在将来某个时刻执行（根据延迟来预定；若是 0 延迟，则指在当前时刻结束前的最后一刻）。当非阻塞性过程赋值语句执行时，计算右侧的表达式，然后在预定时刻将右侧的值赋给左式的目标，并继续执行下一条语句。最快的输出也要在当前时刻结束前的最后一刻，这种情况仅发生在赋值语句中没有延迟时。在当前时刻结束前或者被预定输出的时刻结束前的最后一刻，对左式的目标进行赋值。

在上面的例子中，我们假设该顺序语句块是在时刻 10 执行的。第 1 条语句使得 rms_load 在第 10 个单位时刻结束前的最后一刻被赋值为 32；然后执行第 2 条语句，用到了 rms_load 原来的值（注意时间还没有前进，并且第 1 个赋值语句中的 rms_load 还没有被赋新值），对 wr_enable 的赋值被预定在第 10 个单位时刻结束前的最后一刻执行，然后执行下一条语句并且对 rd_strobe 的赋值被预定在第 10 个单位时刻结束前的最后一刻执行。当所有在第 10 个单位时刻该发生的事件发生后，完成所有对左式目标的预定赋值。

下面的例子更进一步解释了非阻塞性过程赋值的特征。

```
initial
    begin
        timer_clr <= #5 1;
        timer_clr <= #4 0;
        timer_clr <= #10 0;
    end
```

第 1 条语句的执行使得 timer_clr 在第 5 个单位时刻被赋值为 1；第 2 条语句的执行使得 timer_clr 在第 4 个单位时刻被赋值为 0（从 0 时刻开始的第 4 个单位时刻）；最后，第 3 条语句的执行使得 timer_clr 在第 10 个单位时刻被赋值为 0（从 0 时刻开始的第 10 个单位时刻）。注意上面 3 条语句都是在 0 时刻开始执行的。此外，在这种情况下，非阻塞性赋值执行的次序变得彼此不相关。在 timer_clr 上生成的波形如图 8.7 所示。

下面再举一个例子，但这个例子中所带的延迟为 0：

```
initial
    begin
        wdog_intr <= 0;
        wdog_intr <= 1;
    end
```

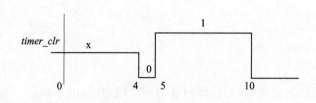

图 8.7 带有语句内部延迟的非阻塞性过程赋值

在 initial 语句执行后，wdog_intr 的值为 1，因为 Verilog HDL 标准规定了对同一个 reg 变量的非阻塞性赋值应该按照赋值语句执行的顺序来执行。因此，wdog_intr 先被赋值为 0，然后被赋值为 1。

下面这个例子同时使用了阻塞性过程赋值和非阻塞性过程赋值来展示它们之间的区别。

reg [0:2] qstate;

```
initial
    begin
        qstate = 3'b011;
        qstate< = 3'b100;
        $display("Current value of qstate is %b",qstate);
        #5;                      //等待 5 个时间单位
        $display("The delayed value of qstate is %b",qstate);
    end
```

上面 initial 语句执行产生的结果如下：

Current value of qstate is 011
The delayed value of qstate is 100

第 1 个阻塞性赋值使得 qstate 被赋值为 3'b011。执行第 2 条赋值语句（为非阻塞性赋值语句）可以使得 qstate 在当前时刻结束前的最后时刻（即 0 时刻结束前的最后时刻）被赋值为 3'b100。因此，当执行第一个 **$display** 任务时，qstate 还保持来自第一次赋值的值，即 3'b011。当要开始执行 #5 延迟 5 个时间单位时，按预定（在 0 时刻结束前的最后时刻）执行对 qstate 的非阻塞赋值，qstate 的值被更新成新的值 3'b100，然后延迟 5 个时间单位后，执行下一个 **$display** 任务，此时显示 qstate 的更新后的值。

下面再举一个例子。若在一个 always 语句里读取一个变量（keg_a）的值，又在另一条 always 语句里对同一个变量进行赋值，并且两条 always 语句由同一个时钟沿来控制，怎样才能确定读操作发生在写操作之前？答案是：用非阻塞赋值就可以确保读操作发生在写操作之前[①]。

```
always
    @(negedge clock)
        reg_a<= data;              //在此处 reg_a 被赋值

always
    @(negedge clock)               //同一个时间沿
        reg_b<= reg_a;             //在此处 reg_a 的值被读取
```

当 clock 的负跳变沿来临的时候，reg_a 的值先在第 2 条 always 语句中被读取。在第 1 条 always 语句中对 reg_a 的更新发生在 reg_a 的读操作之后（即当前仿真时刻结束的最后一刻）。若用的是阻塞性赋值，根据 always 语句先后顺序的不同会得到不同的结果。

究竟在何时该用哪种过程性赋值语句呢？建议如下：对 always 语句块外用到的变量进行赋值时，使用非阻塞性赋值（<=）。在计算中间结果的时候，用阻塞性赋值（=）。下面举例说明：

```
always
    @(posedge clk_piol) begin
        bdir_data =^ spi_rdata;           //用阻塞性赋值计算中间结果
        spi_wdata<= bdir_data + rst_cnt;  //用非阻塞性赋值对在另一条
        //always 语句中使用到的 spi_wdata 进行赋值
    end

always
    @(spi_wdata)
        spi_parity<=^ spi_wdata;
```

本书后面的例子中将遵循这个原则。

8.4.4 连续赋值与过程赋值的比较

连续赋值与过程赋值有什么不同之处？表 8.1 列举了它们的不同之处。

[①] 用非阻塞赋值读取的是 0 时刻结束瞬间前 reg_a 中的数据，因此是上一个负跳变沿存入 reg_a 的数据。由当前时钟负跳变沿存入 reg_a 中的数据此刻尚未有效。——译者注

表 8.1 过程赋值与连续赋值间的不同之处

过程赋值	连续赋值
出现在 initial 语句和 always 语句中	出现在模块(Module)中
过程赋值语句的执行与其周围的其他语句是有关系的	与其他语句并行执行；在右侧操作数的值发生变化时执行
驱动变量	驱动线网
使用＝或者＜＝赋值符号	使用＝赋值符号
无 assign 关键词（在过程性连续赋值中除外，参见第 8.8 节）	使用 assign 关键词

下面的例子将进一步解释这些不同之处。

```
module m_procedural;
    reg t_select,t_enable,wr_reset;

    always
        @ (t_enable) begin
            wr_reset <= t_select;
            t_select <= t_enable;
        end
endmodule

module m_continuous;
    wire t_select,t_enable,wr_reset;

    assign wr_reset = t_select;
    assign t_select = t_enable;
endmodule
```

假定 t_enable 在 10 ns 时刻发生了一个事件。在过程性赋值语句模块 m_procedural 中，两条过程性赋值语句依次被执行，t_select 在 10 ns 时刻得到 t_enable 的新值。wr_reset 没有得到 t_enable 的值，因为给 wr_reset 的赋值发生在给 t_select 的赋值之前。而在连续性赋值语句模块 m_ontinuous 中，第 2 个连续赋值被触发，因为 t_enable 上有事件发生。这导致了 t_select 上有事件发生，引发执行了第 1 个连续赋值，这相应使得 wr_reset 得到了 t_select 的值，实际上就是 t_enable 的值。尽管如此，若事件发生在 t_select 上，过程性赋值语句模块 m_procedural 中的 always 语句不被执行，因为 t_select 不在那条 always 语句的时序控制事件的列表中。然而连续性赋值语句模块 m_continuous 中的第 1 个连续赋值被执行，并且 wr_reset 得到 t_select 的新值。

8.5 条件语句

if 语句的语法如下：

if(*condition_1*)
    procedural_statement_1
{**else if**(*condition_2*)
    procedural_statement_2}
{**else**
    procedural_statement_3}

若对 *condition_1*[①] 求值的结果为一个非零值，则执行 *procedural_statement_1*。若对 *condition_1* 求值的结果为 0、**x** 或 **z**，则不执行 *procedural_statement_1*，若存在一个 else 分支，则执行这个分支。下面举例说明：

```
if (sum< 60)
    begin
        grade = C;
        total_c = total_c + 1;
    end
else if (sum< 75)
    begin
        grade = B;
        total_b = total_b + 1;
    end
else
    begin
        grade = A;
        total_a = total_a + 1;
    end
```

注意，条件表达式必须总是用圆括号括起来。若使用 if-if-else 格式，则有可能会产生二义性，如下例所示：

```
if (fclk)
    if (reset)
```

---

① 1 是一个非零的已知值。

```
        q = 0;
    else
        q = d;
```

问题是最后一个 else 属于哪个 if？它是属于第 1 个 if 条件(fclk)还是属于第 2 个 if 条件(reset)？在 Verilog HDL 中是通过将 else 与最近的没有 else 的 if 相关联来解决的。在这个例子中，else 与内层的 if 语句相关联。

下面举几个 if 语句的例子：

```
if (sum < 100)
    sum = sum + 10;

if(nickel_in)
    deposit = 5;
else if (dime_in)
    deposit = 10;
else if(quarter_in)
    deposit = 25;
else
    deposit = ERROR;

if(p_ctrl)
    begin
        if( ~w_ctrl)
            mux_out = 4'd2;
        else
            mux_out = 4'd1;
    end
else
    begin
        if( ~w_ctrl)
            mux_out = 4'd8;
        else
            mux_out = 4'd4;
    end
```

8.6　case 语句

case 语句是一条多路条件分支语句。其语法格式如下：

```
case(case_expr)
    case_item_expr{,case_item_expr}:
                    procedural_statement
    ...
    ...
    [default: procedural_statement]
endcase
```

case 语句首先对条件表达式 *case_expr* 进行求值。然后依次对各分支项的表达式 *case_item_expr* 求值并与条件表达式的值进行比较。第 1 条与条件表达式的值相匹配的分支中的语句将被执行。可以在一个分支中定义多个分支项；但是必须保证这些分支项的值不会互斥。缺省分支包含了所有没有被任何分支项表达式覆盖的值。

条件表达式和各分支项表达式都不必是常量表达式。在 case 语句中，x 和 z 值作为字符值进行比较。下面举一个 case 语句的例子：

```
localparam
    MON = 0, TUE = 1, WED = 2,
    THU = 3, FRI = 4,
    SAT = 5, SUN = 6;
reg [0:2] today;
integer pocket_money;

case(today)
    TUE         : pocket_money = 6 ;     //分支 1
    MON,
    WED         : pocket_money = 2 ;     //分支 2
    FRI,
    SAT,
    SUN         : pocket_money = 7 ;     //分支 3
    default     : pocket_money = 0 ;     //分支 4
endcase
```

若 today 的值为 MON 或 WED，就选择分支 2。分支 3 覆盖了值 FRI、SAT 和 SUN，而分支 4 覆盖了剩余的所有值，即 THU 和位向量 111。下面再举一个 case 语句的例子：

```
module alu(a,b,op_code,y);
    input [3:0] a,b;
    input [1:2] op_code;
    output reg [7:0] y;
```

```
    localparam
        ADD_INSTR = 2'b10,
        SUB_INSTR = 2'b11,
        MULT_INSTR = 2'b01,
        DIV_INSTR = 2'b00;

    always
        @ (a or b or op_code)
            case(op_code)
                ADD_INSTR:      y <= a + b;
                SUB_INSTR:      y <= a - b;
                MULT_INSTR:     y <= a * b;
                DIV_INSTR:      y <= a / b;
            endcase
endmodule
```

若 case 语句的条件表达式和分支项表达式的长度不同会出现什么情况呢？在这种场合，在进行任何比较前，把 case 语句中所有的表达式的位宽都统一为这些表达式中最长的一个的位宽。下面举例说明这种情况。

```
case(3'b101 << 2)
    3'b100      : $display ( "First branch taken!");
    4'b0100     : $display ( "Second branch taken!");
    5'b10100    : $display ( "Third branch taken!");
    default     : $display ( "Default branch taken!");
endcase
```

结果是：

Third branch taken!

因为第 3 个分支项的表达式长度为 5 位，所有的分支项表达式和条件表达式的长度都统一为 5 位。所以当计算 3'b101 << 2 时，结果为 5'b10100，即选择第 3 个分支。

case 语句中的无关位

在上一节描述的 case 语句中，值 x 和 z 只是作为字符，即值为 x 和 z。这里有 case 语句的两种其他形式：casex 和 casez，这些形式对 x 和 z 值使用了不同的解释。除关键字 casex 和 casez 以外，语法与 case 语句完全一致。

在 casez 语句中，出现在 case 条件表达式和任意分支表达式中的值为 z 的位都会被认为是无关位,即那个位被忽略(不进行比较)。

在 casex 语句中,值为 **x** 或 **z** 的位都会被认为是无关位。casez 语句的示例如下:

```
casez(intr_mask)
    4'b1??? : rtc_wdata[4] = 0;
    4'b01?? : rtc_wdata[3] = 0;
    4'b001? : rtc_wdata[2] = 0;
    4'b0001 : rtc_wdata[1] = 0;
endcase
```

字符?可用来代替字符 **z**,来表示无关位。示例中的 casez 语句表示:若 intr_mask 的第 1 位是 1(忽略 intr_mask 的其他位),则 rtc_wdata[4]被赋值为 0;若 intr_mask 的第 1 位是 0 而第 2 位是 1(忽略 intr_mask 的其他位),则 rtc_wdata[3]被赋值为 0,后面依此类推。

8.7 循环语句

Verilog HDL 中有 4 类循环语句,它们是:
(1) forever 循环;
(2) repeat 循环;
(3) while 循环;
(4) for 循环。

8.7.1 forever 循环语句

forever 循环语句的语法格式如下:

forever
    procedural_statement

此循环语句连续执行过程性语句。因此为了跳出这样的循环,可以在过程性语句内使用中止语句。同时,在过程语句中必须使用某些方式的时序控制,否则 forever 循环将在 0 延迟后永远循环下去。

下面是 forever 循环语句的示例:

```
initial
    begin
        clk1hz = 0;
```

```
    #5 forever
    #10 clk1hz = ~clk1hz;
end
```

这个示例生成了一个时钟波形。clk1hz 首先被初始化为 0,并一直保持为 0 到第 5 个单位时刻。此后每隔 10 个时间单位,clk1hz 反相一次。

8.7.2　repeat 循环语句

repeat 循环语句的语法格式如下:

repeat(*loop_count*)
　　procedural_statement

上面的语句按照指定的循环次数来执行过程性语句。若循环计数表达式的值为 x 或 z,则循环的次数按照 0 处理。下面举几个例子:

```
repeat (count)
    sum = sum + 10;

repeat (shift_by)
    wdog_reg = wdog_reg << 1;
```

repeat 循环语句与重复事件控制不同。下面分别举例说明循环语句与重复事件控制的不同:

```
repeat (load_count)                    // repeat 循环语句
    @(posedge clk_rtc) accum = accum + 1;
```

上例表示等待到 clk_rtc 上出现正跳变沿,然后对 accum 进行加 1,这样的循环操作总共重复 load_count 次。而下面例子表示的是重复事件控制:

```
accum = repeat(load_count) @(posedge clk_rtc) accum + 1;   //重复事件控制
```

这个例子表示首先计算 accum + 1,随后等待在 clk_rtc 上出现 load_count 次正跳变沿,最后把值赋给左式。

下面表达式的意义是什么?

repeat(NUM_OF_TIMES) @(**negedge** zclk);

它表示等待在 zclk 上出现 NUM_OF_TIMES 个负跳变沿,然后再执行紧随在 repeat 语句之后的语句。

8.7.3　while 循环语句

while 循环语句的语法格式如下：

while (*condition*)
　　procedural_statement

此循环语句循环执行过程性赋值语句直到指定的条件变为假。若表达式在开始时为假，则过程性语句永远不会被执行。若条件表达式为 x 或 z，它也同样按照 0(假)来处理。下面举一个例子：

```
while (shift_by > 0)
    begin
        acc = acc << 1;
        shift_by = shift_by - 1;
    end
```

8.7.4　for 循环语句

for 循环语句的语法格式如下：

for (*initial_assignment*;*condition*;*step_assignment*)
　　procedural_statement

for 循环语句会重复执行过程性语句若干次。初始赋值 *initial_assignment* 指定循环变量的初始值。*condition* 条件表达式指定循环在什么情况下必须结束。只要条件为真，就执行循环中的语句。而 *step_assignment* 指出每次执行循环中的语句后循环变量的变化，通常是加或减一个步进值。

```
integer k;

for (k = 0;k < MAX_RANGE;k = k + 1)
    if (hold_data[k] == 0)
        hold_data[k] = 1;
    else if (hold_data[k] == 1)
        hold_data[k] = 0;
    else
        $display( "hold_data[k] is an x or a z");
```

8.8　过程性连续赋值

过程性连续赋值是一种过程性赋值,换言之,过程性连续赋值语句是一种能够在 always 或 initial 语句块中出现的语句。这种赋值方式可以改写(Override)所有其他语句对线网或者变量的赋值。它允许赋值语句中的表达式被连续地驱动进入到变量或线网当中去。注意,过程性连续赋值语句和连续赋值语句是有区别的,连续赋值语句只能出现在 initial 或 always 语句之外[①]。

过程性连续赋值语句有两种类型:

(1) assign 和 deassign 过性程语句:对变量进行赋值。

(2) force 和 release 过程性语句:虽然也可以用于对变量赋值,但主要用于对线网赋值。

assign 语句和 force 语句在某种意义上是"连续性"的,换言之,当 assign 语句和 force 语句生效时,右式中操作数的任何变化都会引起赋值语句的重新执行。

过程性连续赋值的目标不能是变量的部分选择或者位选择。

8.8.1　assign 与 deassign 语句

assign 过程性语句可以改写所有的过程性赋值语句对变量进行的赋值。deassign 过程性语句用来结束对变量的连续赋值。变量中的值一直保留到它被重新赋值为止。

```
module d_flip_flop(d,clear,clock,q);
    input d,clear,clock;
    output reg q;

    always
        @(clear)
            if(!clear)
                assign q = 0 ;          //d 对 q 无效
            else
                deassign q;
    always
        @(negedge clock) q <= d;
endmodule
```

[①] 连续赋值语句不能出现在 initial 或 always 过程块语句之中;而过程性连续赋值必须放在 initial 或 always 过程块语句之中。——译者注

若 clear 变为 0,assign 过程性语句使 q 清零,而不考虑任何时钟沿时的情况,即 clock 和 d 对 q 没有任何影响。若 clear 变为 1,deassign 语句被执行;这就使得连续性赋值被取消,以后 clock 就能够对 q 产生影响。

若 assign 语句应用于一个已经用 assign 进行赋值的变量,则先取消原来 assign 语句的赋值,然后再进行新的过程性连续赋值。举例如下:

```
reg[3:0] load_ctr;
...
load_ctr = 0;
...
assign load_ctr = nibble ^ rtc_count;
...
assign load_ctr = 2 ;       //先取消前面对 load_ctr 的 assign 赋值,然后进行新的
                            //过程性连续赋值
...
deassign load_ctr ;         //load_ctr 一直保持值为 2
...
assign load_ctr[2] = 1 ;    /* 错误:reg 变量的位选择不能够作为过程性连续赋值的目标 */
```

第 2 个 assign 语句在进行下一次赋值前先使得前面的第 1 个 assign 语句无效。在 deassign 语句执行后,load_ctr 的值将一直保持为 2,直到出现另一个对该变量的过程性连续赋值。

assign 语句在某种意义上是"连续性"的;即在第 1 个 assign 语句执行后到第 2 个 assign 语句开始执行前,nibble 或 rtc_count 上的任何变化将使得第 1 个 assign 语句被重新计算。

8.8.2 force 与 release 语句

force 和 release 过程性语句与 assign 和 deassign 语句非常相似,不同之处是 force 和 release 过程语句不仅能够应用于线网,还能够应用于变量。

当 force 语句应用于变量时,变量的当前值被 force 语句中表达式的值覆盖;当 release 语句应用于变量时,变量中的当前值保持不变,除非对它进行过程性连续赋值(在 force 语句被执行时),在这种情况下,连续赋值为变量确立一个新值。

当用 force 过程性语句对线网进行赋值时,该赋值语句将忽略该线网所有的其他驱动源,直到对该线网执行 release 语句。

```
wire test_reset;
...
or #1 (test_reset,penable,rtc_intr);
```

```
initial
    begin
        force test_reset = penable& rtc_intr;
        #5;                              //等待 5 个时间单位
        release test_reset;
    end
```

在上例中,force 语句的执行使得 test_reset 值(由 penable&rtc_intr 求得的)改写了来自于或门基元(原语)的值,直到执行 release 语句,才恢复由或门原语输出驱动的 test_reset 重新生效。当 force 语句有效的时候(前 5 个时间单位内),在 penable 和 rtc_intr 上的任何变化都会使得赋值语句被重新执行。

下面再举一个例子:

```
reg [2:0]pr_data;
...
pr_data = 2;
force pr_data = 1;
...
release pr_data;                         //pr_data 保持值为 1
...
assign pr_data = 5;
...
force pr_data = 3;
...
release pr_data ;                        //pr_data 的值变为 5
...
force pr_data[1:0] = 3;   /*错误:reg 变量的部分选择
                          不能被设置为过程性连续赋值的目标*/
```

对 pr_data 的第 1 次 release 使得 pr_data 的值保持为 1。这是因为在 force 语句生效时刻没有别的过程性连续赋值语句对该变量进行赋值。在执行后一个 release 语句后,由于对 pr_data 的过程性连续赋值语句又开始生效,pr_data 被重新赋值为 5。

8.9 握手协议示例

always 语句可以用于描述交互进程的行为,如交互式有限状态机的行为。同一个模块内的语句可以通过所有 always 语句都可见的变量来进行相互通信。不建议使用在 always 语句内部声明的 reg 变量在 always 语句之间传递信息(虽然可以使用层次路径名来实现通信,见第 10 章)。

考虑下面例子中的两个交互进程:rx,接收器;mp,微处理器。rx 进程读取串行输入的数据,并发送 ready 信号表示数据可被读取进入 mp 进程。mp 进程在将数据发送到输出端口后,返回一个确认信号 ack 给 rx 进程来开始读取新输入的数据。这两个交互进程的方块图如图 8.8 所示。

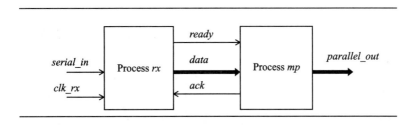

图 8.8 两个交互进程

这两个交互进程的行为可用下面的 Verilog 模块描述:

```
`timescale 1ns/100ps
module interacting(serial_in,clk_rx,parallel_out);
    input serial_in,clk_rx;
    output reg [7:0] parallel_out;

    reg ready,ack;
    wire [0:7] data;

    `include "read_word.v" //在此文件中定义了任务 read_word

    always
        begin: RX
            read_word (serial_in,clk_rx,data);
            //任务 read_word 在每个时钟周期读取串行数据,并将其转换为
            //并行数据存于 data 中。完成任务 read_word 需要 10 ns
            ready <= 1;
            wait(ack);
            ready <= 0;
            #40;
        end

    always
```

```
          begin: MP
              #25;
              parallel_out <= data;
              ack <= 1;
              #25 ack <= 0;
              wait(ready);
          end
endmodule
```

两个进程通过变量 ready 和 ack 实现握手协议,其交互波形如图 8.9 所示。

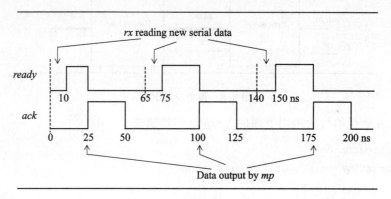

图 8.9 两进程间的握手协议

8.10 练习题

1. initial 语句和 always 语句,哪一个是重复执行的?
2. 顺序语句块和并行语句块的区别是什么?举例说明。顺序语句块能否与并行语句块一起出现?
3. 语句块在什么时候需要用标识符?
4. 在 always 语句中是否必须指定延迟?
5. 语句内部延迟和语句间延迟的区别是什么?举例说明。
6. 阻塞性赋值和非阻塞性赋值之间有何区别?
7. casex 语句与 case 语句有何区别?
8. 能否在 always 语句中对线网类型(例如 wire 型线网)进行赋值?
9. 生成一个正脉冲宽度为 10 ns 而负脉冲宽度为 5 ns 的时钟波形。
10. 用一个 initial 语句和一个 forever 循环语句替代下述 always 语句。

```
always
    @(expected or observed)
        if(expected! = = observed) begin
            $display("MISMATCH: expected = %b,observed = %b",
            expected,observed);
            $stop;
        end
```

11. 假如在 5 ns 时刻 pclock 上出现一个正跳变沿；current_state 在正跳变沿出现之前的值为 5,在正跳变沿出现 3 ns 后变为 7。下面两个 always 语句中 next_state_h 和 next_state_l 的值将会是多少？

```
always
    @(posedge pclock)
        #7 next_state_h< = current_state;
always
    @(posedge pclock)
        next_state_l< = #7current_state;
```

12. 使用行为建模风格建立一个下述有限状态机模型的行为模型。

Input(tmr)	PresentState	NextState output	Output(tclr)
0	NO_ONE	NO_ONE	0
1	NO_ONE	ONE_ONE	0
0	ONE_ONE	NO_ONE	0
1	ONE_ONE	TWO_ONE	0
0	TWO_ONE	NO_ONE	0
1	TWO_ONE	THREE_ONE	1
0	THREE_ONE	NO_ONE	0
1	THREE_ONE	THREE_ONE	1

13. 使用 always 语句描述 JK 触发器的行为。

14. 描述如下的电路行为：该电路在每一个时钟下降沿(负跳变沿)检查输入数据,当检测到输入数据 usb_clr 的顺序符合 1011 时,输出 wr_asm 被置为 1。

15. 描述一个检测位数过半的逻辑的电路行为。输入是一个 12 位的向量。若其中值为 1 的位的数量超过值为 0 的位的数量,置输出为 1。当 data_ready 为 1 时,才对输入数据进行检查。

16. 描述下列行为：当 strobe 上出现正跳变沿的时候,把 data_out 置位；当 spi_select 上出现正跳变沿的时候,把 data_out 清零。

第 9 章 结构建模

本章讲述 Verilog HDL 中的结构建模风格。结构建模风格用以下 3 种实例引用语句描述：

(1) Gate 实例引用语句；
(2) UDP 实例引用语句；
(3) Module 实例引用语句。

第 5 章和第 6 章已经讨论了门级建模风格和 UDP(用户自定义原语)建模风格,本章讲述模块实例引用语句、generate 语句和 config 语句。

9.1 模 块

在 Verilog HDL 中,一个模块定义了一个基本单元。它的格式如下所示：

module *module_name*(*port_list*);
    Declarations_and_Statements
endmodule

端口列表(*port_list*)列出了该模块与外部模块进行通信的端口。

9.2 端 口

模块的端口可以被声明为输入端口、输出端口或者双向端口。端口的默认类型为线网类型(即 wire 类型),也可以明确地把端口声明为线网类型。在声明端口后,可在模块内将输出端口再次声明为 reg 变量类型。无论是在线网声明还是变量声明中,线网或变量必须与端口声明中指定的位宽一致。下面举几个端口声明的例子:

```verilog
module micro_proc(prog_ctr,instr_reg,next_addr);
    //端口声明:
    input [3:1] prog_ctr;
    output [1:8] instr_reg;
    inout [16:1] next_addr;
    //再声明端口的类型:
    wire [16:1] next_addr;      //该声明是可选的;但若声明了,
                                //则必须与其端口声明保持相同的位宽

    reg [1:8] instr_reg;
    //在声明 instr_reg 为端口后,再次声明该端口为 reg(寄存器)类型,
    //因此它能在 always 语句或 initial 语句中被赋值
    ...
endmodule
```

端口和数据类型的声明可以合在一条声明语句里完成。例如,模块 micro_proc 的端口声明可以写成如下格式:

```verilog
input wire [3:1] prog_ctr;          //prog_ctr 默认为线网类型
output reg [1:8] instr_reg;
inout wire [16:1] next_addr;
```

端口声明还可以直接放在端口列表中而不放在模块内部,这样的端口声明风格称为模块端口声明风格(前面介绍的那种风格称为模块端口列表风格)。下面是用模块端口声明风格重新编写后的上例。

```verilog
module micro_proc (①
    //端口声明
    input wire[3:1] prog_ctr ,          //注意用逗号分隔开
    output wire[1:8] instr_reg ,
    inout wire[16:1] next_addr
);
    //在模块内部没有端口声明
    ...
endmodule
```

---

① 指导原则:用模块端口声明方式就是把端口声明和数据类型声明放在同一个地方。

一旦端口在端口列表中被声明,那么就不能在模块内部重新声明。端口还能被进一步限定为寄存器类型(reg)端口和(或)有符号类型(signed)端口。下面再举一个例子:

```
module remap_ctrl (
    input[31:0] rpc_addr ,           //默认的类型是无符号线网类型
    input signed[31:0] rpc_rdata ,   //有符号线网类型
    output reg remap,ready ,         //无符号寄存器类型变量
    output reg signed[31:0] rpc_wdata
                                     //rpc_wdata 是有符号寄存器类型变量
);
    ...
endmodule
```

注意上面所有的端口声明都是用逗号来隔开的,包括共用同一个声明的多个端口(例如 remap 和 ready)都是用逗号来隔开的。

参数端口

除了可以在模块内部声明参数外,还可以用端口列表的风格来声明参数。它的格式如下:

```
module module_name
    #( parameter param1 = value1, param2 = value2, ... ,
       parameter param3 = value3, ... )
    (port_list);
    ...
endmodule
```

在参数声明中可以选择指定参数的位宽以及符号。见下例。

```
module sspm[①]
#( parameter SIZE = 256,WIDTH = 8,
   parameter[WIDTH - 1:0] HOLD_VALUE = 56,
   parameter DUMP_FILE = "dump.rpt")
 ( input chip_select,read_write,
   output [WIDTH - 1:0] data
);
 ...
```

---

① 指导原则:用参数端口列表的风格来声明参数。

endmodule

若每一个实例引用语句中的参数都一样,换言之,参数值不是由实例引用语句来指定的,则参数应该被声明为局部参数。否则参数既可以在模块内部声明,也可以在参数端口中声明。

9.3 模块实例引用语句

可以在一个模块中实例引用另外一个模块,这样就建立了层次结构。模块实例引用语句的格式如下:

module_name instance_name (port_associations);[①]

端口与信号的连接可以按照位置或按照名称来实现;但是这两种连接风格不能混合使用。端口与信号的连接格式如下:

```
port_expr                    //按照位置排列的连接②
.PortName (port_expr)        //按照名称的连接
```

port_expr 可以是以下的任何类型:
(1) 标识符(变量或线网);
(2) 位选择;
(3) 部分选择;
(4) 上述类型的拼接;
(5) 表达式(只适用于输入端口)。

在按照位置关联的格式中,端口表达式按指定的顺序与模块中的端口进行连接。在按照名称关联的格式中,必须明确地指定模块端口和端口表达式之间的连接,此时端口排列的顺序并不重要。下面举例说明如何使用两个半加器模块构造一个全加器;其逻辑如图 9.1 所示。

```
module half_adder (a,b,s,c);③
    input a,b;
    output s,c;
    parameter AND_DELAY = 1, XOR_DELAY = 2;
    assign #XOR_DELAY    s = a ^ b;
```

---

① 指导原则:一般用 u_<module_name>作为实例名(instance_name)。
② 指导原则:端口名称(PortName)和端口表达式(port_expr)尽量用同一个名称。
③ 指导原则:把参数和数值、端口和信号对应起来的时候,尽可能使用按参数名和端口名的对应关联,而不要使用按顺序的对应关联。

```
    assign #AND_DELAY    c = a & b;
endmodule

module full_adder (p,q,cin,sum,cout);
    input p,q,cin;
    output sum,cout;
    parameter OR_DELAY = 1;
    wire s1,c1,c2;

    //两条模块实例引用语句
    half_adder u1ha(p,q,s1,c1);                              //按位置顺序的对应关联
    half_adder u2ha(.a(cin),.s(sum),.b(s1),.c(c2));          //按名称的对应关联

    //门实例引用语句
    or #OR_DELAY① u3or(cout,c1,c2);
endmodule
```

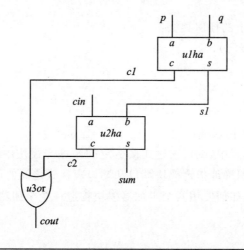

图 9.1　一个由两个半加器构成的全加器

在第 1 个模块实例引用语句中,half_adder 是模块的名称,u1ha 是实例名称,并且端口是按照位置对应关联的,即信号 p 与模块(half_adder)的端口 a 连接,信号 q 与模块的端口 b 连

---

①　参数的对应格式与端口类似,也分成按照顺序对应和按照名称对应两种格式。或门的参数很简单,这里用的是典型参数。有多个参数的模块可以模仿按名称的对应关联将新的参数传递到被引用模块的实例中。

接，s1 与 s 连接，c1 与模块端口 c 连接。在第 2 个实例引用语句中，端口按名称对应，即模块 (half_adder) 和端口表达式之间的连接被明确地定义。

下面再举一个例子说明模块的实例引用，其端口表达式可以具有多种不同的形式。

```
micro_proc u9micro_proc (
    urd_in[3:0],{wr_n,rd_n},
    status[0],status[1],
    & urd_out[0:7],tx_data
);
```

该实例引用语句表明端口表达式可以是标识符 (tx_data)、位选择 (status[0])、部分位选择 (urd_in[3:0])、拼接项 ({wr_n,rd_n}) 或表达式 (& urd_out[0:7])；表达式只能够被连接到输入端口。

9.3.1 未连接的端口

在实例引用语句中，若端口表达式的位置为空白，就将该端口指定为未连接的端口。举例说明如下：

```
dff u0dff (
    .q(qs),.qbar(),.data(d),
    .preset(),.clock(ck)
);                          //按照名称对应
dff    u5dff (qs,,d,,ck);   //按照位置对应

//qbar 为未连接的输出端口
//preset 为未连接的输入端口，因此其输入值为 z
```

在这两条实例引用语句中，qbar 和 preset 为未连接的端口。

模块未连接输入端的值被设置为 z。模块未连接的输出端只是表示该输出端口没有被使用。

9.3.2 不同的端口位宽

在端口和端口表达式之间存在着一种隐含的连续赋值的关系。因此当端口和端口表达式的位宽不一致时，会进行端口匹配，采用的位宽匹配规则与连续赋值时使用的规则相同。下面举例说明端口的匹配：

```
module child (psa,ppy);
```

```
        input [5:0] psa;
        output [2:0] ppy;
        ...
    endmodule

    module top;
        wire [1:2] bdl;
        wire [2:6] mpr;

        child u6child(.psa(bdl),.ppy(mpr));
    endmodule
```

在模块 child 的实例引用语句中,存在两个隐含的连续赋值。

//因为 psa 是输入端口,所以从端口表达式往端口进行赋值
assign psa = bdl;

//因为 ppy 是输出端口,所以从端口往端口表达式进行赋值
assign mpr = ppy;

bdl[2]连接到 psa[0],bdl[1]连接到 psa[1]。余下的输入端口 psa[5]、psa[4]、psa[3]和 psa[2]未连接,因此值为 z。同样,mpr[6]连接到 ppy[0],mpr[5]连接到 ppy[1],mpr[4]连接到 ppy[2],如图 9.2 所示。

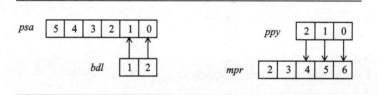

图 9.2　端口匹配

9.3.3　模块参数值

当一个模块在另一个模块的内部被实例引用时,较高层次的模块能够改变较低层次模块的参数值。用以下两种途径可以改变模块实例的参数:

(1) 使用定义参数语句(defparam 语句)修改参数值。
(2) 在模块实例引用中修改参数值。

1. 定义参数语句

定义参数语句的格式如下:

defparam *hier_path_name1* = *value1*,
   hier_path_name2 = *value2*, ... ;

在较低层次模块中的参数层次路径名可以使用如下这样一条语句清晰地予以设置(层次路径名将在第 10 章中讲述)。下面举一个例子说明。本节已经在前面声明了 full_adder 和 half_adder 两个模块。

```
module top(tpa,tpb,tps,tpc);
    input tpa,tpb;
    output tps,tpc;
    defparam    u5ha.XOR_DELAY = 5,
    //名为 u5ha 的半加器实例中的参数 XOR_DELAY
                u5ha.AND_DELAY = 2;
    //名为 u5ha 的半加器实例中的参数 AND_DELAY

    half_adder u5ha (tpa,tpb,tps,tpc);
endmodule

module top2 (tp2p,tp2q,tp2cin,tp2sum,tp2cout);
    input tp2p,tp2q,tp2cin;
    output tp2sum,tp2cout;
    defparam
        u8fa.u1ha.XOR_DELAY = 2,
        //在名为 u8fa 的全加器实例中引用的名为 u1ha 的
        //半加器实例中的参数 XOR_DELAY

        u8fa.u1ha.AND_DELAY = 3,
        //在名为 u8fa 的全加器实例中引用的名为 u1ha 的
        //半加器实例中的参数 AND_DELAY

        u8fa.OR_DELAY = 3;
        //名为 u8fa 的全加器实例中的参数 OR_DELAY

    full_adder u8fa(tp2p,tp2q,tp2cin,tp2sum,tp2cout);
endmodule
```

2. 模块实例引用中修改参数值

在这种方法中,模块实例的本身就能指定新的参数值。模块实例引用语句可采用以下两种风格来指定实例中的参数值:

(1)按照位置来赋对应的参数值(位置关联):第 1 个值对应于模块中声明的第 1 个参数,第 2 个值对应于模块中声明的第 2 个参数,以此类推。

(2)按照名称来赋对应的参数值(名称关联):参数的名称和值都被明确地标出。因此参数的顺序并不重要,从而可以按照任意顺序来传递参数。更重要的是,不是所有的参数值都必须被明确地标出。

下面的例子和上一个例子的功能一样,只不过这次使用的是带参数值的模块实例引用语句。

```
module top3(tp3a,tp3b,tp3s,tp3c);
    input tp3a,tp3b;
    output tp3s,tp3c;

    half_adder#(5,2) u4ha(tp3a,tp3b,tp3s,tp3c);
    //第 1 个值 5 赋给参数 AND_DELAY,该参数是在模块 half_adder 中声明
    //的第 1 个参数
    //第 2 个值 2 赋给参数 XOR_DELAY,该参数是在模块 half_adder 中声明
    //的第 2 个参数
    //这是通过位置来赋参数值

    //下面是通过名称来赋参数值
    half_adder#(.AND_DELAY(5),.XOR_DELAY(2))u12ha(
        tp3a,tp3b,tp3s,tp3c
    );
endmodule

module top4(tp4p,tp4q,tp4cin,tp4sum,tp4cout);
    input tp4p,tp4q,tp4cin;
    output tp4sum,tp4cout;
    defparam
        u22fa.u1ha.XOR_DELAY = 2,
        //全加器实例 u22fa 中引用半加器实例 u1ha 中的参数 XOR_DELAY
        u22fa.u1ha.AND_DELAY = 3;
        //全加器实例 u22fa 中引用半加器实例 u1ha 中的参数 AND_DELAY

    full_adder#(3) u22fa(tp4p,tp4q,tp4cin,tp4sum,tp4cout);
```

```
            //值 3 是参数 OR_DELAY 的新值
endmodule
```

按照位置来赋参数值时,模块实例引用语句中参数值的顺序必须与参数在被引用的低层模块中被声明的顺序一致。在模块 top3 中的半加器实例 u4ha 中,AND_DELAY 已被设置为 5,XOR_DELAY 已被设置为 2。

模块 top3 和 top4 的解释说明了用带参数值的模块实例引用语句只能将参数值向下传递一个层次(例如,OR_DELAY),但是用参数定义语句能够修改任意层次的参数值。

注意:在带参数值的模块实例引用语句中,指定参数值位置的标记符与门级实例引用语句中定义延时的位置标记符相似。由于模块实例引用语句不能像门实例引用语句那样指定时延,所以在模块实例引用语句中不存在这种问题。

参数值还可以表示位宽。下面举一个通用 M×N 乘法器的例子:

```
module multiplier(opd_1,opd_2,result);
    parameter EM = 4,EN = 2 ;        //默认值
    input [EM : 1] opd_1;
    input [EN : 1] opd_2;
    output [EM + EN : 1] result;

assign result = opd_1 * opd_2;
endmodule
```

在另一个设计中可以实例引用这个带参数的乘法器。下面是 8×6 乘法器的实例引用:

```
wire [1 : 8] pipe_reg;
wire [1 : 6] dbus;
wire [1 : 14] addr_counter;
…
multiplier #(.EN(6),.EM(8)) u0multiplier (
    pipe_reg,dbus,addr_counter
);
```

第 1 个值 6 表示参数 EN 的新值为 6,第 2 个值 8 表示参数 EM 的新值为 8。

当使用按名称对应时,就没有必要给所有的参数赋值。只需要对那些必须修改的参数进行明确的赋值。而使用按位置对应来指定参数值时,若只需要改变最后一个参数的值,但是也不得不指定整个参数列表上的所有参数值。建议使用按名称对应来指定参数值,因为这样做可以自由地指定那些想修改的参数值,同时也非常清楚直接地指出了哪个参数获得什么样的值。

下面再举一个例子,这是一个通用的 N 位串行移位寄存器:

```
module serial_shift①
    #( parameter SIZE = 8 )
     ( input serial_in,sclk,
       output reg serial_out
     );
    reg[SIZE - 1 : 0] save;

    always
     @ ( negedge sclk)
        { serial_out,save } <= { save,serial_in };
endmodule
```

可以在另一个模块中实例引用上面的模块，举例说明如下：

```
//5位移位寄存器：
serial_shift #(.SIZE(5)) u0serial_shift (...);

//8位移位寄存器：
serial_shift u_serial_shift (...);
```

9.4 外部端口

到目前为止所见到的模块定义中，端口列表列举出了模块外部可见的端口。例如：

```
module scram_a (arb,ctrl,mem_blk,byte);
    input [0:3] arb;
    input ctrl;
    input [8:0] mem_blk;
    output [0:3] byte;
    ...
endmodule
```

arb、ctrl、mem_blk 和 byte 为这个模块的端口。这些端口同时也是外部端口，即在实例引用中，当采用按照名称对应风格时，外部端口的名称可用于指定连接。下面举一个实例引用模块 scram_a 的例子：

```
scram_a   u_scram_a(
```

---

① 指导原则：当修改参数值时，使用按名称对应的方法。

```
      .byte(b1),.mem_blk(m1),.ctrl(c1),.arb(a1)
);
```

在模块 scram_a 中，外部端口的名称被隐式地声明[①]。VerilogHDL 中提供了一种可明确地指定外部端口名称的途径，按照如下格式可以指定外部端口的名称：

.*external_port_name* (*internal_port_name*)

下面的例子与上面的相同，只不过这次明确地指出了模块端口将连接的地方。

```
module scram_b(
        .data(arb),.control(ctrl),
        .mem_word(mem_blk),.addr(byte)
);

  input [0:3] arb;
  input ctrl;
  input [8:0]mem_blk;
  output [0:3] byte;
  ...
endmodule
```

在上面的例子中，模块 scram_b 指定了外部端口，它们是 data、control、mem_word 和 addr。这种端口列表明确地描述了外部端口和模块内部端口之间的连接。注意：外部端口无需声明，但是模块的内部端口却必须声明。外部端口在模块内部不可见，但是在模块的实例引用语句中却会用到；而内部端口在模块内部是可见的，所以必须在模块内部声明。在模块实例引用语句中，外部端口的使用方法如下例所示：

```
scram_b  u_scram_b(
      .addr(a1),.data(d1),.control(c1),.mem_word(m1)
);
```

在模块定义的端口列表中，这两种风格可以混合使用，换言之，在模块定义中允许只有部分端口拥有外部端口名称。

如果模块端口是按位置对应关系进行连接的，则模块实例引用语句中不能使用外部端口名称。

内部端口名称不仅可以是标识符，也可以是下述类型的表达式之一：

(1) 位选择；
(2) 部分选择；

[①] 这里作者指的是在模块 scram_a 端口列表中声明的那些端口究竟连接到哪里去并未明确说明。——译者注

(3) 位选择、部分选择和标识符的拼接项。

下面举例说明：

```verilog
module scram_c(
    arb[0:2],ctrl,
    { mem_blk[0],mem_blk[1] },byte[3]
);
    input [0:3] arb;
    input ctrl;
    input [8:0] mem_blk;
    output [0:3] byte;
    ...
endmodule
```

在 scram_c 模块的定义中，端口列表中包括部分选择(arb[0:2])、标识符(ctrl)、拼接项 ({mem_blk[0],mem_blk[1]})和位选择(byte[3])。在外部端口是位选择、部分选择或拼接项的情况下，不能隐式地指定外部端口的名称。因为若这样定义模块端口的话，在模块实例引用语句中，模块端口必须按位置对应关系才能进行互连。下面是这种实例引用语句的示例。

```verilog
scram_c u_scram_c(
    cab[4:6],ram_ctl,mmy[1:0],tcb
);
```

在这个实例引用语句中，端口按照位置对应关系来进行互连；因此，cab[4:6] 连接到 arb[0:2]，ram_ctl 连接到 ctrl，mmy[1] 连接到 mem_blk[0]，mmy[0] 连接到 mem_blk[1]，tcb 连接到 byte[3]。arb[3] 和 mem_blk[8:2] 没有连接到任何信号，因此这些输入信号将被赋予默认值 z。

当内部端口信号与外部连接所需要的标识信号的位宽不完全一致时，若想要使用按名称对应关系连接，则必须为模块内部的端口明确地指定外部端口名称。如下面 scram_d 的模块定义所示。

```verilog
module scram_d (
    .data (arb[0:2]),.control (ctrl),
    .mem_word( { mem_blk[0],mem_blk[1] } ),
    .addr (byte[3])
);
    input [0:3] arb;
    input ctrl;
    input [8:0] mem_blk;
    output [0:3] byte;
```

...
endmodule

在模块 scram_d 的实例引用语句中,端口既能够按位置对应关系,也能够按名称对应关系连接,但是不能混合使用。下面是一个端口按名称对应关系连接的实例引用语句。

```
scram_d u_ scram_d (
    .data(cab[4:6]),.control(ram_ctl),
    .mem_word(mmy[1:0]),.addr(tcb)
);
```

模块也可以只有外部端口而没有相应的内部端口。例如:

```
module scram_e (
        .data(),.control(ctrl),
        .mem_word({ mem_blk[0],mem_blk[1] }),
        .addr()
    );
    input ctrl;
    input [8:0] mem_blk;
    ...
endmodule
```

模块 scram_e 有两个外部端口 data 和 addr 没有与模块内部的任何信号相连。

一个内部端口是否能与多个外部端口相连?Verilog HDL 允许一个内部端口与多个外部端口相连。例如:

```
module fan_out (
        .a(ctrl_in),.b(cond_out),.c(cond_out)
    );
    input ctrl_in;
    output cond_out;

    assign cond_out = ctrl_in;
endmodule
```

内部端口 cond_out 与两个外部端口 b 和 c 相连。因此在 b 和 c 上都将出现 cond_out 的值。

考虑下面这个例子:

```
module ssp_ctrl (
        .wdata({ write_bus[15:12],write_bus[3:0] })
    );
```

```
        input [15:0] write_bus;
endmodule

module top_ssp_ctrl;
        reg [7:0] ssp_select;

        ssp_ctrl  u_ssp_ctrl ( .wdata (ssp_select),...);
endmodule
```

上面的例子描述了什么功能呢？模块 ssp_ctrl 的外部端口的名称是 wdata，而模块 top_ssp_ctrl 有选择性地把 ssp_select 的 8 个位依次连接到 write_bus[15:12] 和 write_bus[3:0][1]上。

9.5 举 例

下面是一个采用结构建模风格描述的十进制计数器，其逻辑如图 9.3 所示。

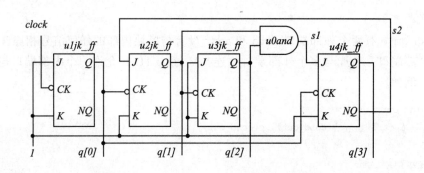

图 9.3　十进制计数器

```
module decade_ctr (clock,q);
        input clock;
        output [0:3] q;
```

---

[1]　ssp_select 只有 8 位，ssp_ctrl 模块的外接端口 wdata 也只有 8 位，而其内部输入端口 write_bus 却有 16 位。根据 ssp_ctrl 模块外部端口定义，把 write_bus 中选定的 8 个位分配给外接端口 wdata，因此 ssp_select 的 8 位成为 ssp_ctrl 模块的输入信号，并将其分配给内部输入总线{write_bus[15:12], write_bus[3:0]}的每个位。而 write_bus 另外 8 个没有选入连接外接端口 wdata 的位，则由其他模块驱动，例子代码中没有写出。——译者注

```
wire s1,s2;

    //基元(原语)门实例引用语句:
    and u0and(s1,q[2],q[1]);

    //四个模块实例引用语句:
    jk_ff    u1jk_ff(.J(1'b1),.K(1'b1),.CK(clock),.Q(q[0]),.NQ()),
             u2jk_ff(.J(s2),.K(1'b1),.CK(q[0]),.Q(q[1]),.NQ()),
             u3jk_ff(.J(1'b1),.K(1'b1),.CK(q[1]),.Q(q[2]),.NQ()),
             u4jk_ff(.J(s1),.K(1'b1),.CK(q[0]),.Q(q[3]),.NQ(s2));
endmodule
```

注意常数作为输入端口信号的用法；同时也注意一下未连接端口。

下面是一个3位的加/减(可逆)计数器,如图9.4所示。随后的Verilog代码是其结构模型。

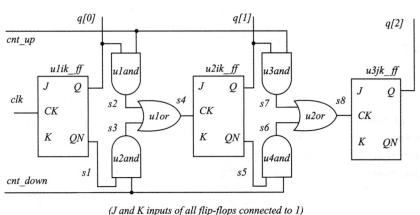

(J and K inputs of all flip-flops connected to 1)

图9.4 一个3位的加/减(可逆)计数器

```
module up_down (clk,cnt_up,cnt_down,q);
    input clk,cnt_up,cnt_down;
    output [0:2] q;
    wire s1,s2,s3,s4,s5,s6,s7,s8;

    jk_ff
        u1jk_ff (1'b1,1'b1,clk,Q[0],s1),
        u2jk_ff (1'b1,1'b1,s4,Q[1],s5),
```

```
        u3jk_ff (1´b1,1´b1,s8,Q[2],);
    and
        u1and (s2,cnt_up,q[0]),
        u2and (s3,s1,cnt_down),
        u3and (s7,q[1],cnt_up),
        u4and (s6,s5,cnt_down);

    or
        u1or (s4,s2,s3),
        u2or (s8,s7,s6);
endmodule
```

下面的例子描述了如何把一系列重复的模块写成实例向量。

```
module mux_unit (
        output y,
        input a,b,ctrl
    );

    assign y = ctrl ? a : b;
endmodule


module mux16bit
    # ( parameter SIZE = 16 )
    ( output [SIZE - 1 : 0] mout,
    input [SIZE - 1 : 0] ma,mb,
    input select
    );

    mux_unit umux_unit [SIZE - 1 : 0]
        (.y(mout),.a(ma),.b(mb),.ctrl(select));
endmodule
```

实例 umux_unit 是一个由 16 个实例组成的向量。标量信号 select 输入到所有实例中去。这个实例向量等同于下面一系列的实例引用语句。

```
mux_unit umux_unit15 (.y(mout[15]),.a(ma[15]),
                      .b(mb[15]),.ctrl(select) );
mux_unit umux_unit14 (.y(mout[14]),.a(ma[14]),
                      .b(mb[14]),.ctrl(select) );
...
```

```
mux_unit umux_unit0   (.y(mout[0]),.a(ma[0]),
                       .b(mb[0]),.ctrl(select) );
```

9.6　generate 语句

　　generate 语句允许细化时间(Elaboration‐time)的选取或者某些语句的重复。这些语句可以包括模块实例引用语句、连续赋值语句、always 语句、initial 语句和门级实例引用语句等。细化时间是指仿真开始前的一个阶段,此时所有的设计模块已经被链接到一起,并已完成层次引用。generate 语句用关键字 **generate...endgenerate** 来定界。在 generate 语句中可以出现以下 3 种语句:

（1）generate‐loop 循环语句;
（2）generate‐case 分支语句;
（3）generate‐conditional 条件语句。

generate 语句的格式如下:

generate
　　　//generate 循环语句
　　　//generate 条件语句
　　　//generate 分支语句
　　　//嵌套的 generate 语句
endgenerate

9.6.1　generate 循环语句

　　generate 循环语句被用于(Verilog 编译)细化阶段的语句复制,基本上允许对结构元素编写一个 for 循环[①]。下面的例子是一个普通的 N 位异或门。

```
module nbit_xor
    #( parameter SIZE = 16 )
     (input[SIZE - 1 : 0] a,b,
      output[SIZE - 1 : 0] y
     );
```

---

①　generate 循环语句的主要功能是帮助设计者编写由多次重复所构造的复杂语句。这可借助于基于结构单元的 generatefor 循环语句,在 Verilog 编译细化阶段,自动地生成由结构单元实例构成的复杂代码。——译者注

```
        genvar gv_i;

        generate
            for (gv_i = 0; gv_i<SIZE; gv_i = gv_i + 1)
                begin: sblka
                    xor uxor (y[gv_i],a[gv_i],b[gv_i]);
                end
        endgenerate
endmodule
```

在细化期间，generate 循环语句将被扩展。对于循环变量的每一个值，for 循环语句的实体都会被重复一次。上面的例子在细化后变成：

```
xor sblka[0].uxor (y[0],a[0],b[0]);
xor sblka[1].uxor (y[1],a[1],b[1]);
xor sblka[2].uxor (y[2],a[2],b[2]);
...
```

通常，generate 循环语句的格式如下：

```
for( initial_expression;final_expression;
        assignment)
    begin: label
        statements
    end
```

在 for 循环语句内，循环变量需要被初始化并且在每一次循环时都需要被修改。使用的这种循环变量被称为 genvar 变量。这种变量必须用 genvar 声明语句来声明，并且只能够在 generate 循环语句中使用。genvar 变量用于初始化语句和 genvar 赋值语句中。在模块 nbit_xor 中，genvar 变量是 gv_i。初始化时，将其赋值为 0，然后每一次循环后加 1。

generate 块需要标签，这个标签用来表示 generate 循环的实例名称。在模块 nbit_xor 中，generate 块的标签是 sblka。实例 uxor 的层次路径是：

```
nbit_xor.sblka[0].uxor
nbit_xor.sblka[1].uxor
nbit_xor.sblka[2].uxor
...
```

在 generate 语句中还可以有局部声明。例如，如果我们在块 sblka 中包括了如下声明：

```
wire phy2;
```

那么，将会出现线网变量 phy2 的 16 个实例，它们的层次引用名称为：

sblka[0].phy2
sblka[1].phy2
…

在细化期间，for 循环语句被扩展，即对于每一次循环，重复一次 for 语句的实体。如果在 generate 语句内有多个语句，所有的语句都将被重复。尽管上例中的 generate 语句中只有一个门级实例引用语句，但是 generate 语句还可以包含过程性语句。下面是一个波纹计数器的示例。

```verilog
module ripple_counter
    #( parameter BITS = 8)
     ( input count_clk,nreset,
      output[BITS - 1 : 0] q
     );
    genvar gv_a;

    jk_ff u0jk_ff (
        .J(1'b1),.K(1'b1),.NRESET(nreset),
        .CK(count_clk),.Q(q[0]),.NQ()
    );

    generate
        for(gv_a = 1;gv_a<BITS;gv_a = gv_a +1)
            begin: gblk_a
                jk_ff u1jk_ff (
                    .J(1'b1),.K(1'b1),.NRESET(nreset),
                    .CK(q[gv_a - 1]),.Q(q[gv_a]),.NQ()
                );
            end
    endgenerate
endmodule
```

genvar 变量是 gv_a。在 generate 语句外部实例引用引用了一个名为 u0jk_ff 的模块实例。在 generate 语句内部声明了另外的 BITS - 1 个实例。

9.6.2 generate-conditional 条件语句

generate 条件语句允许在细化期间对语句进行条件选择。generate 条件语句的常见格式如下：

```
if( condition )
    statements
[ else
    statements ]
```

condition 必须是一个静态的条件，即在细化期间计算得出（这样一个条件表达式只能由常数和参数组成）。*statements* 可以是任何能够在模块中出现的语句、例如，always 语句、模块实例引用语句和门级实例引用语句。在细化期间，根据条件的值，选择相应的语句。注意：由于条件的值可能要取决于一个值从上层模块中传递过来的参数，因此条件的值可能不能在细化期间被完全计算出来。

下面的示例是一个使用了 generate 循环语句和 generate 条件语句的移位寄存器。

```verilog
module shift_register
    # ( parameter BITS = 8)
     ( input shift_in,clk,nreset,
       output shift_out
     );
    wire [BITS - 1 : 0] tq;
genvar gv_k;

generate
    for(gv_k = 0;gv_k<BITS;gv_k = gv_k + 1)
        begin: gblk_x
            if(gv_k == BITS - 1)
                dflip_flop u0dff (
                    .d(serial_in),.nreset(nreset),.ck(clk),
                    .q(tq[gv_k])
                );
            else
                if(gv_k == 0)
                    dflip_flop u1dff (
                        .d(tq[gv_k + 1]),.nreset(nreset),.ck(clk),
                        .q(serial_out)
                    );
                else
                    dflip_flop u2dff (
                        .d(tq[gv_k + 1]),.nreset(nreset),.ck(clk),
```

```verilog
                        .q(tq[gv_k])
                    );
            end
    endgenerate
endmodule
```

在细化期间,for 循环语句被扩展。如果 generate 语句的变量 gv_k 的值为 BITS - 1,那么就完成了移位寄存器的第一个部分(串行输入进入了触发器的 d 输入端)。如果 generate 语句的变量 gv_k 的值为 0,那么就完成了移位寄存器的最后一个部分(触发器的输出端输出到 serial_out)。当 generate 语句的变量 gv_k 取其他的所有值时,则生成了移位寄存器的中间部分(触发器的 d 端连接到前一个触发器的 q 端)。在完成细化后(假设 BITS 的值为 8),可以得到:

```verilog
dflip_flop gblx_x[7].u0dff (
    .d(serial_in),.nreset(nreset),.ck(clk),①
    .q(tq[7])
);
dflip_flop gblx_x[6].u2dff (
    .d(tq[7]),.nreset(nreset),.ck(clk),.q(tq[6])
);
dflip_flop gblx_x[5].u2dff (
    .d(tq[6]),.nreset(nreset),.ck(clk),.q(tq[5])
);
...
dflip_flop gblx_x[0].u1dff (
    .d(tq[1]),.nreset(nreset),.ck(clk),
    .q(serial_out)
);
```

下面再举一个用 generate 条件形式的 generate 语句的例子。

```verilog
module adder
    # ( parameter SIZE = 4)
    ( input[SIZE - 1 : 0] a,b,
      output[SIZE - 1 : 0] sum,
      output carry_out
    );
    wire [SIZE - 1 : 0] carry;
```

---

① BITS 的值可以在实例引用模块 shift_register 时进行修改,也可以通过使用 defparam(参数定义)语句进行修改。

```verilog
        genvar gv_k;

        generate
            for(gv_k = 0;gv_k<SIZE;gv_k = gv_k + 1)
                begin:       gen_blk_adder
                    if(gv_k = = 0)
                        half_adder u_ha (
                            .a(a[gv_k]),.b(b[gv_k]),.sum(sum[gv_k]),
                            .carry_out(carry[gv_k])
                        );
                    else
                        full_adder u_fa (
                            .a(a[gv_k]),.b(b[gv_k]),
                            .carry_in(carry[gv_k - 1]),.sum(sum[gv_k]),
                            .carry_out(carry[gv_k])
                        );
                end
        endgenerate
endmodule
```

9.6.3 generate – case 分支语句

generate 分支语句与 generate 条件语句类似,只不过 generate 分支语句是用分支语句来进行条件性选择。generate 分支语句的常见格式如下:

case(*case_expression*)
    case_value1,*case_value2*,*case_valueN*:
        statements
    case_valueM:
        statements
    …
    default:
        statements
endcase

分支表达式的值必须能在编译细化期间可以由计算得到。根据计算得到的值,选择相应分支的一系列语句执行。下面举一个例子,在这个例子中有一个 generate 分支语句,该分支语句根据参数 IMPLEMENTATION_LEVEL 的值选择相应的加法操作行为。

```verilog
module my_special_adder
    #( parameter SIZE = 16,
       parameter IMPLEMENTATION_LEVEL = 0 )
     ( input[SIZE - 1 : 0] arg1,arg2,
       output[SIZE - 1 : 0] result
     );
  generate
    case(IMPLEMENTATION_LEVEL)
        0 :     assign result = arg1 + arg2;
        1 :     ripple_adder u_ra (
                  .sum(result),.a(arg1),.b(arg2)
                );
        2 :     cla u_cla (
                  .sum(result),.a(arg1),.b(arg2)
                );
        3 :     fast_cla u_fcla (
                  .sum(result),.a(arg1),.b(arg2)
                );
    endcase
  endgenerate
endmodule
```

default 分支是可选的。若 IMPLEMENTATION_LEVEL 的值大于 3,则这些分支选项中无论哪一条语句都不会被选中执行。

9.7 配　　置

在讲解配置之前,先介绍一下库的概念。库是存储编译配置、UDP 和模块(可以统称为 cell(单元))的地方。库可以是逻辑库,也可以是符号库,包含许多已编译好的源代码。

使用库声明语句可以声明带具体内容的库。

library *library_name* "*file_name(s)*";

上面这条声明语句能把指定名的文件编译进名为 *library_name* 的逻辑库中。

库映象文件(*Library Map File*)是由许多上述库声明语句组成的列表。用 include 语句可以在一个库映象文件中包含另一个库映象文件。

include library_map_file;

下面举一个库映象文件的例子。

```
//文件：esoc_library.map①
library lib_global    "gbl/global_blocks.vg";
library lib_rtl       "./*.vg";
library lib_work      "/home/bond/IP/usb*.v";
include               "../../global_lib_definitions";
library lib_gate      "./syn/gate/*.vg";
```

库映象文件 esoc_library.map 包含了 4 个库声明语句和 1 个 include 语句。声明的 4 个库分别是 lib_global、lib_rtl、lib_work 和 lib_gate。文件 gbl/global_blocks.vg 被编译进库 lib_global。在当前文件夹中所有扩展名为.vg 的文件都被编译进库 lib_rtl，以此类推。在文件名中指定的路径与库映象文件所在的位置有关。

在剖析任何的源代码前，先由 Verilog HDL 的剖析器读入库映象文件。可以拥有多个库映象文件，凡支持 Verilog HDL 的工具必须提供一种机制去支持读入多个库映象文件。

当源文件被编译时，每个源文件中的单元都被保存到库映象文件指定的相应库中去。例如，当文件 usb_host.v 被编译时，这个文件中所有的单元都被保存在库 lib_work 中。

现在回到配置这个话题，配置是指确定某实例与库中某个模块的绑定(Binding)关系，换言之，是确定某实例引用必须使用某一模块源代码的关系。举一个例子来说明绑定：将模块 timer 中的实例 u1 与库 lib_fsm 中的模块 fsm_rtl 绑定在一起。

配置与 UDP 和模块一样都是 Verilog HDL 最顶层的块。配置是在模块外被指定的。它可以放在库映象文件文件中，也可以放在单独的文件中②。

配置基本上就是确定实例和某个库中的某个单元对应的关系。下面是配置的基本语法格式：

```
configuration config_name;
    design rootModuleName;
    default liblist list_of_libraries;
    instance instance_name use library.cell;
    instance instance_name liblist list_of_libraries;
    cell cell_name use library.cell;
    cell cell_name liblist list_of_libraries;
endconfig
```

---

① 单元(Cell)可以是 UDP、配置或者模块。
② 把配置放到设计外的一个单独文件中。

下面是一个配置的简单示例。

```
configuration config_usb;
    design lib_work.usb;
    default liblist lib_global lib_rtl;
    instance u6 use lib_work lib_fsm;
endconfig
```

配置的名称是 config_usb。下一行指定了被配置的设计或者模块，为库 lib_work 里面的模块 usb。默认的搜索单元的规则是由 default 语句指定的，按指定的顺序为库 lib_global 和 lib_rtl。instance 语句提供了默认绑定关系之外的一些规则：对于实例 u6 而言，其对应的源代码保存在库 lib_work 中的模块 usb_fsm 内。

当配置中有如下的 instance 语句：

```
instance u2 liblist lib_a lib_b lib_c;
```

上面的语句表示对于实例 u2，先搜索库 lib_a，然后搜索库 lib_b，再然后是 lib_c。

配置也可以是层次化的。例如，实例的绑定条件可以被指定为另一个配置，例如：

```
instance u8 use lib_usb.my_config;
```

下面举一个场景例子。

```
//文件：f1.v；包含了两个单元
module m1;
    m3 u0...
    m3 u1...
endmodule
module m2;
    m3 u2...
    m3 u3...
endmodule

//文件：f2.v；包含了两个单元
module m3;
    m3 u4...
endmodule

primitive p1;
    ...
endprimitive
```

```
//文件:f3.v;包含了两个单元
module m3;
   ...
endmodule

config c1;
   ...
endconfig
```

库映象文件的内容为:

```
//文件:f_lib.map
library lib_p f1.v;
library lib_q f2.v;
library lib_r f3.v;
```

在编译之后,库中的文件如下所示:

```
Library lib_p contains cells m1,m2
Library lib_q contains cells m3,p1
Library lib_r contains cells m3,c1
```

注意:库 lib_q 和 lib_r 中都包含一个名为 m3 的模块,但是它们是明显不同的。下面是一个顶部模块 m1 的配置,其内容为:

```
config m1_config;
    design lib_p.m1;
    default liblist lib_q lib_r;
    instance m1.u0 use lib_r.m3;
    instance m1.u1 use lib_p.m2;
endconfig
```

下面是另一个示例:

```
config uart_config;
    design lib_blocks.uart;
    default liblist lib_rtl;
    instance receive.urx use lib_gates.rxo;
endconfig
```

配置的名称为 uart_config。这个配置是用来描述放在库 lib_blocks 内的模块 uart 的。默认的连接所有实例的搜索路径位于库 lib_rtl 中。因此设计 uart 中所有的实例都连接到 lib_rtl 中的相应模块,只有实例 receive.urx 是例外,它被连接到库 lib_gates 中的对应模块 rxo。

9.8 练习题

1. 模块实例引用语句与门级实例引用语句的区别是什么？
2. 当端口悬空时，即端口没有被连接时，端口的值是什么？
3. 根据第 9.3 节中描述的模块 full_adder，写出 full_adder 的实例引用引用模块，其中 OR_DELAY 值为 4，XOR_DELAY 值为 7，AND_DELAY 值为 5。
4. 使用在本章描述的模块 full_adder 编写一个可以执行 4 位加减法的算术逻辑单元（ALU）的结构模型。
5. 使用在 5.11 节中描述的 mux4x1 模块为一个 16 选 1 的多路选择器编写一个结构模型。
6. 描述一个异步低电平复位的通用 N 位计数器。将这个通用计数器实例引用（化）为一个 5 位计数器并编写测试平台验证。
7. 使用 generate 语句，为一个优先多路选择器编写一个模型。该多路选择器在一个 N 位向量 qmv_addr 中选择某一位输出，究竟选哪个位输出由另一个 N 位向量 pr_select 中最左边值为 1 的那个位的位数确定。

第 10 章

其他论题

本章讲述了函数、任务、层次结构、值变转储文件和编译指令等多种论题。

10.1 任 务

任务类似于一段程序,它提供了一种能力,使设计者可以从设计描述的不同位置执行共同的代码段。用任务定义可以将这个共同的代码段编写成任务,于是就能够在设计描述的不同位置通过任务名调用该任务。任务可以包含时序控制,即延迟,而且任务也能调用其他任务和函数。

10.1.1 任务的定义

定义任务的格式如下:

task [**automatic**] *task_id*;
    [*declarations*]
    procedural_statement
endtask

任务可以没有参变量(Argument)或者有一个或多个参变量。通过参变量可以将值传入和传出任务。除输入参变量外(任务接收到的值),任务还能有输出参变量(任务的返回值)和输入/输出(Inout)参变量。任务的定义在模块声明部分中编写。下面举例说明任务的定义:

module esoc;
    parameter MAXBITS = 8;

```verilog
task reverse_bits;
    input [MAXBITS - 1: 0] data_in;
    output [MAXBITS - 1: 0] data_out;
    integer k;

    begin
        for (k = 0; k < MAXBITS; k = k + 1)
            data_out[MAXBITS - k - 1] = data_in[k];
    end
endtask
...
endmodule
```

在任务的开始处声明了任务的输入和输出,声明的顺序指定了它们在任务调用中的顺序。下面再举另外一个任务的例子:

```verilog
task rotate_left;
    inout [1: 16] input_array;
    input [0: 3] start_bit, stop_bit, rotate_by;
    reg fill_value;
    integer mac1, mac3;

    begin
        for (mac3 = 1; mac3 < = rotate_by; mac3 = mac3 + 1)
            begin
                fill_value = input_array[stop_bit];

                for (mac1 = stop_bit; mac1 > = start_bit + 1;
                    mac1 = mac1 - 1)
                    input_array[mac1] = input_array[mac1 - 1];

                input_array[start_bit] = fill_value;
            end
    end
endtask
```

fill_value 是一个局部变量,只有在任务中才直接可见。任务的第 1 个参变量是 inout (输入输出)数组 input_array,随后是 3 个输入 start_bit、stop_bit 和 rotate_by。

除任务参变量外,任务还能够引用任务定义所在模块中声明的任何变量。在下一节中,我们将举例说明。

任务可以被声明为 automatic 类型。在这样的任务中,任务内部声明的所有局部变量在每一次任务调用时都进行动态分配,即在任务调用中的局部变量不会对两个单独或者并发的任务调用产生影响。而在静态(非 antomatic 类型)任务中,在每一次任务调用中的局部变量都使用同一个存储空间。借助于关键字 **automatic** 就可以把任务指定为 automatic 类型。

```
task automatic rotate_right;
    integer mac_addr;
    ...
endtask
```

在这种情况下,每一次任务调用都为变量 mac_addr 获取其自己单独的存储空间。

任务的参变量也可以用内嵌式参变量声明风格来定义。其格式如下:

```
task[automatic] task_id([ argument_declarations ]);①
    [ other_declarations ]
    procedural_statement
endtask
```

下面举例说明如何编写内嵌参变量风格的任务:

```
task automatic apply_address(
    input [SIZE-1:0] address,
    output success
);
    reg check_flag;
    ...
endtask
```

10.1.2 任务的调用

任务是由任务使能语句调用的(在 Verilog HDL 中,调用也被称作使能),任务使能语句指定了传入任务的参变量值和接收到结果的变量值。任务调用语句是一个过程性语句,可以出现在 always 语句或 initial 语句中。其格式如下:

```
task_id [ ( expr1 , expr2 ,... , exprN ) ];
```

任务调用语句中,参变量列表必须与任务定义中的输入、输出和输入/输出参变量声明的

---

① 指导原则:用内嵌参变量声明风格。

顺序匹配。此外,参变量是通过值进行传递的,而不是通过标记进行传递。在其他高级编程语言中,例如 Pascal,任务与过程的一个重要区别是任务能够被并发地调用多次,并且每次调用都带有自己的控制。最需要注意的一点是,在任务中声明的变量是静态的,即它决不会消失或被重新初始化。然而,若将任务定义为动态任务,则局部变量就不是静态的,每次任务调用时,该局部变量将会被重新定义(与其他高级编程语言中过程的行为一样)。

下面举一个例子说明任务 reverse_bits 的调用,该任务的定义已在 10.1.1 小节中给出。

```
//reg 类型变量声明:
reg [ MAXBITS - 1 : 0 ] hdlc_ctr,save_ctr;
reverse_bits (hdlc_ctr,save_ctr);        //任务调用
```

hdlc_ctr 的值作为输入值传递,即传递给 data_in。任务的输出 data_out 返回值给 save_ctr。注意:由于任务能够包含时序控制,所以任务可能要在被调用后再经过一定延迟才能返回值。

由于任务调用语句是过程性语句,所以任务调用中的输出和输入/输出参变量必须是变量。在上面的示例中,save_ctr 必须被声明为变量。

在下面的示例中,任务引用了一个变量却没有通过参变量列表来传递。尽管引用全局变量是一种不值得提倡的编程风格,但有时它却非常有用,参见下面的示例。

```
module global_var;
    reg [0:7] qram [0:63];
    integer index;
    reg check_bit;

    task get_parity;
        input [7:0] address;
        output parity_bit;
        parity_bit = ^ qram [address];
    endtask

    initial
        for (index = 0; index <= 63; index = index + 1)
            begin
                get_parity (index,check_bit);
                $display ("Parity bit of memory word % d is % b.",
                    index,check_bit);
            end
endmodule
```

存储器 qram 的地址被作为参变量传递,而存储器却在任务内被直接引用。

任务可以带有时序控制或者等待某些特定事件的发生。然而，直到任务退出时，赋给输出参变量的值才传递给调用的参变量。

```verilog
module task_wait;
    reg clk_ssp;        //译者注：原文这里是"reg no_clock;"译者认为应该为"reg clk_ssp;"
                        //才能与下面的文字对应，否则应将下面所有的 clk_ssp 都改为 no_clock

    task generate_waveform;
        output qclock;
        begin
            qclock = 1;
            #2 qclock = 0;
            #2 qclock = 1;
            #2 qclock = 0;
        end
    endtask

    initial
        generate_waveform(clk_ssp);
endmodule
```

在任务 generate_waveform 内对 qclock 的赋值不会出现在 clk_ssp 上，即没有波形会出现在 clk_ssp 上；任务返回后只有对 qclock 的最终赋值 0 出现在 clk_ssp 上。为了避免这种问题的出现，方法之一就是把 qclock 声明为全局变量，即在任务之外声明它。

下面举例说明 automatic 类型任务和非 automatic 类型任务之间的区别：

```verilog
task automatic check_cnt;
    reg[3:0] count;
    begin
        $display("At beginning of task,count = %b",count);

        if(reset)
            count = 0;

        count = count + 1;

        $display("At end of task,count = %b",count);
    end
endtask
```

因为 check_cnt 是一个 automatic 类型任务，所以对于每次任务调用，都会为 reg 类型变量 count 分配单独的存储空间。

```
reg reset;
...
reset = 1;
check_cnt ();
...
reset = 0;
check_cnt ();
...
```

打印的结果如下：

```
...
At beginning of task,count = xxxx
At end of task,count = 1
...
At beginning of task,count = xxxx
At end of task,count = xxxx
```

如果任务 check_cnt 不是一个 automatic 类型任务（没有关键字 **automatic**），打印的结果如下：

```
...
At beginning of task,count = xxxx
At end of task,count = 1
...
At beginning of task,count = 1
At end of task,count = 2
```

由于 reg 类型变量 count 是静态的，即不会被破坏，第 2 次调用任务 check_cnt 会用到前一次调用任务 check_cnt 产生的 count 的值，因此当第 2 次调用任务 check_cnt 时，count 的值为 1。

10.2 函 数

函数类似于任务，也提供了在模块的不同位置执行共同代码段的能力。函数与任务的不同之处是函数只能返回一个值，它不能包含任何延迟（必须立即执行），并且不能调用任何其他任务。此外，函数必须至少有一个输入。函数不允许有 output（输出）和 inout（输入/输出，即双向）声明语句，可以调用其他的函数。

10.2.1 函数的定义

函数的定义可以在模块声明的任何位置出现。函数定义的格式如下：

function [**automatic**] [**signed**]
   [*range_or_type*] *function_id*;
   input_declaration
   other_declarations
   procedural_statement
endfunction

函数的输入必须用输入声明语句声明。若在函数定义中没有指定函数值的取值范围和类型，则该函数将返回 1 位二进制数。返回值的类型可以是 **real**、**integer**、**time** 或者 **realtime** 之一。通过关键字 **signed** 可以把函数的返回值声明为一个有符号值。下面举一个例子说明函数的定义。

```
module function_example;
    parameter MAXBITS = 8;

    function [MAXBITS - 1 : 0] reverse_bits;
        input [MAXBITS - 1 : 0] data_in;
        integer k;
        begin
            for (k = 0; k<MAXBITS; k = k + 1)
                reverse_bits [MAXBITS - k] = data_in [k];
        end
    endfunction
    ...
endmodule
```

函数名为 reverse_bits。函数返回一个长度为 MAXBITS 的向量。该函数有一个输入 data_in。k 是一个局部整型变量。

函数的定义隐含地声明一个函数内部的 reg 类型变量，该 reg 类型变量与函数同名，且取值范围相同。函数通过在函数定义中明确地对该寄存器赋值来返回函数值。因此，对这一寄存器的赋值必须出现在函数声明中。下面再举一个函数的例子：

```
function parity;
    input [0 : 31] par_vector;
    reg [0 : 3] result;
```

```
        integer j;
    begin
        result = 0;

        for (j = 0; j <= 31; j = j + 1)
            if(par_vector[j] == 1)
                result = result + 1;

        parity = result % 2;
    end
endfunction
```

在该函数中，parity 是函数的名称。因为没有指定取值范围，所以函数返回 1 位二进制数。result 和 j 是局部变量。注意：最后一个过程性赋值语句给变量 parity 赋值，该变量用于从函数返回值（在该函数的定义中隐含地声明了一个与函数同名的变量）。

下面举一个函数例子，该函数返回一个有符号值。

```
parameter SIZE = 32;
localparam ADD = 0, SUB = 1, AND = 2, OR = 3;
...
function signed [SIZE - 1: 0] alu;
    input signed [SIZE - 1: 0] opd1, opd2;
    input [1: 0] operation;

    case(operation)
        ADD    : alu = opd1 + opd2;
        SUB    : alu = opd1 - opd2;
        AND    : alu = opd1 & opd2;
        OR     : alu = opd1 | opd2;
    endcase
endfunction
```

通过关键字 automatic 可以把函数声明为 automatic 类型函数。例如，

```
function automatic parity;
    ...
endfunction
```

在 automatic 类型函数中，每次函数调用都给局部变量分配新的存储空间。在非 automatic 类型函数中，局部变量是静态的，即对于每次调用，函数的局部变量都使用同一个存储空间。automatic 类型函数支持编写递归函数（因为每次调用都会分配属于这次调用的单独存储

空间)。下面是一个利用递归函数计算数的阶乘的示例。

```
function automatic[31:0] factorial;
    input[31:0] fac_of;

    factorial = (fac_of = = 1) ? 1 :
            factorial(fac_of - 1) * fac_of;
endfunction
```

描述函数的参变量还有另外一种方式,即使用内嵌式参变量声明风格:

```
function [automatic] [signed]①
        [range_or_type] function_id(
    input_declarations
);
[ other_declarations ]
procedural_statement
endfunction
```

下面是一个用这种风格编写的阶乘函数的示例。

```
function automatic[31:0] factorial (
    input[31: 0] fac_of
);
    factorial = (fac_of = = 1) ? 1 :
            factorial(fac_of - 1) * fac_of;
endfunction
```

下面是另一个 automatic 类型函数的示例,这个函数的功能是把一个3位数字转换成相应的字符格式,例如,一个值为329的数字被转换成字符串"329"。

```
parameter NUM_DIGITS = 3, BYTE = 8;

function automatic [NUM_DIGITS * BYTE: 1] to_string (
    input integer number        //3位数字
);
    integer unit_digit, ten_digit, hun_digit;
    begin
        unit_digit = number % 10;
        ten_digit = (number / 'd10) % 10;
```

---

① 指导原则:使用内嵌式参变量声明风格。

```
            hun_digit = (number / 'd100) % 10;

            to_string [3 * BYTE : 2 * BYTE + 1] = "0" + hun_digit;
            to_string [2 * BYTE : BYTE + 1] = "0" + ten_digit;
            to_string [BYTE : 1] = "0" + unit_digit;
    /* to_string 此时包含的是与 3 位数字 number 相对应的 3 个字符 */
        end
endfunction
```

10.2.2 函数的调用

函数调用是表达式的一部分,其格式如下:

func_id(*expr1* , *expr2* , . . . , *exprN*)

下面举一个例子说明函数调用:

```
//reg 类型变量的声明:
reg [MAXBITS - 1 : 0] remap_reg,rmp_rev;
rmp_rev = reverse_bits (remap_reg);
//函数调用在等号右侧的表达式内
```

与任务类似,函数定义中声明的所有局部变量都是静态的,即函数中的局部变量在函数的多次调用之间保持它们的值不变,对于非 automatic 类型函数是这样的。在 automatic 类型函数中,对于每次调用都给所有的变量动态地分配存储空间。

函数中的参数值也可以由定义参数(defparam)语句来修改。

```
module test;
    time current_time;

    function watch (
            input time ctime
        );
        parameter RESOLUTION = 60;
        ...
    endfunction

    defparam watch.RESOLUTION = 3600;

    assign print_time = watch(current_time);
```

endmodule

10.2.3 常数函数

常数函数是指仿真开始之前在细化期间(elaboration time)计算出结果为常数的函数。凡可以使用常数表达式的地方都可以使用常数函数,例如,在声明向量位宽的地方。

常数函数的语法和格式与一般的函数几乎完全一致。但是为了在细化期间能计算出函数的值,描述函数的行为必须遵循某种建模方式。例如,在常数函数内,不允许访问全局变量或者调用系统函数。系统任务会被忽略,但是常数函数可以调用另一个常数函数。下面举一个例子说明常数函数的使用。

```
module pack_a;
    parameter VECTOR_LSB = 0, VECTOR_MSB = 7;
    reg[get_largest(VECTOR_LSB,VECTOR_MSB):0]
            mmc_address;

    function integer get_largest (        //常数函数
            input integer first_bound,second_bound
    );

    get_largest = (first_bound > second_bound) ?
                first_bound : second_bound;
    endfunction
endmodule
```

10.3 系统任务和系统函数

Verilog HDL 提供了内建的系统任务和系统函数,即语言中预先已定义的任务和函数。可以把系统任务和系统函数分为以下几类:

(1) 显示任务(display task);
(2) 文件输入/输出任务(file I/O task);
(3) 时间标度任务(timescale task);
(4) 仿真控制任务(simulation control task);
(5) PLA 建模任务(PLA modeling task);
(6) 随机建模任务(stochastic modeling task);

(7) 变换函数(conversion function);
(8) 概率分布函数(probabilistic distribution function);
(9) 字符格式化(string formatting);
(10) 命令行参变量(command Line argument)。
PLA 建模任务和随机建模任务不在本书的讨论范围之内。

10.3.1 显示任务

显示系统任务用于显示和打印信息。这些系统任务被进一步分为:
(1) 显示和写任务;
(2) 选通的监控任务;
(3) 连续的监控任务。

1. 显示和写(display and write)任务

语法格式如下:

task_name(format_specification1, argument_list1,
*   format_specification2, argument_list2,*
*   …,*
*   format_specificationN, argument_listN);*

task_name 是如下系统任务中的一种:

| $display | $displayb | $displayh | $displayo |
| $write | $writeb | $writeh | $writeo |

display 任务将指定信息以及行结束字符打印到标准输出设备,而 write 任务将指定信息打印到标准输出设备时不带行结束符。下列转义序列(Escape Sequences)能够用于格式定义:

```
%h 或 %H    : 十六进制
%d 或 %D    : 十进制
%o 或 %O    : 八进制
%b 或 %B    : 二进制
%c 或 %C    : ASCII 字符
%v 或 %V    : 线网信号强度
%m 或 %M    : 层次名
%s 或 %S    : 字符串
%t 或 %T    : 当前时间格式
```

若未指定参变量的格式,则默认的格式如下:

对 $display 与 $write　　　:十进制数
对 $displayb 与 $writeb　　:二进制数
对 $displayo 与 $writeo　　:八进制数
对 $displayh 与 $writeh　　:十六进制数

用如下转义序列可以打印特殊字符:

\n　　　　换行
\t　　　　制表符
\\　　　　字符 \
\"　　　　字符 "
\000　　　值为八进制值 000 的字符
%%　　　字符 %

例如:

$display ("Simulation time is %t",$time);

$display ($time,":r=%b,s=%b,q=%b,qb=%b",
　　r,s,q,qb);　　　　//由于没有指定时间的格式,所以时间按十进制显示

//显示任务语句可以有多个参变量,还可以分为多行
$display("At time %t,",$time,
　　　　." the value is %d. ",tube_rst);

$write ("Simulation time is");
$write (" %t\n",$time);

下面显示的是执行上述语句时,所显示的 $time、r、s、q、qb 和 tube_rst 值:

Simulation time is　　10
　　　　　　　　　　10 : r=1,s=0,q=0,qb=1
At time 10,the value is 6.
Simulation time is　　10

2. 选通(Strobe)任务

选通任务有:

$strobe　　　　$strobeb　　　　$strobeh　　　　$strobeo

这些系统任务在指定时刻显示仿真数据,但这种任务的执行是在当前时阶(Time Step)结

束时才显示仿真数据。"当前时阶结束时"意味着在指定时阶内的所有事件都已经处理完毕的时刻。

```
always
    @(posedge reset)
        $strobe("The flip-flop value is %b at time %t",q,$time);
```

当 reset 出现一个正跳变沿时，`$strobe` 任务打印 q 的值和当前仿真时间。下面是 q 和 `$time` 的一些值的输出。在每次 reset 出现正跳变沿时都打印 q 和 `$time` 的值。

```
The flip-flop value is 1 at time 17
The flip-flop value is 0 at time 24
The flip-flop value is 1 at time 26
```

显示和写任务的格式定义相同。

选通任务与显示任务的不同之处在于：显示任务在执行到该语句时立即执行，而选通任务的执行要推迟到当前时阶结束时进行。下面的例子有助于进一步理解这两种任务的不同之处。

```
integer wait_timer;

initial
    begin
        wait_timer = 1;
        $display("After first assignment,",
                 "wait_timer has value %d",wait_timer);
        $strobe("When strobe is executed,",
                "wait_timer has value %d",wait_timer);

        wait_timer = 2;
        $display("After second assignment,",
                 "wait_timer has value %d",wait_timer);
    end
```

产生的输出为：

```
After first assignment,wait_timer has value 1
After second assignment,wait_timer has value 2
When strobe is executed,wait_timer has value 2
```

第 1 个 `$display` 任务打印出 wait_timer 的值为 1（来自对 wait_timer 的第 1 次赋值）。
第 2 个 `$display` 任务打印出 wait_timer 的值为 2（来自对 wait_timer 的第 2 次赋值）。

`$ strobe` 任务打印出 wait_timer 的值为 2,这个值一直保持到当前时阶结束。

3. 监控任务

监控任务有:

`$ monitor`   `$ monitorb`   `$ monitorh`   `$ monitoro`

这些任务连续监控指定的参变量。只要参变量列表中的参变量值发生变化,就在时阶结束时打印整个参变量列表。例如:

```
initial
    $ monitor ("At % t,d = % d,clk = % d ", $ time,d,clk,
              "and q is % b",q);
```

当执行监控任务时,对信号 d、clk 和 q 的值进行连续监控。若这些值中的任意一个发生变化,则打印整个参变量列表。下面是 d、clk 和 q 发生变化时的一些输出样本。

```
At    24,d = x,clk = x and q is 0
At    25,d = x,clk = x and q is 1
At    30,d = 0,clk = x and q is 1
At    35,d = 0,clk = 1 and q is 1
At    37,d = 0,clk = 0 and q is 1
At    43,d = 1,clk = 0 and q is 1
```

监控任务的格式定义与显示任务相同,但是在任意时刻都只能有一个监控任务处于激活状态。

监控任务不能用来监控时间变量或者返回时间值的函数;也包括系统函数 `$ time`。因此,若被监控的变量中至少有一个值发生变化时,`$ monitor` 的值才被显示。`$ monitor` 跟踪的只是指定显示变量的变化。考虑以下的例子:

```
$ monitor("Net value,as a 4 - state value,is % b",
          matrix_enable);
```

若信号的强度从 St0 变成 Pull0,则不打印任何信息。但是若将任务调用改写成:

```
$ monitor("Net in full - strength is % v",
          matrix_enable);
```

则 `$ monitor` 执行,且打印出相应的信号强度变化信息。

可以通过下面两个系统任务启动和关闭监控。

```
$ monitoroff;     //关闭激活的监控任务
$ monitoron;      //启动最近关闭的监控任务
```

这两个系统任务提供了一种机制来控制变化值的打印。`$monitoroff` 任务关闭了激活的监控任务,因此不会再显示任何的监控信息。`$monitoron` 任务用于启动监控任务。

10.3.2 文件输入/输出任务

1. 文件的打开和关闭

系统函数 `$fopen` 可用于打开一个文件。

`integer` *file_pointer* = `$fopen`(*file_name*,*mode*);
//系统函数 `$fopen` 在按照指定模式打开文件后返回一个与文件相关的整数指针

而下面的系统任务可用于关闭一个文件:

`$fclose`(*file_pointer*);

模式(*mode*)可以是下面的一种:
- "r","rb":打开文件并从文件的头开始读。如果文件不存在就报错。
- "w","wb":打开文件并从文件的头开始写。如果文件不存在就创建文件。
- "a","ab":打开文件并从文件的末尾开始写。如果文件不存在就创建文件。
- "r+","r+b","rb+":打开文件并从文件的头开始读写。如果文件不存在就报错。
- "w+","w+b","wb+":打开文件并从文件的头开始读写。如果文件不存在就创建文件。
- "a+","a+b","ab+":打开文件并从文件的末尾开始读写。如果文件不存在就创建文件。

"b"是在打开二进制文件时引用。下面举例说明它的用法:

`integer` tq_file;

`initial`
   `begin`
      tq_file = `$fopen`("~/jb/div.tq","r+");
      ...
     `$fclose`(tq_file);
   `end`

2. 输出到文件

显示、写入、选通和监控等系统任务都有一个相应副本,该副本可以用于将相应的信息写入文件。这些系统任务如下:

$fdisplay	$fdisplayb	$fdisplayh	$fdisplayo
$fwrite	$fwriteb	$fwriteh	$fwriteo
$fstrobe	$fstrobeb	$fstrobeh	$fstrobeo
$fmonitor	$fmonitorb	$fmonitorh	$fmonitoro
$fflush			

所有这些任务的第 1 个参变量是一个文件的指针。任务的其余参变量是格式定义的列表，格式定义列表的后面是相应的参变量列表。举例说明如下：

```
integer vec_file;

initial
    begin
        vec_file = $fopen("div.vec","w");
        ...
        $fdisplay (vec_file,"The simulation time is %t",
                $time);
        //第 1 个参变量 vec_file 是文件指针
        $fclose (vec_file);
    end
```

在上面的任务 **$fdisplay** 执行时，下面的语句将出现在文件 div.vec 中。

```
The simulation time is    0
```

任务 **$fflush** 把输出缓冲内的东西都输出到指定的文件中。

格式 %u(%U)和 %z(%Z)可以分别用于按 2 值和 4 值的二进制输出数据。使用格式 %u 可以使得值 x 和 z 都被视为 0。格式允许输出 %z 值的二进制数据，即支持值 x 和 z。

```
$fwrite (fp,"%u",usb_phase1);
$fdisplay (fp,"%z",i2c_mem[index]);
```

3. 从文件中读取数据

有两个系统任务能够用于从文件中读取存储数据。这些任务从文本文件中读取数据并将数据加载到存储器中。这两个系统任务分别是：

$readmemb $readmemh

文本文件可以包含空格、注释和二进制（对于 **$readmemb**）或十六进制（对于 **$readmemh**）数字。每个数字之间用空格隔开。当执行系统任务时，读取的每个数字都被分配到存储器的相应地址中。开始地址对应于存储器最左边的索引。

reg [0:3] rx_mem [0:63];

```
initial
    $readmemb("ones_and_zero.vec",rx_mem);
    //读取的每个数字都被分配到从 0 开始到 63 的存储器单元
```

在系统任务调用中也可以明确地指定地址,例如:

```
$readmemb("rx.vec",rx_mem,15,30);
//从文件"rx.vec"中读取的第 1 个数字被存储在地址 15 中,下一个存储在地址
//16 中,后面以此类推直到地址 30
```

在文本文件中也可以显式地给出地址。地址的格式如下:

@address_in_hexadecimal

在这种情况下,系统任务可以将数据读入到指定地址。后续的数字从指定地址开始向后加载。

除此之外,还有许多其他的系统任务和系统函数可以用来从文件中读取数据。

$fread	:从文件中读取二进制数据到存储器中。
$fgetc	:从文件中每次读取一个字符。
$fgets	:从文件中每次读取一行。
$ungetc	:把一个字符插入文件中。
$frewind	:重新回到文件的开始处。
$fseek	:移动到偏移量指定的位置。
$ftell	:返回以文件开始处为基址的偏移量。
$fscanf	:从文件中读取格式化数据。
$ferror	:在执行完一个读取任务后,帮助判断出错误的原因。

系统函数 $fread 从文件中读取二进制数据到存储单元或者变量中。

```
integer status;
integer fp;
reg[15:0] usb_ph1;
reg[31:0] i2c_ram[127:0];

fp = $open("usb_test.dat","r");
status = $fread(usb_ph1,fp);        //读取 16 位二进制数据到
                                    //reg 类型变量 usb_ph1 中

status = $fread(i2c_ram,fp);
status = $fread(i2c_ram,fp,63,10);  //从文件中读取数据到
                                    //存储器从地址 63 开始的 10 个存储单元中
```

4. 从 SDF 文件中读取反标信息[1]

通过系统任务 `$sdf_annotate` 可以从 SDF 文件中读取反标信息。反标信息适用于任何层次的模块。

```
$sdf_annotate("uart.sdf",uart_tb.uart);[2]
//把 SDF 文件"uart.sdf"应用到子模块 uart_tb.uart 中
```

10.3.3 时间标度任务

系统任务为：

`$printtimescale`

显示指定模块的时间单位和时间精度。若 `$printtimescale` 任务没有指定参变量，则用于显示该任务调用所在模块的时间单位和时间精度。如果指定了模块的层次路径名作为参变量，则此系统任务用于显示指定模块的时间单位和时间精度。

`$printtimescale;`
`$printtimescale(hier_path_to_module);`

下面是这些任务被调用时的样本输出。

```
Time scale of (u10) is 100ps / 100ps
Time scale of (u10.u2nand) is 1us / 100ps
```

系统任务：

`$timeformat`

指定了 %t 格式定义如何报告时间信息。该任务的格式如下：

`$timeformat(units_number,precision,`
      `suffix,numeric_field_width);`

其中 *units_number* 为：

```
 0   : 1s
-1   : 100ms
-2   : 10ms
-3   : 1ms
```

---

[1] 英文为 Timing Annotation 或 back Annotation，即从电路布局布线文件中提取的有关电路延迟信息的文件。
[2] SDF：Standard Delay Formatd 的缩写，标准延迟格式，IEEE Std 1497。

-4   : 100 us
-5   : 10 us
-6   : 1 us
-7   : 100 ns
-8   : 10 ns
-9   : 1 ns
-10   : 100 ps
-11   : 10 ps
-12   : 1 ps
-13   : 100 fs
-14   : 10 fs
-15   : 1 fs

系统任务调用：

$timeformat (-12,3,"ps",5);
$display ("Current simulation time is %t", $time);

将显示 $display 任务中 %t 代表的值如下：

Current simulation time is 0.051 ps

若没有指定 $timeformat，则 %t 按照源代码中所有时间标度的最小精度显示。

10.3.4 仿真控制任务

系统任务

$finish;

使仿真器退出仿真环境，并将控制权返回给操作系统。

系统任务

$stop;

使得仿真被挂起。但在该阶段仍可以发送交互命令给仿真器。下面举例说明该命令的使用方法：

initial
    #500 $stop;

500 个时间单位后，仿真中止[①]。

---

① 若想继续仿真仍可通过仿真环境中的命令继续进行。——译者注

10.3.5 仿真时间函数

下列系统函数返回仿真时间。
- $time：按照所在模块的时间单位刻度，返回 64 位的整型仿真时间。
- $stime：返回 32 位的仿真时间。
- $realtime：按照所在模块的时间单位刻度，返回实型仿真时间。

例如：

```
`timescale 10ns / 1ns
module sync_tb;
    ...
    initial
        $monitor("put_a = %d put_b = %d",put_a,put_b,
                 " get_o = %d",get_o," at time %t",$time);
endmodule
```

该例产生的输出如下：

put_a = 0 put_b = 0 get_o = 0 at time 0
put_a = 0 put_b = 1 get_o = 0 at time 5
put_a = 0 put_b = 0 get_o = 0 at time 16

$time 按照模块 sync_tb 的时间单位刻度返回值，然后被四舍五入。注意，$timeformat 决定了时间值如何显示。下面再举一个例子：

```
initial
    $monitor("put_a = %d put_b = %d",put_a,put_b,
             " get_o = %d",get_o," at time %t",$realtime);
```

产生的输出如下：

put_a = 0 put_b = 1 get_o = 0 at time 5.2
put_a = 0 put_b = 0 get_o = 0 at time 15.6

10.3.6 转换函数

下面列出的系统函数是用于数据类型转换的实用函数：
- $rtoi(*real_value*)：通过小数位截断将实型数转换为整型数。
- $itor(*integer_value*)：将整型数转换为实型数。

- $realtobits(*real_value*)：将实型数转换为 64 位的实型向量表达式(IEEE 745 实数的表示法)。
- $bitstoreal(*bit_value*)：将位模式转换为实数(与 $realtobits 相反)。
- $signed(*value*)：将值转换为有符号数。
- $unsigned(*value*)：将值转换为无符号数。

10.3.7 概率分布函数

函数：

$random [(*seed*)]

根据种子变量(Seed)的值返回一个 32 位的有符号的整型随机数。种子变量(必须是 reg 型、整型或时间类型变量)控制函数的返回值，即不同的种子值将生成不同的随机数。若未指定种子变量，则每当 $random 函数被调用时，根据默认种子变量的值生成随机数。下面举一个例子：

```
integer seed,random_num;
wire rclk;

initial
    seed = 12;
    always
        @ (rclk) random_num = $random(seed);
```

在 rclk 的每个沿上，$random 被调用并返回一个 32 位有符号整型随机数。

如果在一定范围内取数，比如在 −10～+10 之间取数，可以按如下所示使用求模操作符来生成这样的数字。

random_num = $random (seed) % 11;

在下面的例子中，没有明确地指定种子。

random_num = $random / 2;   //种子变量是可选的。

注意：生成的数字序列是一个伪随机序列，换言之，对于一个初始的种子值生成相同的数字序列。

表达式：

{ $random } % 11

生成一个在 0～10 之间取值的随机数。拼接操作符({ })将 $random 函数返回的有符号整数转换成无符号数。

下列函数通过在函数名中指定的概率函数生成伪随机数。

$dist_uniform(seed,start,end)
$dist_normal(seed,mean,standard_deviation)
$dist_exponential(seed,mean)
$dist_poisson(seed,mean)
$dist_chi_square(seed,degree_of_freedom)
$dist_t(seed,degree_of_freedom)
$dist_erland(seed,k_stage,mean)

这些函数的所有参数都必须是整型数。

10.3.8 字符串格式化

下列任务支持从字符串读取数据或者将数据写入到字符串。

$swrite $swriteo $swriteb $swriteh
$sformat
$sscanf

任务 $swrite 与任务 $fwrite 类似；不同之处是任务 $swrite 是写入到字符串（字符串是 reg 型变量），而任务 $fwrite 是写入到文件中。下面举几个例子说明：

integer index;
reg[1024:1] name_buf;

$swrite(name_buf,"rx[%d]",index);
//如果 index 的值为 6,那么执行这个任务后,name_buf 里就有字符串"rx[6]"。

reg[100:1] string_buffer;

$swrite(string_buffer,"At time %t",$time,
        ",fifo_empty is %d.",fifo_empty);

任务 $sformat 与任务 $swrite 类似，不同之处在于格式定义必须被指定为它的第 2 个参变量。

$sformat(string_buffer,"Time = %t,fifo_empty = %d",
         $time,fifo_empty);

第 2 个参变量是格式定义。其余的是与格式定义对应的变量,这些变量被写入字符串

string_buffer 中。

系统函数 **$sscanf** 从字符串中读取一行(与 **$fscanf** 从文件中读取数据一样),并且把读取的数据存放到指定的参变量中。

integer status;

status = **$sscanf**(string_buffer,"%s %d %d",
　　　　　　　signal_name,lower_bnd,upper_bnd);
//若 string_buffer 中有字符串"qcm_wr 5 2",则在调用该函数后,signal_name
//中存有 qcm_wr,lower_bnd 中存有 5,upper_bnd 中存有 2。

若在读取字符串的时候出错,则函数 **$sscanf** 会返回一个 0 状态。
下面举一个比较信号强度值的例子:

reg[3 * 8 - 1:0] tail_str,head_str;

$swrite(tail_str,"%v",tail_wdata);
$swrite(head_str,"%v",head_wdata);

if(tail_str! = head_str)
　　$display("Strengths of tail_str (= %v) and ",
　　　　　tail_str,"head_str (= %v) are different.",
　　　　　head_str);

10.4 禁止语句

禁止语句(disable statement)是过程性语句(因此它只能出现在 always 或 initial 语句块内)。禁止语句能够在任务或程序块执行完它的所有语句之前终止其执行,能够用于对硬件中断和全局复位的建模。其格式如下:

disable task_id;
disable block_id;

在执行禁止语句后,继续执行被禁止的任务调用或程序块的下一条语句。

begin: blk_a
　　//语句 1
　　//语句 2
　　disableb blk_a;
　　//语句 3

```
        //语句 4
    end
        //语句 5
```

语句 3 和语句 4 永远不会被执行。在禁止语句被执行后,执行语句 5。又如:

```
task bit_task;
    begin
        //语句 6
        disable bit_task;
        //语句 7
    end
endtask

//语句 8
bit_task;       //任务调用
//语句 9
```

当禁止语句被执行时,该任务被终止,即语句 7 永远不会被执行。继续执行紧随任务调用的下一条语句,在此例中是语句 9。

建议在任务定义中最好不要使用 disable 禁止语句,尤其是当任务返回一些输出值时更是如此。这是因为当任务被禁止时,在 Verilog 语言中规定 output(输出)和 inout(输入/输出)变量值是不确定的。一种比较稳妥的方法是:如果在任务中有顺序程序块的话,在任务中终止顺序程序块的执行。例如:

```
task sample_uart;
    output [0:3] count;
    begin: local_blk
        //语句 10
        count = 10;
        disable local_blk;
        //语句 11
    end
endtask
```

当禁止语句开始执行时,禁止语句使得顺序程序块 local_blk 退出执行。这是该任务能体面地退出,且保证 count 的值已被赋为 10 的唯一语句。若这条禁止过程块的语句被如下禁止任务执行的语句所替换:

```
disable sample_uart;
```

则在禁止任务语句开始执行后，count 的值是不确定的[①]

10.5 命名事件

分析下面两个 always 语句块：

```
reg ready,done;

//开始两个 always 语句之间的交互
initial
    begin
        done = 0;
        #0 done = 1;
    end

always
    @(done) begin
        ...
        //完成处理这个 always 语句
        //触发下一个 always 语句
        //在信号 ready 上创建一个事件
        ready = 0;
        #0 ready = 1;
    end

always
    @(ready) begin
        ...
        //完成处理这个 always 语句
        //创建事件触发前一个的 always 语句
        done = 0;
        #0 done = 1;
    end
```

两个 always 语句块中的两条赋值语句用来确保在 ready 和 done 上创建一个事件。这表明 ready 和 done 的用途是作为两个 always 语句块之间的握手信号。

[①] Verilog 语法规定若禁止任务的执行，则该任务的 output 或 inout 值不能确定。——译者注

Verilog HDL 提供一种替代机制实现这一功能,即使用命名事件。命名事件是 Verilog HDL 语言的另外一种数据类型(Verilog 语言中的其他两类数据类型是变量类型和线网数据类型)。命名事件在使用前必须被声明,声明格式如下:

event ready,done;

事件声明语句声明了 ready 和 done 为两个命名事件。声明了命名事件后,可以使用事件触发语句创建事件。格式如下:

-> ready;
-> done;

命名事件上的事件同变量上的事件一样能够被监控,即使用@机制,例如:

@(done) <*do_something*>

一旦 done 事件触发语句被执行,若在 done 上发生一个事件,其后面的 do_something 语句就开始执行。

下面用简单的例子表明如何用命名事件重新编写这两个 always 语句块:

event ready,done;

initial
    -> done;

always
    @(done) **begin**
        ...
        //触发下一个 always 语句
        //在 ready 上创建一个事件
        -> ready;
    end

always
    @(ready) **begin**
        ...
        //创建事件来触发前一个 always 语句
        -> done;
    end

状态机也可以用事件来描述。下面举一个异步状态机的例子:

```
event state1,state2,state3;

//复位状态
initial
    begin
        //复位状态逻辑
        -> state1;
    end

always
    @(state1) begin
        //state1 逻辑
        -> state2;          //在 state2 上创建事件
    end

always
    @(state2) begin
        //state2 逻辑
        -> state3;          //在 state3 上创建事件
    end

always
    @(state3) begin
    //state3 逻辑。它可以包含如下语句:
    if(input_a)
        -> state2;          //在 state2 上创建事件
    else
        -> state1;          //在 state1 上创建事件
    end
```

initial 语句描述了复位逻辑。在 initial 语句执行完毕时,触发了第 1 条 always 语句,该 always 语句中最后一条语句的执行在 state2 触发了一个事件;这促使第 3 条 always 语句执行,然后第 4 条 always 语句执行。在最后一条 always 语句中,根据 input_a 的值决定事件是发生在 state2 还是 state1 上。

10.6 结构描述方式和行为描述方式的混合使用

在前面的章节中,我们讨论了几种不同的建模风格。Verilog HDL 允许将所有这些建模风格结合在一个模块中。模块的语法格式如下：

```
module module_name ( port_list );
    Declarations:
        Input,output and inout declarations   //输入、输出和双向端口的声明
        Net declarations                       //线网声明
        Variable declarations                  //变量声明
        Parameter declarations                 //参数声明
        Task and function declarations         //任务声明

        Initial statement                      //初始化语句
        Gate instantiation statement           //门的实例引用语句
        Module instantiation statement         //模块的实例引用语句
        UDP instantiation statement            //用户自定义基元(原语)的实例引用语句
        Always statement                       //always 语句
        Continuous assignment                  //连续赋值语句
endmodule
```

下面是一个使用混合建模方式的示例。

```
module mux2x1 (ctrl,a,b,enable,y);
    //输入声明
    input ctrl,a,b,enable;
    //输出声明
    output y;
    //线网声明
    wire or_ab,not_ctrl;
    //带赋值的线网声明
    wire y = enable = = 1 ? or_ab : 'bz;

    //门实例引用语句
    not (not_ctrl,ctrl);
    or (or_ab,ta,tb);

    //连续赋值
    assign ta = a & ctrl;
    assign tb = b & not_ctrl;
endmodule
```

上面的模块包含了内建逻辑门(结构化组件)和连续赋值(数据流方式)的混合描述。

10.7 层次路径名

Verilog HDL 中的每个标识符都具有唯一的一个层次路径名。层次路径名通过由句点隔开的名称组成。层次定义由以下的定义组成：
(1) 模块实例引用；
(2) 任务定义；
(3) 函数定义；
(4) 命名程序块。

任何标识符的完整路径名从顶层模块(没有被其他任何模块实例引用的模块)开始。这一路径名可在描述的任何层次中使用,举例如下。图 10.1 显示了模块层次。

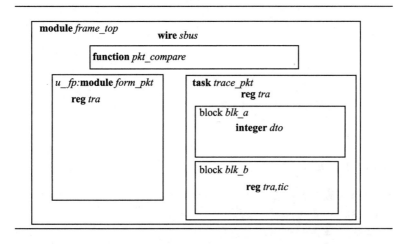

图 10.1 模块层次

```
module frame_top;
    wire sbus;

    function pkt_compare ...
        ...
    endfunction
    task trace_pkt;
        ...
        reg tra;
        begin
            begin: blk_a
```

```
            integer dto;
            ...
        end

            begin: blk_b
                reg tra,tic;
                ...
                tic = form_pkt.tra;
                ...
            end
        end
    endtask

    form_pkt u_fp(....);        //模块实例引用语句
endmodule                       //模块 frame_top

module form_pkt;
    reg tra;

    initial
        frame_top.trace_pkt.blk_b.tra = 1´b0;
    ...
endmodule
```

本例中的层次路径名为:

frame_top.u_fp.tra
frame_top.trace_pkt.tra
frame_top.trace_pkt.blk_b.tra
frame_top.trace_pkt.blk_a.dto
frame_top.trace_pkt.blk_b.tic
frame_top.sbus
form_pkt.tra

通过这些层次路径名可以从任何层次对任何变量进行自由的数据访问。数据不仅限于被读取,还可以在不同的层次对其进行更新,例如模块 form_pkt 中的连续赋值语句。

较低层的模块能够通过使用模块实例名限定变量来引用高层(称为向上引用)或者低层(称为向下引用)模块中的变量。格式如下:

module_instance_name . variable_name

对于向下路径引用,模块实例引用语句必须与较低层的模块在同一层次上。下面举例说明：

```
module frame_top;
    wire sbus;

    form_pkt_a u_fp(...);         //模块实例引用语句

    always @ *
        $display(u_fp.tra);       //向下引用
endmodule

module form_pkt_a;
    reg tra;
    ...
endmodule
```

10.8 共享任务和函数

在不同模块之间共享任务和函数的一种方法是在文本文件中编写共享任务和函数的定义，然后使用 `include 编译指令在需要的模块中包含这些定义。假设我们在文件 package.h 中有如下的函数和任务定义：

```
//文件: package.h
function signed_plus(
        input [0:3] a,b
    );
    ...
endfunction

function signed_minus(
        input [0:3] a,b
    );
    ...
endfunction

task preset_clear;
    ...
endtask
```

下面是在模块中使用文件的示例。

```verilog
module signed_alu (
      input[0:3] a,b,
      input operation,
      output reg[0:3] y
);

//包含共享函数的定义
`include "package.h"

always
@ (a or b or operation)
    y = (operation) ? signed_plus (a,b) :
        signed_minus (a,b);
endmodule
```

注意：因为文件 package.h 中的任务和函数定义没有被模块声明限定，`include 编译指令必须出现在模块声明内。

另一种共享函数和任务的方法是在模块内定义共享任务和函数，然后通过层次路径名引用在其他模块中定义的任务或函数。下面的示例与前面的示例相同，但是这一次任务和函数定义出现在模块声明内。

```verilog
module package;
    function signed_plus;
        ...
    endfunction

    function signed_minus;
        ...
    endfunction
    task preset_clear;
        ...
    endtask
endmodule
```

下面是在不同模块中引用共享函数的示例。

```verilog
module signed_alu2 (
      input[0:3] a,b,
      input operation,
      output reg[0:3] y
```

```
        );
    always
        @ (a or b or operation)
            y = (operation) ? package.signed_plus (a,b) :
                package.signed_minus (a,b);
endmodule
```

10.9 属 性

属性为对象(Object)或者语句的注释信息提供了一种机制。它提供了一种标准的途径，可以(让其他工具，例如综合工具、布局布线工具等)在Verilog HDL源模型中指定(或者添加)与Verilog语法无关但与工具相关的信息。这些信息可以供读取Verilog HDL源代码的不同工具使用。属性可以被附加在几乎所有类型的Verilog HDL语句上。某个属性值除了用于其本身的Verilog描述外，不能用于其他任何地方。而属性及其值可以被附加在语句或者对象(object)的前面作为前缀，也可以附加在表达式中的操作符后面或者函数名后面作为后缀。(Verilog语言本身)没有预定义的标准属性[①]。

下面举几个例子说明：

```
( * fsm_register * ) reg[SIZE - 1: 0] current_state;[②]
    //

( * dont_touch * ) module my_multiplier (
        multiplier, multiplicand, acc
    );
    ( * full_case = 0, parallel_case = 1 * ) case . . . endcase
```

属性甚至还可以被附加在操作符后面，如下例所示：

```
total = num_rx + ( * implementation = RIPPLE * ) num_tx;
```

Verilog语言没有为属性提供任何预先指定的含义。然而，特定工具的文件阅读器可能提供了一些相应的方法。例如，综合工具最有可能理解属性 dont_touch、full_case 和 parallel_case 的语义。

---

① Verilog的属性显著地提高Verilog代码的表达能力和灵活性，可以使其被不同类型的EDA工具所理解。——译者注
② IEEE Std 1364.1定义了一系列可以在编写可综合的RTL模型时使用的标准属性。

10.10 值变转储文件

值变转储(VCD)文件包含了设计中指定变量取值变化的信息,其主要目的是为其他后处理工具提供信息。

VCD 文件有以下两种类型:
(1) 四状态型 VCD:不带有强度信息的 4 种值 0、1、**x** 和 **z** 存储在 VCD 文件中。
(2) 拓展型 VCD:带有强度信息的 4 种值 0、1、**x** 和 **z** 存储在 VCD 文件中。

10.10.1 四状态型 VCD 文件

下列系统任务用于创建 VCD 文件和将信息导入四状态型 VCD 文件。
(1) **$dumpfile**:指定转储文件名。例如:

$dumpfile ("uart.dump");

(2) **$dumpvars**:指定一些变量,这些变量值变化的信息将被转储到文件中。

$dumpvars;
//不带任何参变量,表示将设计中所有的变量全部转储

$dumpvars (*level*, *module_name*);
//将指定模块及其指定层次下所有模块中的变量全部转储

$dumpvars (1, uart);
//只转储模块 uart 中的变量

$dumpvars (2, uart);
//转储 uart 及其下一层所有模块中的所有变量

$dumpvars (0, uart);
//第 0 层导致 uart 模块中的所有变量及其下面所有模块实例中的所有变量转储

$dumpvars (0, p_state, n_state);
//将关于变量 p_state 和 n_state 的信息转储
//在这种情况下,层次数无关紧要,但是必须给出层次数

$dumpvars (3, udiv.clk, uart);
//层次数只适用于模块,在本例中转储只作用于模块 uart
//即模块 uart 及其下面两层中的所有变量

```
//同时转储的还有变量 udiv.clk 值变化的信息
```

(3) `$dumpoff`：使得转储任务被挂起。语法格式如下：

```
$dumpoff;
```

(4) `$dumpon`：使得所有转储任务继续。语法格式如下：

```
$dumpon;
```

(5) `$dumpall`：本系统任务执行时，将当前指定的所有变量的值转储。语法格式如下：

```
$dumpall;
```

(6) `$dumplimit`：指定了 VCD 文件的最大长度（字节）。转储任务在到达此界限时停止。例如：

```
$dumplimit(1024);      //VCD 文件的最大长度为 1024 字节
```

(7) `$dumpflush`：刷新操作系统 VCD 文件缓冲区中的数据，为 VCD 文件存储到缓冲区做好准备。执行此系统任务后，转储恢复到刷新以前的状态。语法格式如下：

```
$dumpflush;
```

10.10.2 拓展的 VCD 文件

下列系统任务用于创建 VCD 文件和将信息导入拓展的 VCD 文件。

(1) `$dumpports`：用于将所列出的模块端口的值转储到指定的文件中。

```
$dumpports(uart,"dport.dump");
```

(2) `$dumpportsall`：用于转储所有被选择的端口值，即使它们的值可能没有发生任何变化。

```
$dumpportsall("dport.dump");
```

(3) `$dumpportsoff`：用于关闭端口值的转储。

```
$dumpportsoff("dport.dump");
//停止向指定的文件进行转储
```

(4) `$dumpportson`：用于打开端口值的转储。

```
$dumpportson("dport.dump");
```

(5) `$dumpportslimit`：用于限制 VCD 文件的长度。

```
$dumpportslimit(1024,"dport.dump");
```

(6) **$ dumpportsflush**：用于把系统内部缓存的数据转储到文件中。

  $ dumpportsflush ("dport.dump");

10.10.3 示 例

下面举一个例子，这是一个可在 5~12 之间计数的双向(up-down)计数器。

```
module count_updown (clk,count,up_down);
    input clk,up_down;
    output reg [0:3] count;

    initial
        count = 'd5;

    always
        @ (posedge clk) begin
            if (up_down)
                begin
                    count = count + 1;

                    if (count > 12)
                        count = 12;
                end
            else
                begin
                    count = count - 1;

                    if (count<5)
                        count = 5;
                end
        end
endmodule

module test_counter;
    reg clock,up_dn;
    wire [0:3] cnt_out;
    parameter ON_DELAY = 1,OFF_DELAY = 2;
    localparam DUMP_FILE = "count.vcd";
    localparam COUNT_DOWN = 50,DUMP_DONE = 200;

    count_updown ucud (clock,cnt_out,up_dn);
```

```verilog
    always
        begin
            clock = 1;
            # ON_DELAY;
            clock = 0;
            # OFF_DELAY;
        end

    initial
        begin
            up_dn = 0;
            # COUNT_DOWN up_dn = 1;
            # DUMP_DONE $dumpflush;
            $stop;                                  //停止仿真
        end

    initial
        begin
            $dumpfile(DUMP_FILE);
            $dumplimit(4096);
            $dumpvars(0,test_counter);
            $dumpvars(0,ucud.count,ucud.clk,ucud.up_down);
        end

    initial
        begin
            $dumpportslimit(10000,"count.evcd");
            # 10;
            $dumpports(ucud,"count.evcd");
            # 40;
            $dumpportsall("count.evcd");
            # 30;
            $dumpportsoff("count.evcd");
            # 20;
            $dumpportson("count.evcd");
            $dumpportsall("count.evcd");
            $dumpportsflush("count.evcd");
        end
endmodule
```

10.10.4　VCD 文件格式

VCD 文件是 ASCII 文件。VCD 文件包含如下信息：
- 文件头信息：提供日期、仿真器版本和时间刻度单位。
- 节点信息：定义所转储变量的范围和类型。
- 值的变化信息：实际取值随时间变化的信息。记录绝对仿真时间。

生成的四状态 VCD 文件 count.vcd 如图 10.2 所示，生成的拓展的 VCD 文件 count.evcd 如图 10.3 所示。

```
$date                              $dumpvars
  Fri Sep 27 16:23:58 1996         1#
$end                               0$
$version                           b1!
  Verilog HDL Simulator 1.0        b10"
$end                               b101+
$timescake                         1(
  100ps                            0'
$ebd                               1&
$scope module Test  $end           1)
$var parameter 32! ON_DELAY        0*
$end                               $end
$var parameter 32"OFF_DELAY        #10
$end                               0#
$var reg 1# Clock $end             0)
$var reg 1 $ UpDn $end             #30
$var wire 1 % Cnt_Out[0] $end      1#
$var wire 1 & Cnt_Out[1] $end      1)
$var wire 1 'Cnt_Out[2] $end       b110+
$var wire 1(Cnt_Out[3]$end         b101+
$scope module C1 $end              #40
$var wire 1)Clk $end               0#
$var wire 1*Up_Down $end           0)
$var reg4 + Count[0:3]$end         #60
$var wire 1) Clk $end              1#
$var wire 1* Up_Down $end          1)
$upscope $end                      b100+
$upscope $end                      b101+
$enddefinitions $end               #70
#0                                 0#
(continued next column)            ...
```

图 10.2　VCD 文件

```
$comment                              #12
File created using the following      pU 0 6 <0
command:                              #13
vcd file count.evcd-dumpports         pD 0 6 <0
$end                                  #15
$date                                 pU 0 6 <0
Thu Mar 4 08:44:00 2004               ...
$end                                  #49
$version                              pD 0 6 <0
dumpports ModelSim Version 5.8a       #50
$end                                  $dumpportsall
$timescale                            pH 0 6 <4
1ns                                   pL 6 0 <3
$end                                  pH 0 6 <2
$scope module test_counter $end       pL 6 0 <1
$scope module ucud $end               pD 6 0 <0
$var port 1 <0 clk $end               pD 6 0 <5
$var port 1 <1 count[0] $end          $end
$var port 1 <2 count [1] $end         pU 0 6 <5
$var port 1 <3 count [2] $end         #51
$var port 1 <4 count [3] $end         pU 0 6 <0
$var port 1 <5 up_down $end           pL 6 0 <4
$upscope $end                         pH 0 6 <3
$upscope $end                         #52
$enddefinitions $end                  pD 6 0 <0
#10                                   #54
$dumpports                            pU 0 6 <0
pH 06<4                               pH 0 6 <4
pL60<3                                #55
pH06<2                                pD 6 0 <0
pL60<1                                #57
pD60<0                                pU 0 6 <0
pD60<5                                pL 6 0 <4
$end                                  pL 6 0 <3
(continued next column)               pL 6 0 <2
                                      pH 0 6 <1
                                      ...
```

图 10.3 拓展的 VCD 文件

10.11 指定块

迄今为止,我们所讨论的延迟,如门延迟和线网延迟,都是分布式延迟。模块中关于路径的延迟,称为模块路径延迟,可以使用指定块(specify block)来指定。通常,指定块有如下用途:

(1) 声明源和目的地之间的路径。
(2) 为这些路径分配延迟。

(3) 对模块进行时序检查。

指定程序块出现在模块声明内。其格式如下：

specify
    spec_param_declarations   //指定_参数_声明
    path_declarations   //路径_声明
    system_timing_checks   //系统_时序_检查
endspecify

specparam（或指定参数）声明语句指定了在指定块内使用的参数（parameter）。举例说明如下：

specparam tSETUP = 20,tHOLD = 25;

也可以在指定块的外部声明指定参数,但是必须在同一个模块中。它可以被赋予由其他指定参数或者模块参数组成的常数值。然而,指定参数(specparam)的值只能由 SDF 的反标(backannotation)进行修改。

在指定程序块内能够描述三类模块路径,它们是：
- 简单路径；
- 跳变沿敏感路径；
- 状态相关路径。

简单通路可以通过如下两种格式来进行声明。

source *> *destination*
//指定一个完全连接：源变量上的每一位都与目的变量的所有位相连接

source => *destination*
//指定一个并行连接：源变量上的每一位分别与目的变量的位一一连接

下面举几个简单路径的例子。

input clock;
input [7 : 4] d;
output [4 : 1] q;

(clock => q[1]) = 5;
//从输入 clock 到 q[1]的延迟为 5。

(d *> q) = (tRISE,tFALL);
/* 包括下述路径：
d[7] 到 q[4]

d[7] 到 q[3]
d[7] 到 q[2]
d[7] 到 q[1]
d[6] 到 q[4]
…
d[4] 到 q[1]
*/

在跳变沿敏感路径中,路径的描述是与源的跳变沿有关的。例如,

(**posedge** clock => (qb +: da)) = (2 : 3 : 2);
/*   路径延迟是从 clock 的正跳变沿到 qb 的延迟。
    数据路径是从 da 到 qb,且当 da 传播到 qb 时,da 不反相。 */

与状态相关的路径在某些条件为真的情况下,指定路径延迟。例如:

if (clear)
    (d => q) = (2.1, 4.2);
        //只有在 clear 为高电平时,才把此延迟用于指定路径

下面是可以在指定块内使用的时序检查任务的列表。

$ setup	$ hold
$ setuphold	$ period
$ skew	$ recovery
$ width	$ nochange
$ removal	$ recrem
$ timeskew	$ fullskew

如果 (time_of_$reference\_event$ - time_of_$data\_event$) < $limit$,则时序检查任务:

$ **setup** (data_event, reference_event, limit);

报告时序冲突(timing violation)。

举例如下:

$ **setup** (d, **posedge** ck, 1.0);

时序检查任务:

$ **hold** (reference_event, data_event, limit);

若 (time_of_$data\_event$ - time_of_$reference\_event$) < $limit$,则报告冲突。

举例如下:

$ **hold** (**posedge** ck, d, 0.1);

下面的时序检查任务 $setuphold 是时序检查任务 $setup 和 $hold 的结合。

$setuphold(reference_event,data_event,setup_limit,hold_limit);

举例如下：

$setuphold(posedge clk,data,tSETUP,tHOLD);
//检查建立时间和保持时间，"posedgeclk"是参照事件(reference_event)而 data
//的变化是数据事件(data_event)

上面的时序检查任务等价于完成下面两个单独的检查任务。

$setup(data,posedge clk,tSETUP);
$hold(posedge clk,data,tHOLD);

时序检查任务：

$width(reference_event,limit,threshold);

若 $threshold < ($ time_of_data_event $-$ time_of_reference_event$) < limit$，则报告冲突。数据事件来自于参照事件；它是带反向跳变沿的参照事件。举例说明如下：

$width(negedge tclk,0.0,0);

时序检查任务：

$period(reference_event,limit);

若 (time_of_data_event $-$ time_of_reference_event) < limit，则报告冲突。
参照事件必须是跳变沿触发事件。数据事件来自于参照事件；它是与参照事件带有相同沿的事件。

时序检查任务：

$skew(reference_event,data_event,limit);

若 time_of_data_event $-$ time_of_reference_event $>$ limit，则报告冲突。若数据事件的时间等于参照事件的时间，则不会报告冲突。

时序检查任务：

$recovery(reference_event,data_event,limit);

若(time_of_data_event $-$ time_of_reference_event) < limit，则报告时序冲突。
参照事件必须是跳变沿触发事件。该检查任务在执行时序检查前记录新参照事件的时间；因此，若数据事件和参照事件发生在同一个仿真时刻，则报告时序冲突错误。

时序检查任务：

```
$nochange(reference_event,data_event,start_edge_offset,end_edge_offset);
```

若数据事件发生在参照事件的指定区间,则报告时序冲突错误。参照事件必须是跳变沿触发事件。开始和结束的偏移量是相对于参照事件的边沿。举例说明如下:

```
$nochange(negedge clear,perset,0,0);
```

若在 clear 为低时 preset 发生了变化,将报告时序冲突错误。

时序检查任务:

```
$removal(reference_event,data_event,limit);
```

若(time_of_$reference\_event$ - time_of_$data\_event$)<$limit$,则报告时序冲突。

参照事件一般是控制信号例如复位或者置位信号。

下面的时序检查任务 $recrem 是时序检查任务 $removal 和 $recovery 的结合。

```
$recrem(reference_event,data_event,recovery_limit,removal_limit);
```

时序检查任务:

```
$timeskew(reference_event,data_event,limit);
```

如果{time_of_$data\_event$ - time_of_$reference\_event$} > $limit$,则报告时序冲突。

时序检查任务:

```
$fullskew(reference_event,data_event,
         limit_1,limit_2);
```

在数据事件落后于参照事件的情况下,若{time_of_$data\_event$ - time_of_$reference\_event$} > $limit\_1$ 则报告时序冲突;

在参照事件落后于数据事件的情况下,若{time_of_$reference\_event$ - time_of_$data\_event$} > $limit\_2$ 则报告时序冲突。

上述每个时序检查任务均可以选择在最后带有一个 notifier 参变量。当发生时序冲突时,时序检查任务根据下列 case 语句来改变 notifier 参变量的值。

```
case(notifier)
    'bx : notifier = 'b0;
    'b0 : notifier = 'b1;
    'b1 : notifier = 'b0;
    'bz : notifier = 'bz;
end
```

notifier 参变量可以提供时序冲突方面的信息或将 **x** 传播到报告发生时序冲突的输出。下面举例说明 notifier 参变量的使用方法:

```
reg notify_din;
...
$Setuphold (negedge clock,din,tSETUP,tHOLD,
                          notify_din);
```

在这一示例中,notify_din 是 notifier 参变量。若时序冲突发生,根据前面参变量 notifier 的 case 语句改变变量 notify_din 的值。

下面举例说明指定块:

```
specify
    //指定参数
    specparam tClk_Q = (5:4:6);
    specparam tSETUP = 2.8,tHOLD = 4.4;

    //带指定路径的路径延迟
    (clock *> q) = tCLK_Q;
    (data *> q) = 12;
    (clear,preset *> q) = (4,5);

    //时序检查
    $setuphold (negedge clock,data,tSETUP,tHOLD);
endspecify
```

沿着模块路径,只有宽度大于路径延迟的脉冲才能传播到输出端口。但是,还可以通过使用名为 PATHPULSE$ 的专用指定块参数进行控制。除用于指定被舍弃的脉冲宽度范围外,它还可用于指定促使路径的末端出现 x 的脉冲宽度范围。声明这种参数的简单格式如下:

PATHPULSE$ = (*reject_limit*,[,*error_limit*]);

若脉冲宽度小于 reject_limit,则脉冲不会传播到输出。若脉冲宽度小于 error_limit(若未指定,则与 reject_limit 相同)但是大于 reject_limit,则在路径的末端(目标处)产生 x。

使用如下格式的改进后的参变量 PATHPULSE$ 可以为指定路径指定脉冲界限。

**PATHPULSE$** *input_terminal*$*output_terminal*

下面举一个指定块的例子:

```
specify
    specparam PATHPULSE$ = (1,2);
    //Reject limit = 1,Error limit = 2.
```

```
    specparam PATHPULSE $ data $ q = 6;
    //Reject limit = Error limit = 6,
    // 在从 data 到 q 的路径上
endspecify
```

10.12 强　度

在 Verilog HDL 中,除了 4 个基本值 0、1、**x** 和 **z** 外,还可以为这些值指定如驱动强度和电荷强度等属性。

10.12.1 驱动强度

在下面 3 种情况下可以为线网指定驱动强度:
(1) 线网声明赋值语句中的线网变量。
(2) 原语门实例引用中的输出端口。
(3) 连续赋值语句中。

驱动强度的定义有两个值:一个是线网被赋值为 1 时的强度值;另一个是线网被赋值为 0 时的强度值。格式如下:

(*strength_for_1* , *strength_for_0*)

值的顺序并不重要。对于值为 1 的赋值,只允许如下的信号驱动强度:
- **supply1**
- **strong1**
- **pull1**
- **weak1**
- **highz1**

对于值为 0 的赋值,允许如下的信号驱动强度:
- **supply0**
- **strong0**
- **pull0**
- **weak0**
- **highz0**

默认的信号驱动强度定义为(**strong0**,**strong1**)。例如:

//线网的强度
wire (**pull**1,**weak**0) # (2,4) rx_busy = wlen && rx_wr;
//信号的驱动强度定义仅适用于标量类型的线网,如:wire、wand、wor、
//tri、triand、trior、trireg、tri0 和 tri1

//门级原语输出端的驱动强度定义
nand (**pull**1,**strong**0) # (3:4:4) u0nand (par_shift,shift_en[0],shift_en[1],shift_en[2]
);
//信号驱动强度仅适用于定义下列门级原语的输出端
// and、or、xor、nand、nor、xnor、buf、bufif0、
// bufif1、not、notif0、notif1、pulldown 和 pullup

//连续赋值语句中的强度定义
assign (**weak**1,**pull**0) #2.56 fe_sync = wr_ctrl;

在显示任务中,线网的驱动强度可以用 %v 格式定义来显示。例如,

$display ("prq_done is %v",prq_done);

产生的显示结果为:

prq_done is We 1

10.12.2 电荷强度

trireg(三态寄存器类型)型线网也能有选择地规定其存储的电荷强度。trireg 型线网的电荷强度指定了与该线网有关的电容的相对大小。电荷强度分为以下 3 类:
- 小型;
- 中型(若没有特别强调,默认为中型);
- 大型。

此外,三态寄存器线网存储的电荷衰退时间也可被指定。举例说明如下:

trireg (**small**) # (5,4,20) parity_select;

三态寄存器线网 parity_select 有一个小型电容。上升延迟是 5 个时间单位,下降延迟是 4 个时间单位,并且电荷衰减时间(即当线网处于高阻状态时的电容器放电)是 20 个时间单位。

10.13 竞争的状况

若在连续赋值或 always 语句中未使用延迟,由于延迟为 0,所以有可能造成竞争的状况。

这是因为 Verilog HDL 没有定义并发事件的仿真顺序。

下面举一个简单的例子来说明在延迟为 0 的情况下，使用非阻塞性赋值，可能出现的问题。

```
initial
    tx_start < = 0;

initial
    tx_start < = 1;
```

在时阶结束时，值 0 和值 1 都被预定赋给 tx_start。根据事件的排序（由仿真器内部决定），tx_start 上的结果可以是 0，也可以是 1。

下面再举一个例子说明由事件排序造成的竞争状况。

```
initial
    begin
        data_stop = 0;
        dma_ctrl = 1;
        #5 data_stop = 1;
        dma_ctrl = 0;
    end

always
    @ (mode_en or dma_ctrl)
        $display ("The value of mode_en at time", $time,
                "is ",mode_en);

assign mode_en = data_stop;
```

在时刻 0，当 data_stop 和 dma_ctrl 在 initial 语句内被赋值时，连续赋值语句和 always 语句都已经准备开始执行。究竟哪一条语句应该先执行呢？Verilog HDL 语言中没有定义这种顺序。若连续赋值语句首先执行，则 mode_en 被赋值为 0，接下来将触发 always 语句。但自从 always 语句准备执行以来，always 语句尚未执行过。然后，always 语句开始执行，显示的 mode_en 值为 0。[1]

若首先执行的是 always 语句，则 mode_en 的当前值被显示出来，由于此刻连续赋值语

---

[1] 首先执行 always 语句也是可能的，因为在 0 时刻 dma_ctrl 被赋值为 1，发生了变化，所以可以触发 always 语句的执行。——译者注

尚未被执行[1],然后开始执行连续赋值语句,更新 mode_en 的值[2]。

因此,在处理零延迟赋值时要格外注意[3]。下面再举另一个造成竞争状况的例子：

```
always
    @(posedge master_clk)
    tx_count = tx_load;
always
    @(posedge master_clk)
    next_state = tx_count;
```

Verilog HDL 语言没有定义当 master_clk 上出现正跳变沿时,哪一条 always 语句先被执行。若执行的是第 1 条 always 语句,则 tx_count 将立即获取 tx_load 的值。随后第 2 条 always 语句执行,next_state 将获取 tx_count 的最新值(在第 1 条 always 语句中赋的值)。

若先执行的是第 2 条 always 语句,则 next_state 将获取 tx_count 的旧值(tx_count 还没有被赋值),随后 tx_count 将被赋予 tx_load 的值。所以根据先执行哪一条 always 语句,next_state 将会取不同的值。因为过程性赋值是立即进行的,即没有任何延迟,所以会产生一些问题。避免这种问题的一种方法就是插入语句内延迟。但更好的办法是使用非阻塞性赋值语句。如：

```
always
    @(posedge master_clk)
    tx_count <= tx_load;
always
    @(posedge master_clk)
    next_state <= tx_count;
```

当在 always 语句之间通过变量进行通信时,对变量赋值时使用非阻塞性赋值可以避免产生竞争状态。

10.14 命令行参变量

通过两个系统函数 $test$plusargs 和 $value$plusargs 可以访问传递在仿真符的命令行上的参变量及其值。这些参变量经常被作为 plusargs(即附加参变量,用＋字符开头的可

---

[1] 因此显示的 mode_en 当前值将是 x。——译者注
[2] 然后再次触发 always 语句的执行,此时显示的 mode_en 当前值将是 0。——译者注
[3] 指导原则:编写 Verilog 模型时应避免造成竞争的环境,即代码的行为不能取决于 always 语句或者 initial 语句的执行顺序。

选项)传递,例如:

+ DEBUG = 3

通过系统函数 $test$plusargs 可以测试是否存在附加参变量名。

$test$plusargs("DEBUG");
//若 DEBUG 与附加参变量名匹配就返回 1

$test$plusargs("DEB");
//若任何附加参变量的前缀与 $test$plusargs 函数调用中指定的
//字符串匹配时,该函数返回 1,所以这里也返回 1

$value$plusargs 返回一个与指定附加参变量有关的值。若指定的附加参变量已经被定义,则该函数就返回一个 1。格式定义的字符串可以被用来访问附加参变量中的值,这非常类似于 $display 语句。

$value$plusargs("DEBUG = %d",debug_value)
//返回 1 并且 debug_value 中有一个为 3 的值

$value$plusargs("STOP_TIME = %s",stop_time)
//若尚未声明 +STOP_TIME 附加参变量,则返回 0

//读取实型值参变量时使用格式定义 %f

10.15 练习题

1. 函数可以调用任务吗?
2. 任务能够带有延迟吗?
3. 函数能够带有 0 个输入参变量吗?
4. 系统任务 $display 和 $write 有何区别?
5. 系统任务 $strobe 和 $monitor 有何区别?
6. 编写一个函数,执行 BCD(二进制码的十进制数)到 7 段显示码的转换。
7. 编写一个函数,将只包含十进制数字的 4 字符字符串转换为整数值。例如,假设 my_buffer 包含字串符 4298,将其转换为值为 4298 的整型数 my_int。
8. 在 Verilog HDL 中除使用 $readmemb 和 $readmemh 系统任务外,还有其他读文件的方法吗?
9. 系统任务 $stop 和 $finish 的区别是什么?

10. 编写一个任务来转储存储器中开始位置和结束位置都已被指定的区域内的内容。

11. 什么是 notifier(即标识符参变量)？举例说明它的用法。

12. 如何读取文本文件 ram.txt 中的十六进制数据，为地址索引从 0~15 的存储器加载数据？

13. 编写一个任务，使该任务具有异步清零和由正跳变沿触发的 N 位计数器的行为。

14. 什么语句可被用于从任务中返回？

15. 什么系统任务会对 $time 值如何显示产生影响？

16. 什么机制可用来规定脉冲宽度不合规格的下极限？

17. 编写一个能执行 10 位二进制向量算术移位的函数。

18. 说明如何用禁止语句来模仿 C 编程语言中 continue 语句和 break 语句的行为。

19. 假设 UNIX 中一个文件的绝对路径名已经给出，例如/d1/d2/d3/file_a，编写如下函数(假定路径名中的字符数的上限为 512)：

- *get_directory_name*：返回文件路径名（例如：/d1/d2/d3/）
- *get_base_name*：返回文件名（例如：file_a）

第 11 章 验 证

本章介绍了编写测试平台的技巧。测试平台(test bench)就是用于测试和验证设计正确性的程序。Verilog HDL 提供了功能强大的结构可以用来描述测试平台。

11.1 编写测试平台

测试平台有 3 个主要作用：
(1) 生成仿真的激励（波形）。
(2) 将激励施加到被测试的模块中并收集其输出响应；
(3) 将输出响应与期望值进行比较。
Verilog HDL 提供了多种方法来编写测试平台。在本章中,我们将探讨其中的几种方法。典型的测试平台通常具有如下格式：

```
module test_bench;
//测试平台通常没有输入和输出端口
    Local_reg_and_net_declarations
            //局部 reg 变量和线网声明
    Generate_waveforms_using_initial_&_always_statements
            //用 initial 和 always 语句产生波形
    Instantiate_module_under_test
            //实例引用被测试模块
    Monitor_output_and_compare_with_expected_values
            //监视输出并与期望值做比较
endmodule
```

通过在测试平台模块中实例引用被测试模块,就可以把激励自动地施加到被测试模块上。

11.2 波形的生成

生成激励信号主要有两种方法:
(1) 创建波形,并按照一定的时间间隔对被测设计施加所创建的激励波形。
(2) 根据模块的状态生成激励,换言之,根据模块的输出响应生成激励。

通常需要两类波形。一类是不断重复的波形,例如时钟波形;另一类是由一组指定值组成的波形。

11.2.1 值序列

生成值序列的最佳方法是使用 initial 语句。例如:

```
initial
    begin
        reset = 0;
        #100 reset = 1;
        #80 reset = 0;
        #30 reset = 1;
    end
```

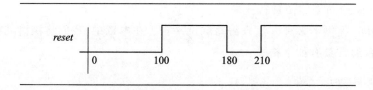

图 11.1 使用 initial 语句生成的波形

生成的波形如图 11.1 所示。initial 语句中的赋值语句通过延迟控制来生成波形。此外,语句内延迟也能够生成波形,如下面的例子所示。

```
initial
    begin
        reset = 0;
        reset = #100 1;
        reset = #80 0;
```

```
        reset = #30 1;
    end
```

由于使用的是阻塞性过程性赋值,上面语句中的延迟是相对延迟。如果使用绝对延迟,可用带有语句内延迟的非阻塞性过程性赋值,例如:

```
initial
    begin
        reset<= 0;
        reset<= #100 1;
        reset<= #180 0;
        reset<= #210 1;
    end
```

这 3 个 initial 语句生成的波形都与图 11.1 中所示的波形一致。

为了重复一个值序列,可以使用 always 语句替代 initial 语句,因为 initial 语句只执行一次而 always 语句会重复执行。下例的 always 语句所生成的波形如图 11.2 所示。

```
parameter REPEAT_DELAY = 35;
integer baud_counter;

always
    begin
        baud_counter = 0;
        #7 baud_counter = 25;
        #2 baud_counter = 5;
        #8 baud_counter = 10;
        #6 baud_counter = 5;
        # REPEAT_DELAY;
    end
```

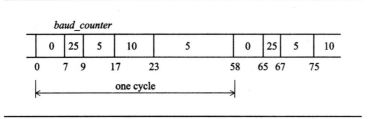

图 11.2　使用 always 语句生成的重复序列

11.2.2 重复模式

用如下格式的连续赋值语句似乎可以方便地创建不断重复的波形：

assign #（PERIOD/ 2）clk_iol = ~ clk_iol;

但是这样做是完全行不通的。问题在于 clk_iol 是一个线网（只有线网能够在连续赋值语句中被赋值），它的初始值是 **z**，而 ~ **z** 等于 **x**，~ **x** 等于 **x**。因此 clk_iol 的值将永远固定为值 **x**。

现在需要做的是想办法给 clk_iol 赋初始值。这可以通过 initial 语句来实现。

initial
    clk_iol = 0;

但是 clk_iol 必须是 reg 类型的变量（因为只有 reg 类型的变量才能够在 initial 语句中被赋值），因此需要把连续赋值语句改成 always 语句。下面是一个完整的时钟发生器模块。

```
module gen_clk_a(clk_a);
    output reg clk_a;
    parameter tPERIOD = 10;

    initial
        clk_a = 0;

    always
        #(tPERIOD / 2)  clk_a = ~ clk_a;
endmodule
```

该模块生成的时钟波形如图 11.3 所示。

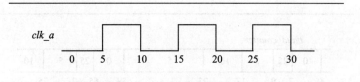

图 11.3　周期性的时钟波形

下面给出另一种生成时钟的方法。

```
module gen_clk_b (clk_b);
    output clk_b;
```

```
reg start;

initial
    begin
        start = 1;
        #5 start = 0;
    end

nor #2 (clk_b,start,clk_b);
endmodule
```
//生成一个高、低电平宽度均为 2 的时钟

initial 语句将 start 置为 1,这使得或非门的输出为 0(从 **x** 值中跳出)。5 个时间单位后,在 start 变为 0 时,或非门的反相功能会生成周期为 4 个时间单位的时钟波形。生成的波形如图 11.4 所示。

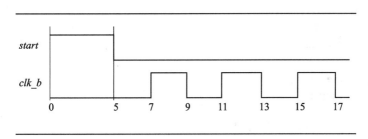

图 11.4 受控时钟

若需要生成高/低电平持续时间不同的时钟波形,则可用 always 语句按如下所示建立模型。

```
module gen_clk_c(clk_c);
    parameter tON = 5,tOFF = 10;
    output reg clk_c;

    always
        begin
            #tON clk_c = 0;
            #tOFF clk_c = 1;
        end
endmodule
```

因为值 0 和 1 被显式地赋给 clk_c,所以在这种情况下不必使用 initial 语句。图 11.5 显示了这一模块产生的波形。

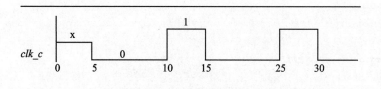

图 11.5　高低电平持续时间不同的时钟

为在初始延迟后生成高/低电平持续时间(占空比)不同的时钟,可以在 initial 语句中使用 forever 循环语句。

```
module gen_clk_d(clk_d);
    output reg clk_d;
    parameter START_DELAY = 5,LOW_TIME = 3,HIGH_TIME = 2;

    initial
        begin
            clk_d = 0;
            #START_DELAY;

            forever
                begin
                    clk_d = 1;
                    #HIGH_TIME;
                    clk_d = 0;
                    #LOW_TIME;
                end
        end
endmodule
```

上面模块所产生的波形如图 11.6 所示。

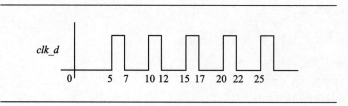

图 11.6　带有初始延迟的时钟

为了产生指定个数的时钟脉冲,可以使用 repeat 循环语句。下面是一个产生这种脉冲序列的参数化时钟模块。甚至时钟脉冲的高/低电平的持续时间也分别用两个参数来表示。

```
module gen_clk_e(clk_e);
    output reg clk_e;
    parameter Tburst = 10,Ton = 2,Toff = 5;

    initial
        begin
            clk_e = 1'b0;

            repeat (Tburst)
                begin
                    #Toff    clk_e = 1'b1;
                    #Ton     clk_e = 1'b0;
                end
        end
endmodule
```

在实例引用模块 gen_clk_e 时, Tburst、Ton 和 Toff 可用不同的参数值。

```
module test_e_clock;
    wire clk_ea,clk_eb,clk_ec;

    gen_clk_e ua_gen_clk_e (clk_ea);
    //产生 10 个时钟脉冲,高、低电平持续时间分别为 2 个和 5 个时间单位

    gen_clk_e #(.Tburst(5),.Ton(1),.Toff(3))
            ub_gen_clk_e (.clk_e(clk_eb));
    //产生 5 个时钟脉冲,高、低电平持续时间分别为 1 个和 3 个时间单位
    //通过名称关联参数和端口
    gen_clk_e #(25,8,10)  uc_gen_clk_e (clk_ec);
    //产生 25 个时钟脉冲,高、低电平持续时间分别为 8 个和 10 个时间单位
endmodule
```

clk_eb 上的波形如图 11.7 所示。

图 11.7　指定数目的时钟脉冲

可用连续赋值语句生成一个时钟的相移时钟。下述模块生成的两个时钟波形如图 11.8 所示,一个时钟是另一个时钟的相移时钟。

```
module clk_phase (master_clk,slave_clk);
    output reg master_clk;
    output wire slave_clk;
    parameter tON = 2,tOFF = 3,tPHASE_DELAY = 1;

    always
        begin
            #tON     master_clk = 0;
            #tOFF    master_clk = 1;
        end

    assign #tPHASE_DELAY    slave_clk = master_clk;
endmodule
```

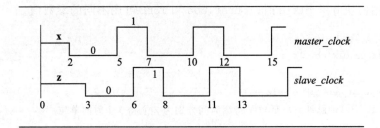

图 11.8 相移时钟

用这种方法必须注意：相位延迟必须比高/低电平持续时间都短。如果需要一个较大的相位延迟,可以按下例所示通过带语句内延迟的 always 语句来实现。

```
module clk_phase2 (master_clk,slave_clk);
    output reg master_clk;
    output reg slave_clk;
    parametert ON = 2,tOFF = 3,tPHASE_DELAY = 10;

    always
        begin
            #tON     master_clk = 0;
            #tOFF    master_clk = 1;
        end

    always
        @ (master_clk)
```

```
        slave_clk<= #tPHASE_DELAY master_clk;
endmodule
```

为了产生一个频率为原时钟频率 2 倍的时钟,将原时钟相移 1/4 周期,新时钟信号与原时钟信号异或后得到的结果就是一个更快的时钟。

```
module clk_doubler (
      output double_clk
   );
   parameter tHALF_PERIOD = 2;
   reg clk;
   wire delayed_clk;

   always
      begin
         #tHALF_PERIOD clk = 0;
         #tHALF_PERIOD clk = 1;
      end

   assign #(tHALF_PERIOD / 2) delayed_clk = clk;
   assign double_clk = delayed_clk ^ clk;
endmodule
```

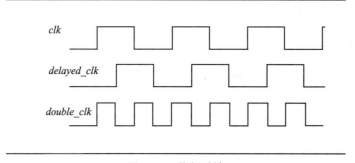

图 11.9　倍频时钟

11.3　测试平台举例

11.3.1　解码器

下面是 2-4 解码器与其测试平台的代码。在任何时候,只要输入或输出信号的值发生变化,输出信号的值就会被打印输出。

```verilog
`timescale 1ns / 1ns
module decoder2x4(a,b,enable,y);
    input a,b,enable;
    output [0:3] y;
    wire abar,bbar;

    not #(1,2)
        u0not(abar,a),
        u1not(bbar,b);

    nand #(4,3)
        u0nand(y[0],enable,abar,bbar),
        u1nand(y[1],enable,abar,b),
        u2nand(y[2],enable,a,bbar),
        u3nand(y[3],enable,a,b);

endmodule

module decoder_test;
    reg da,db,dena;
    wire [0:3] dy;

    //被测试的模块
    decoder2x4 u_decoder2x4(da,db,dena,dy);
    //产生输入激励
    initial
        begin
            dena = 0;
            da = 0;
            db = 0;
            #10 dena = 1;
            #10 da = 1;
            #10 db = 1;
            #10 da = 0;
            #10 db = 0;
            #10 $stop;
        end
```

```verilog
//显示仿真结果
always
    @(dena or da or db or dy)
        $display("At time %t,input is %b%b%b,output is %b",
            $time,da,db,dena,dz);
endmodule
```

下面是在执行测试平台时产生的打印输出。

```
At time      4,input is 000,output is 1111
At time     10,input is 001,output is 1111
At time     13,input is 001,output is 0111
At time     20,input is 101,output is 0111
At time     23,input is 101,output is 0101
At time     26,input is 101,output is 1101
At time     30,input is 111,output is 1101
At time     33,input is 111,output is 1100
At time     36,input is 111,output is 1110
At time     40,input is 011,output is 1110
At time     44,input is 011,output is 1011
At time     50,input is 001,output is 1011
At time     54,input is 001,output is 0111
```

11.3.2 触发器

下面是一个主/从 D 触发器及其测试平台的代码。

```verilog
module ms_dflipflop(d,c,q,qbar);
    input d,c;
    output q,qbar;

    not
        u1not(notd,d),
        u2not(notc,c),
        u3not(noty,y);

    nand
        u1nand(d1,d,c),
        u2nand(d2,c,notd),
```

```
            u3nand (y,d1,ybar),
            u4nand(ybar,y,d2),
            u5nand(y1,y,notc),
            u6nand(y2,noty,notc),
            u7nand(q,qbar,y1),
            u8nand(qbar,y2,q);
    endmodule

    module msdff_test;
        reg d,c;
        wire q,qb;

        ms_dflipflop  u_ms_dflipflop(d,c,q,qb);

        always
            #5 c = ~ c;

        initial
            begin
                d = 0;
                c = 0;
                #40 d = 1;
                #40 d = 0;
                #40 d = 1;
                #40 d = 0;
                $ stop;
            end

        initial
            $ monitor ("Time = %t : : ", $ time,
                " c = %b,d = %b,q = %b,qb = %b",c,d,q,qb);
    endmodule
```

在此测试平台中,在该触发器的两个输入和两个输出上均设置了监控。因此,只要其中任一变量值发生变化就在屏幕上显示出表示指定变量值的字符串。下面列出的是代码执行后产生的输出。

```
    Time =    0 : : c = 0,d = 0,q = x,qb = x
    Time =    5 : : c = 1,d = 0,q = x,qb = x
```

```
Time =     10 : : c = 0,d = 0,q = 0,qb = 1
Time =     15 : : c = 1,d = 0,q = 0,qb = 1
Time =     20 : : c = 0,d = 0,q = 0,qb = 1
Time =     25 : : c = 1,d = 0,q = 0,qb = 1
Time =     30 : : c = 0,d = 0,q = 0,qb = 1
Time =     35 : : c = 1,d = 0,q = 0,qb = 1
Time =     40 : : c = 0,d = 1,q = 0,qb = 1
Time =     45 : : c = 1,d = 1,q = 0,qb = 1
Time =     50 : : c = 0,d = 1,q = 1,qb = 0
Time =     55 : : c = 1,d = 1,q = 1,qb = 0
Time =     60 : : c = 0,d = 1,q = 1,qb = 0
Time =     65 : : c = 1,d = 1,q = 1,qb = 0
Time =     70 : : c = 0,d = 1,q = 1,qb = 0
Time =     75 : : c = 1,d = 1,q = 1,qb = 0
Time =     80 : : c = 0,d = 0,q = 1,qb = 0
Time =     85 : : c = 1,d = 0,q = 1,qb = 0
Time =     90 : : c = 0,d = 0,q = 0,qb = 1
Time =     95 : : c = 1,d = 0,q = 0,qb = 1
Time =    100 : : c = 0,d = 0,q = 0,qb = 1
Time =    105 : : c = 1,d = 0,q = 0,qb = 1
Time =    110 : : c = 0,d = 0,q = 0,qb = 1
Time =    115 : : c = 1,d = 0,q = 0,qb = 1
Time =    120 : : c = 0,d = 1,q = 0,qb = 1
Time =    125 : : c = 1,d = 1,q = 0,qb = 1
Time =    130 : : c = 0,d = 1,q = 1,qb = 0
Time =    135 : : c = 1,d = 1,q = 1,qb = 0
Time =    140 : : c = 0,d = 1,q = 1,qb = 0
Time =    145 : : c = 1,d = 1,q = 1,qb = 0
Time =    150 : : c = 0,d = 1,q = 1,qb = 0
Time =    155 : : c = 1,d = 1,q = 1,qb = 0
```

11.4 从文本文件中读取向量

通过系统任务 `$readmemb` 可以从文本文件中读取向量(可以包含激励和期望值)。下面是一个测试 3 位全加器电路的示例。假设文件 test.vec 包含如下两个向量。

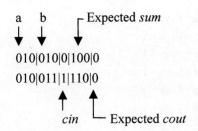

向量的前 3 位对应于输入 a,接下来的 3 位对应于输入 b,再接下来的 1 位是进位输入,8~10 位是期望的求和结果,最后一位是期望的进位输出。下面是全加器模块及其测试平台的代码。

```
module adder1bit (a,b,cin,sum,cout);
    input a,b,cin;
    output sum,cout;

    assign sum = (a^ b) ^ cin;
    assign cout = (a^ b) | (a& cin) | (b& cin);
endmodule

module adder3bit (
        first,second,carry_in,sum_out,carry_out
    );
    input [0: 2] first,second;
    input carry_in;
    output [0: 2] sum_out;
    output carry_out;
    wire[0: 1] car;

    adder1bit
        u1adder1bit(
            .a(first[2]),.b(second[2]),.cin(carry_in),
            .sum(sum_out[2]),.cout(car[1])
        ),
        u2adder1bit(
            .a(first[1]),.b(second[1]),.cin(car[1]),
            .sum(sum_out[1]),.cout(car[0])
        ),
        u3adder1bit(
            .a(first[0]),.b(second[0]),.cin(car[0]),
```

```verilog
            .sum(sum_out[0]),.cout(carry_out)
        );

endmodule

module adder3_testbench1;
    parameter BITS = 11,WORDS = 2;
    reg [1:BITS] vmem[1:WORDS];
    reg [0:2]a,b,sum_ex;
    reg cin,cout_ex;
    integer j;
    wire [0:2] sum;
    wire cout;

    //实例引用被测试的模块
    adder3bit u_adder3bit (
        .first(a),.second(b),.carry_in(cin),
        .sum_out(sum),.carry_out(cout)
    );

    initial
        begin
            $readmemb ("test.vec",vmem);

            for (j = 1;j <= WORDS;j = j + 1)
                begin
                    {a,b,cin,sum_ex,cout_ex} <= vmem[j];
                    #5;      //延迟5个时间单位来等待电路稳定

                    if ((sum! == sum_ex) || (cout ! == cout_ex))
                        $display ("*****Mismatch on vector %b*****",
                                vmem[j]);
                    else
                        $display ("No mismatch on vector %b",
                                vmem[j]);
                end
        end
endmodule
```

首先定义存储器 vmem，字长对应于每个向量的位数，存储器字数对应于文件中的向量数。系统任务 **$readmemb** 读取文件 test.vec 中的向量存入存储器 vmem 中。for 循环语句将存储器中的每个字(即每个向量)读取一遍，并将这些向量逐个施加到被测试模块的相关端口上，等待模块稳定并观测模块的输出。条件语句用于比较期望输出值和监测到的输出值。如果发生任何不匹配的情况，则显示输出不匹配消息。下面是以上测试平台代码仿真执行时产生的输出。由于模型中不存在错误，因此没有出现不匹配的报告。

```
No mismatch on vector 01001001000
No mismatch on vector 01001111100
```

11.5 向文本文件中写入向量

在 11.4 节的测试平台的示例中，我们看到了值是如何被打印输出的。设计中信号的值也能通过如 **$fdisplay**、**$fmonitor** 和 **$fstrobe** 等具有写入文件功能的系统任务输出到文件中。下面的示例是与 11.4 节相同的测试平台，但本例中的测试平台将所有的输入向量和所观察到的输出向量都打印在文件 mon.out 中。

```
module adder3_testbench2;
    parameter BITS = 11, WORDS = 2;
    reg [1: BITS] vmem [1: WORDS];
    reg [0: 2] a, b, sum_ex;
    reg cin, cout_ex;
    integer j;
    wire [0: 2] sum;
    wire cout;

    //实例引用被测试的模块
    adder3bit u_adder3bit (
        .first(a), .second(b), .carry_in(cin),
        .sum_out(sum), .carry_out(cout)
    );

    initial
        begin: init_blk
            integer mon_out_file;

            mon_out_file = $fopen ("mon.out", "w");
```

```verilog
        $readmemb("test.vec",vmem);
    for(J=1;J<=WORDS;J=J+1)
        begin
            {a,b,cin,sum_ex,cout_ex}<=vmem[j];
            #5;      //延迟5个时间单位来等待电路稳定

            if((sum! == sum_ex)||(cout! == cout_ex))
                $display("*****Mismatch on vector %b*****",
                        vmem[j]);

            else
                $display("No mismatch on vector %b",
        vmem[j]);

            //将输入和输出向量写入到文件中
            $fdisplay(mon_out_file,
                    "Input = %b%b%b,Output = %b%b",
                    a,b,cin,sum,cout);
        end

        $fclose(mon_out_file);
    end
endmodule
```

下面是仿真执行后，文件 mon.out 中的内容。

```
Input = 0100100,Output = 1000
Input = 0100111,Output = 1100
```

11.6 其他示例

11.6.1 时钟分频器

下面是一个完整的测试平台程序，该程序使用了对名为 divider 的被测模块的输入施加波形的方法。输出响应被写入文件以便于以后进行比较。

```verilog
module divider(div_clk,reset,testn,ena);
```

```verilog
    input div_clk,reset,testn;
    output ena;
    reg [3:0] counter;

    always
        @(posedge div_clk) begin
            if ( ~ reset)
                counter <= 0;
            else
                begin
                    if ( ~ testn)
                        counter <= 15;
                    else
                        counter <= counter + 1;
                end
        end

    assign ena = (counter == 15) ? 1 : 0;
endmodule

module divider_tb;
    integer out_file;
    reg clock,reset,testn;
    wire enable;

    initial
        out_file = $fopen("out.vec","w");

    always
        begin
            #5 clock = 0;
            #3 clock = 1;
        end

    divider u_divider(
        .div_clk(clock),.reset(reset),
        .testn(testn),.ena(enable)
    );

    initial
        begin
```

```
            reset = 0;
            #50 reset = 1;
        end

    initial
        begin
            testn = 0;
            #100 testn = 1;
            #50 testn = 0;
            #50 $fclose(out_file);
            $finish;                    //结束仿真
        end

    //将使能输出信号(enable)上的每个事件写入文件
    initial
        $fmonitor(out_file,
            "Enable changed to %b at time %t",enable,$time);
endmodule
```

下面是仿真执行后在文件 out.vec 中所包含的输出结果。

```
Enable changed to x at time    0
Enable changed to 0 at time    8
Enable changed to 1 at time    56
Enable changed to 0 at time    104
Enable changed to 1 at time    152
```

11.6.2 阶乘设计

本例介绍了生成激励的另一种方法：根据被测模块的状态生成相应的激励值。这种方法对于测试有限状态机（FSM）是非常有用的，因为在对有限状态机进行测试时，在不同的状态下，需要输入的激励信号是不同的。下面举一个设计的例子，该设计可以对输入的数字进行阶乘（factorial）计算。被测试模块与测试平台模块之间的握手机制如图 11.10 所示。

模块的输入信号 reset 将阶乘模型复位到初始状态。在加载输入数据 data 后,start 信号置位。当计算完成时，输出信号 done 置位以表明计算结果出现在输出 fac_out 和 exp_out 上。阶乘结果值为 fat_out * 2^{exp_out}。测试平台向被测模块的输入端 data 输出的值从 1 开始，每次递增 1,直到 20 为止。测试平台模块向被测模块输出数据，发出 start 置位信号，等待信号 done 有效，然后再输出下一个数据。若输出结果不正确，则打印错误信息。阶乘模块及其测试平台模块的描述如下：

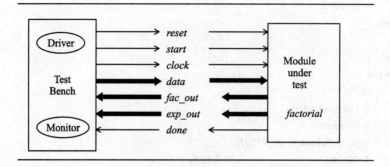

图 11.10 测试平台与被测试实体之间的握手机制

```verilog
`timescale 1ns / 1ns
module factorial (
      reset,start,clk,data,done,fac_out,exp_out
);
   input reset,start,clk;
   input [4:0] data;
   output done;
   output [7:0] fac_out,exp_out;

   reg stop;
   reg [4:0] in_latch;
   reg [7:0] exponent,result;
   integer i;

   initial
      stop = 1;

   always
      @(posedge clk) begin
         if ((start = = 1) && (stop = = 1) && (reset = = 1))
            begin
               result = 1;
               exponent = 0;
               in_latch = data;
               stop = 0;
            end
         else
            begin
```

```verilog
                if((in_latch > 1) && (stop == 0))
                    begin
                        result = result * in_latch;
                        in_latch = in_latch - 1;
                    end

                if(in_latch<1)
                    stop = 1;

                //标准化
                for (i = 1;i<= 5;i = i + 1)
                    if (result > 256)
                        begin
                            result = result/ 2;
                            exponent = exponent + 1;
                        end
            end
    end

    assign done = stop;
    assign fac_out = result;
    assign exp_out = exponent;
endmodule

module factorial_testbench;
    parameter IN_MAX = 5,OUT_MAX = 8;
    parameter RESET_ST = 0,START_ST = 1,APPL_DATA_ST = 2,
              WAIT_RESULT_ST = 3;
    reg clk,reset,start;
    wire done;
    reg [IN_MAX - 1: 0] data;
    wire [OUT_MAX - 1: 0] fac_out,exp_out;
    integer next_state;
    parameter MAX_APPLY = 20;
    integer num_applied;

    initial
        num_applied = 1;

    always
        begin: clk_blk
```

```verilog
            #6 clk = 1;
            #4 clk = 0;
        end

    always
        @(negedge clk)              //时钟的下降沿触发
            case (next_state)
                RESET_ST:
                    begin
                        reset <= 1;
                        start <= 0;
                        next_state <= APPL_DATA_ST;
                    end
                APPL_DATA_ST:
                    begin
                        data <= num_applied;
                        next_state <= START_ST;
                    end
                START_ST:
                    begin
                        start <= 1;
                        next_state <= WAIT_RESULT_ST;
                    end
                WAIT_RESULT_ST:
                    begin
                        reset <= 0;
                        start <= 0;
                        wait (done == 1);
                        if (num_applied == ①
                                fac_out * ('h0001 << exp_out))
                            $display ("Incorrect result from factorial",
                                " model for input value %d", data);

                        num_applied = num_applied + 1;

                        if (num_applied < MAX_APPLY)
                            next_state <= APPL_DATA_ST;
                        else
```

---

① 对 num_applied 的赋值使用阻塞赋值语句,因为它的值要被其后的 if 条件判断语句使用。

```verilog
            begin
                $display ("Test completed successfully");
                $finish;              //结束仿真
            end
        end
        default:
            next_state <= START_ST;
    endcase

//将激励加载到待测试模块
factorial u_factorial (
    .reset(reset),.start(start),
    .clk(clk),.data(data),.done(done),
    .fac_out(fac_out),.exp_out(exp_out)
);
endmodule
```

11.6.3 序列检测器

下面代码表示的是一个序列检测器模型。该模型用于检测数据线上是否出现连续 3 个 1 的序列。在每个时钟的负跳变沿对数据进行检测。图 11.11 列出了相应的状态转移图。代码中还包括了测试平台模块。

```verilog
module count3_1s (data,clock,detect3_1s);
    input data,clock;
    output reg detect3_1s;
    integer count;

    initial
    begin
        count <= 0;
        detect3_1s <= 0;
    end

    always①
    @(negedge clock) begin
        if (data == 1)
```

---

① 对 count 要使用阻塞赋值语句,因为它的值要被其后的 if 条件语句使用。

```
            count = count + 1;
        else
            count = 0;

        if (count >= 3)
            detect3_1s <= 1;
        else
            detect3_1s <= 0;
    end
endmodule
```

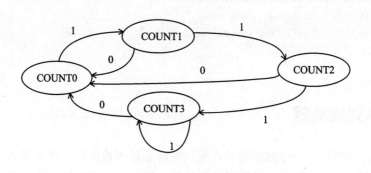

图 11.11 序列检测器

```
module count3_1s_top;
    reg data,clock;
    integer out_file;

    //实例引用被测模块
    count3_1s u_ count3_1s (
        .data(data),.clock(clock),.detect3_1s(detect)
    );

    initial
    begin
        clock = 0;
        forever
            #5 clock = ~ clock;
    end
```

```
    initial
        begin
            data = 0;
            #5 data = 1;
            #40 data = 0;
            #10 data = 1;
            #40 data = 0;
            #20 $stop;           //中止仿真
        end

    initial
        begin
            //把监控信息保存到文件中
            out_file = $fopen ("results.vectors","w");
            $fmonitor (out_file,
                    "clock = %b,data = %b,detect = %b",
                    clock,data,detect);
        end
endmodule
```

11.6.4 LED 序列

下面是一个 LED 序列发生器的 Verilog 模型。这个序列发生器按照下面的顺序(8 位序列)点亮一排 LED 灯：

00000000
10000000
11000000
11100000
11110000
11111000
11111100
11111110
11111111
00000000

下面这段 Verilog 代码表示了可由参数指定 LED 的数目,且能实现上述 LED 显示功能的通用模块。该模块用一个移位寄存器实现。这段 Verilog 代码也包含一个测试平台。

```verilog
module led_sequencer_tb;
    parameter MAX_LEN = 8;
    wire[MAX_LED - 1: 0] led;
    reg clk,rst;

    always
        begin
            #1 clk = 1'b0;
            #2 clk = 1'b1;

            if( $time > 200)
                $finish;
        end

    initial
        begin
            rst = 1'b1;
            #11 rst = 1'b0;
        end

    led_sequencer #(.MAX_LENGTH(MAX_LED)) u_led (
        .clk(clk),.rst(rst),.led_out(led)
    );

    always
        @(led)
            $display("At time ", $time,",LEDS = ",led);
endmodule

module led_sequencer
    #(parameter MAX_LENGTH = 8)
     (input clk,rst,
      output reg[MAX_LENGTH - 1: 0] led_out
    );

    always
        @(posedge clk,posedge rst)
            if(rst)
                led_out<= {MAX_LENGTH{1'b0}};
```

```verilog
        else
            if (led_out = = {MAX_LENGTH{1´b1}})
                led_out< = {MAX_LENGTH{1´b0}};
            else
                led_out< = {1´b1,led_out[MAX_LENGTH - 1: 1]};
endmodule
```

下面是仿真运行后的输出结果。

```
At time 0 , LEDS = 00000000
At time 11,LEDS = 10000000
At time 14,LEDS = 11000000
At time 17,LEDS = 11100000
At time 20,LEDS = 11110000
At time 23,LEDS = 11111000
At time 26,LEDS = 11111100
At time 29,LEDS = 11111110
At time 32,LEDS = 11111111
At time 35,LEDS = 00000000
At time 38,LEDS = 10000000
...
```

11.7 实用程序

11.7.1 检测 x

为了检测向量中是否有至少一位为 **x**,可以按照下例所示,使用缩减异或操作符和全等操作符来完成检测。

```verilog
wire [7:0] my_vector;
reg reduced_bit;
...
always
    @(my_vector) begin
        reduced_bit = ^ my_vector;
    if(reduced_bit = = = 1´bx)
        $display("Found at least one x in the vector.");
```

end

另一种检测向量中是否有 x 或者 z 位的方法是通过逻辑比较符与自己进行向量比较。只要两个操作数中有一个包含 x 或者 z 位，逻辑比较的结果就为假。

```
if(my_vector = = my_vector)
    ;
else
    $display("Vector %b has at least one x or a z.",
            my_vector);
```

11.7.2 将文件传递到任务中

通过文件指针可以把文件当作参数传入任务中。文件指针通过系统任务 **$fopen** 获取，然后把它作为一个整型变量传递到任务中。文件显示系统任务可以通过指定的文件指针把数据写入文件。下面举例说明。

```
module pass_file2task;
    task write_messages2file(
            input[31:0] channel_id
        );
        begin
            $fdisplay(channel_id,"Printing this message ",
                "from task write_message2file");
            //通过通道标识符（即文件指针）可以对文件进行其他操作
            $fdisplay(channel_id,"Some more messages * * * *");
        end
    endtask

    integer ch_id;

    initial
        begin
            ch_id = $fopen("mydebug.out","w");
            Write_messages2file(ch_id);
            #10 $fclose(ch_id);
        end
endmodule
```

11.7.3 操作码的调试

由于 Verilog HDL 没有枚举类型的定义，在仿真时只能用向量常数的位来定义某些量，因而不能在代码中自由地表述这些量的含义，给调试工作带来了不少困难。下面举例说明解决该问题的一种办法：添加一个字符串的定义，把常数位的定义与字符串赋值对应起来，利用字符串就可以方便地显示相应位的含义[1]。

```verilog
module arith_logic_unit
    #(parameter ADD = 2'b00, SUB = 2'b01, MUL = 2'b11,
                NOP = 2'b10)
    (input[0:3] opd1, opd2,
     input[0:1] opcode,
     output reg[0:7] result
    );
    reg[3*8:1] opcode_str;

    always
        @(opd1, opd2, opcode)
            case(opcode)
                ADD:  result = opd1 + opd2;
                SUB:  result = opd1 - opd2;
                MUL:  result = opd1 * opd2;
                NOP:  result = 'bx;
            endcase

    always
        @(opcode)
            case(opcode)
                ADD:  opcode_str = "ADD";
                SUB:  opcode_str = "SUB";
                MUL:  opcode_str = "MUL";
                NOP:  opcode_str = "NOP";
            endcase
endmodule
```

---

[1] 为帮助读者理解文章的意思，翻译者根据例子重新组织了原文的文字。——译者注

11.7.4 检测时钟脉冲是否出现丢失的情况

下面举一个例子,该例子能检测是否出现个别丢失的时钟脉冲。

```verilog
module check_clock
    #(parameter tPERIOD = 3)
    (input clock
    );
    time curr_time, last_time;

    always
        @(posedge clock) begin
            curr_time = $time;

            if((curr_time - last_time) > tPERIOD)
                $display("Assertion fail: Clock not periodic");

            last_time = curr_time;
        end
endmodule
```

11.7.5 突发时钟发生器

下面的代码表示一个由信号(clock_control)控制的时钟发生器。在该例子中,信号 clock_control是在模块内部被声明的,但是该信号仍旧算是该时钟发生器模块的输入信号。当信号 clock_control 为高电平时,产生突发时钟,否则不产生突发时钟。

```verilog
module controlled_clock
    #(parameter ON_DELAY = 1, OFF_DELAY = 2)
    (output reg clock
    );
    reg clock_control;

    initial
        begin
            clock_control = 0;
            #5 clock_control = 1;
            #50 clock_control = 0;
```

```
            #25 clock_control = 1;
            #60 clock_control = 0;
            #40 clock_control = 1;
            #20 clock_control = 0;
            #10 $finish;
        end
//信号 clock_control 还可以作为模块的输入来控制时钟的产生

always
    begin
        wait(clock_control);
        #OFF_DELAY clock = 1;
        #ON_DELAY clock = 0;
    end
endmodule
```

11.8 练习题

1. 产生一个高电平持续时间和低电平持续时间分别为 3 ns 和 10 ns 的时钟。
2. 编写一个产生如图 11.12 所示波形的 Verilog HDL 模型。

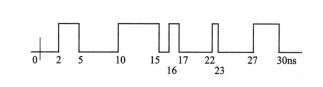

图 11.12 波 形

3. 产生一个时钟 clk_v，该时钟是由如图 11.6 所示模块 gen_clk_d 中的时钟 clk_d 相移产生的时钟，相位延迟为 15ns。[提示：用连续赋值语句可能不太合适。]
4. 编写测试平台对序列检测器进行测试。该序列检测器在每个时钟的正跳变沿处检查输入数据流中是否出现 10010 序列。若发现该序列，则输出置 1，否则输出置 0。
5. 编写一个模块产生两个时钟 clock_a 和 clock_b。clock_a 延迟 10ns 后有效，clock_b 延迟 40ns 后有效。两个时钟具有相同的高/低电平持续时间，高电平持续时间为 1ns，低电平持续时间为 2ns。clock_b 与时钟 clock_a 沿同步，但极性相反。

6. 描述一个 4 位加法/减法器的行为模型，用测试平台测试该模型。在测试平台内给出所有输入激励及期望的输出值。将输入激励、期望的输出结果和监控输出结果转储到文本文件中。

7. 描述在两个 4 位操作数上执行所有关系操作（<，<=，>，>=）的 ALU。编写一个从文本文件中读取测试模式和期望结果的测试平台模块。

8. 编写一个模块对输入向量执行算术移位操作。输入信号的位宽用一个默认值为 32 的参数来表示，同时把移位次数用默认值为 1 的参数表示。编写一个测试平台测试该模块对一个 12 位的向量进行 8 次移位算术操作的正确性。

9. 编写一个 N 倍频时钟发生器模型。输入的时钟信号是频率未知的基准时钟。输出时钟必须与基准时钟的每个正跳变沿同步。[提示：先确定基准时钟的时钟周期。]

10. 编写一个模块用于显示输入时钟每次由 0 变为 1 的时间。

11. 编写一个计数器的模型。该计数器在 count_flag 为 1 的期间对时钟脉冲（正跳变沿）计数。如果计数超过 MAX_COUNT，overflow 置位，而计数值停留在 MAX_COUNT 界限上。count_flag 的正跳变沿把计数器复位为 0，并重新开始计数。编写测试平台测试该模型的正确性。

12. 编写一个参数化的格雷(Gray)码计数器，其缺省位宽为 3。当变量 reset 为 0 时，计数器被异步复位。计数器在每个时钟负跳变沿处计数。然后在测试平台中实例引用该 4 位格雷码计数器，并对其进行测试验证。

13. 编写一个带异步复位的 T 触发器的行为模型。若 T 触发器的输入 T 为 1，则输出在 0 和 1 之间反复。若 T 触发器的输入 T 为 0，则输出停留在以前状态。接下来用 specify 块指定 T 触发器的数据建立时间为 2 ns，保持时间为 3 ns。编写测试平台以测试该模型。

14. 为 SoC(System-on-Chip)编写一个测试控制模块用来在 SoC 总线上获取指令序列并执行相应的操作事务。在本练习题中执行下面两条指令：

```
read_memory <memory_location>
write_memory <memory_location> <data>
```

假设该 SoC 具有一个 32 位的地址总线和两个 32 位的数据总线，一个用来读数据而另一个用来写数据。还有一个信号 read_write 用于表明正在进行的是读周期还是写周期。可以选择任何输入格式来表示指令序列。

第 12 章 建模示例

本章提供了许多用 Verilog HDL 编写的硬件建模示例。

12.1 简单元素的建模

连线（wire）是一种基本的硬件元素。在 Verilog HDL 中，连线可被建模为线网（net）数据类型。考虑一个 4 位的与门（and gate），其行为描述如下：

```
`timescale 1ns / 1ns
module and4 (a,b,y);
    input [3:0] a,b;
    output [3:0] y;

    assign #5   y = a & b;
endmodule
```

&（按位与）逻辑的延迟定义为 5ns。该模型所代表的硬件如图 12.1 所示。

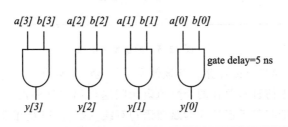

图 12.1 一个 4 位与门

本示例和下面的示例表明布尔方程可以被建模为连续赋值语句中的表达式,连线能被建模为线网数据类型。举例说明如下:irda 表示将 ~(非)操作符的输出连接到 ^(异或)操作符输入的一条连线。图 12.2 展示了由该模块所表示的电路。

```
module boolean_ex (sync,oec,tag);
  input sync,oec;
  output tag;
  wire irda;

  assign  irda = ~ oec;
  assign tag = irda ^ sync;
endmodule
```

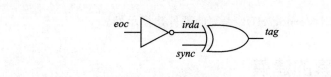

图 12.2　一个组合电路

考虑下面的行为以及与该行为对应的硬件表示(如图 12.3 所示)。

```
module asynchronous;
  wire treqa,treqb,tic,tread;

  assign tic = treqa|tread;
  assign treqa = ~ (treqb & tic );
endmodule
```

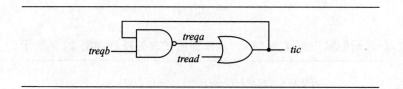

图 12.3　异步反馈环路

该电路具有一个异步反馈环路。若该模型用特定的值集合(treqb=1,tread=0)进行仿真,则仿真时间将由于仿真器总在两个赋值语句间迭代而永远停滞不前。迭代时间是两个零延迟。因此,在使用带有零延迟的连续赋值语句对线网赋值,以及在表达式中使用相同的线网值时,必须格外小心。

在特定的情况下,有时需要使用这样的异步反馈。下面将演示一个异步反馈,语句代表一个周期为 20 ns 的周期性波形,其硬件表示如图 12.4 所示。注意这样的 always 语句需要一个 initial 语句将寄存器初始化为 0 或 1,否则寄存器的值将固定在值 x 上。

```
reg rcen;

initial
  rcen = 0;

always
  #10 rcen = ~rcen;
```

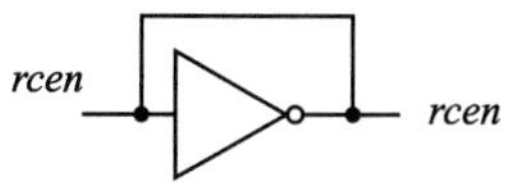

图 12.4 时钟发生器

向量线网的元素和变量的元素都是可以被存取的,以位选择(bit-select)的单个元素进行存取操作,或者以部分选择(part-select)的片段(slice)进行存取操作都是允许的。举例说明如下:

```
reg addr_drive;
reg [0:4] curr_gnt;
reg [5:0] bound, data_drive;
always
    begin
        ...
        data_drive[4:0] = bound[5:1] | curr_gnt ;
        //data_drive[4:0] 和 bound[5:1] 都是部分位选择
        data_drive[5] = addr_drive & bound[5];
        //data_drive[5]和 bound[5]都是位选择
    end
```

第一条过程性赋值语句隐含着:

data_drive[4]＝bound[5] | curr_gnt[0];
data_drive[3]＝bound[4] | curr_gnt [1];
…

位选择、部分选择和向量可以被拼接成更大的向量。例如：

wire [7:0] next_ctrl,ctrl_word;
wire parity;
...
assign next_ctrl = {parity,ctrl_word[6:0]};

也可以引用向量的一个元素，其索引值只可在运行时进行计算。例如：

next_vector = pb_selector[vec_addr];

这条语句的含义是：输出为 next_vector 的解码器，vec_addr 指定所选择的地址，pb_selector 是一个向量。这条语句为解码器的行为建立了一个 Verilog 模型。

用前面定义的移位操作符，可以执行移位操作。然而，移位操作也可以用拼接操作符来实现。例如：

wire [0:7] rsp_state,trn_state;
...
assign trn_state = {rsp_state[1:7],rsp_state[0]};   // 循环左移
assign trn_state = {rsp_state[7],rsp_state[0:6]};   //循环右移
assign trn_state = {rsp_state[1:7],1´b0};   //左移操作

被称为部分选择的向量子域，也可以用在表达式中。例如，考虑一个 32 位的指令寄存器 instr_reg，该寄存器中前 16 位表示地址，接下来 8 位表示操作码，最后的 8 位表示索引。假设有如下的声明语句：

reg [31:0] memory [0: 1023];
wire [31:0] instr_reg;
wire [15:0] address;
wire [7:0] op_code,index;
wire [0 : 9] prog_ctr;
wire read_ctl;

从 instr_reg 读取子域信息的一种方法是使用 3 条连续赋值语句。指令寄存器中部分选择的位被赋值给指定的线网。

assign instr_reg = memory [prog_ctr];

assign address = instr_reg [31:16];
assign op_code = instr_reg [15:8];
assign index = instr_reg [7:0];
...
always

```
@ ( posedge read_ctl)
task_call ( address,op_code,index);
```

用连续赋值语句可以建立三态门的行为模型,例如:

```
wire tri_out=enable ? tri_in : 1´b z;
```

当 enable 为 1 时,tri_out 取得 tri_in 的值。当 enable 为 0 时,tri_out 为高阻值。

12.2 不同风格的建模方式

本节用示例解释了由 Verilog HDL 语言提供的 3 种不同风格的建模方式:(1)数据流方式;(2) 行为方式;(3) 结构方式。考察如图 12.5 所示的电路,该电路将输入信号 sm_rdata 的值存入寄存器,然后与另外一个输入信号 selreg 相乘。

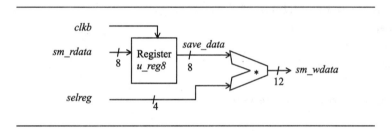

图 12.5 带缓存的多路选择器

第 1 种建模风格是数据流风格,该风格使用连续赋值语句对电路建模。

```
module save_multiplier_dataflow(
    sm_rdata,selreg,clkb,sm_wdata
  );
    input [0:7] sm_rdata;
    input [0:3] selreg;
    input clkb;
    output [0:11] sm_wdata;
    wire save_data;

    assign sm_wdata = save_data * selreg;
    assign save_data = clkb? sm_rdata : save_data;
endmodule
```

这种表示方法不直接隐含任何结构,却隐含地描述了结构。然而,其功能性非常清晰。已使用时钟控制方式建立了寄存器模型。

第 2 种描述电路的方法是使用一条带有顺序块的 always 语句,将电路建模为顺序执行的程序。

```verilog
module save_multiplier_dataflow(
    sm_rdata,selreg,clkb,sm_wdata
    );
    input [0:7] sm_rdata;
    input [0:3] selreg;
    input clkb;
    output reg [0:11] sm_wdata;


    always
    @(sm_rdata or selreg or clkb,)
    begin: seq_blk
    //由于标记了程序块,所以可以声明局部变量 save_data
        reg [0:7] save_data;
        if (clkb)
        save_data = sm_rdata;

        sm_wdata = save_data * selreg;
    end
endmodule
```

上面这个模型也描述了电路的行为,但没有隐含任何结构,无论是隐含的还是明显的结构都没有。在这种场合,寄存器用 if 语句建模。

第 3 种描述 save_multiplier 电路的途径是假设 8 位寄存器和 8 位乘法器已经存在,将电路建模为网表。

```verilog
module save_multiplier_dataflow(
    sm_rdata,selreg,clkb,sm_wdata
    );
    input [0:7] sm_rdata;
    input [0:3] selreg;
    input clkb;
    output [0:11] sm_wdata;
    wire [0:7] save_data,s1;
    wire [0:15] s2;


    reg8 u_reg8 (
```

```
        .din(sm_rdata) ,.clk(clkb) ,.dout(save_data)
    );
    mult8 u_mult8 (
        .a(save_data) ,.b( { 4´b0000,selreg } ) ,.z(sm_wdata)
    );
endmodule
```

上述风格清晰地描述了电路的结构,但电路的行为却是未知的,因为 reg8 和 mult8 的模块名是可以任意起的。虽然如此,模块名与电路的行为应该存在某种关联才便于理解。

在上述 3 种不同的建模风格中,行为风格的模型,就其仿真速度而言,在一般情况下是最快的。

12.3 延迟的建模

考虑一个 3 输入的或非门。其行为模型可以使用一条连续赋值语句表示,举例说明如下:

```
assign #12 gate_out = ~ (a| b| c);
```

这条语句描述了一个延迟为 12 个时间单位的或非门。这个延迟表示从信号 a、b 或 c 上发生事件起,直到结果值出现在信号 gate_out 上的时间。事件可以是任何值的变化,例如 x -> z、x -> 0,或者 1 -> 0。

若想要明确地对上升和下降时间建模,则可以在连续赋值语句中使用 2 个延迟,例如:

```
assign #(12,14) zoom = ~ (a| b| c);
/* 12 是上升延迟,14 是下降延迟,min(12,14) = 12 是转换到 x 的延迟 */
```

在能够被赋值为高阻 z 值的逻辑中,也能够指定第 3 种延迟,即截止延迟(Turn-off Delay)。例如:

```
assign #(12,14,10) zoom = a> b? c: ´bz;
//上升延迟为 12,14 是下降延迟,转换到 x 的延迟是 min( 12 ,14,10)
//截止延迟为 10
```

每个延迟值都能够用 $min:typ:max$ 表示,例如:

```
assign # (9:10:11,11:12:13,13:14:15)
    zoom = a> b? c: ´bz;
```

延迟值通常可以是表达式。原语(基元)门实例和 UDP 中的延迟可以在实例引用时指定具体的延迟值。下面举一个 5 输入原语(基元)与门作为例子。

```
and #(2,3) u1and (aout,in1,in2 ,in3 ,in4 ,in5);
```

上面的语句中已将输出的上升延迟指定为 2 个时间单位,输出的下降延迟指定为 3 个时间单位。

模型中端口边界的延迟可使用指定块(specify block)来定义。下面以一个半加器模块作为例子加以说明:

```
module half_adder (a,b,s,c);
    input a,b;
    output s,c;

    specify
        (a => s) = (1.2,0.8);
        (b => s) = (1.0,0.6);
        (a => c) = (1.2,1.0);
        (b => c) = (1.2,0.6);
    endspecify

    assign s = a ^ b;
    assign c = a & b;①
endmodule
```

上面的代码中,延迟是用指定块建模的,而不是用连续赋值语句中的延迟值表示的。是否存在一种途径可以从模块的外部来指定延迟?一种办法是使用 SDF(标准延迟格式)以及由 Verilog 仿真器提供的反标(back annotation)机制。若需要在 Verilog HDL 模型中明确地指定需要这一机制,一种方法是在 half-adder 模块的顶层创建两个各自带有不同延迟集合的虚模块。

```
module half_adder2 (a,b,s,c);
    input a,b;
    output s,c;

    assign s = a ^ b;
    assign c = a & b;②
endmodule

module half_adder_optimistic (a,b,s,c);
```

---

① 原文此处是 | 操作,有误,应该为 & 操作。——译者注
② 原文此处是 | 操作,有误,应该为 & 操作。——译者注

```verilog
    input a,b;
    output s,c;

    specify
        (a => s) = (1.2,0.8);
        (b => s) = (1.0,0.6);
        (a => c) = (1.2,1.0);
        (b => c) = (1.2,0.6);
    endspecify
        half_adder2    u_half_adder2 (
            .a(a),.b(b),.s(s),.c(c)
        );
endmodule

module half_adder_pessimistic (a,b,s,c);
    input a,b;
    output s,c;

    specify
        (a => s ) = (0.6,0.4);
        (b => s ) = (0.5,0.3);
        (a => c) = (0.6,0.5);
        (b => c) = (0.6,0.3);
    endspecify

        half_adder2    u_half_adder2   (
            .a(a),.b(b),.s(s),.c(c)
        );
endmodule
```

有了这两个模块，half_adder2 模块可以独立于任何其他延迟，而只依赖于你愿意使用的延迟模式，即仿真相应的顶层模块 half_adder_optimistic 或 half_adder_pessimistic。

传输延迟

在连续赋值语句和门级原语模型中指定的延迟为惯性延迟。传输延迟能够用带有语句内部延迟的非阻塞性赋值语句建模。下面举例说明：

```verilog
module transport (wave_a,delayed_wave);
    parameter TRANSPOR_DELAY = 500;
    input wave_a;
```

output reg delayed_wave;

   always
      @(wave_a) delayed_wave <= #TRANSPORT_DELAY wave_a;
endmodule

上面这个 always 语句中包含带有语句内部延迟的非阻塞性赋值。wave_a 上的任何变化都要等一段延迟后，才能出现在 delayed_wave 上，延迟的时间由 TRANSPORT_DELAY 规定。在 wave_a 上出现的波形被延迟了 TRANSPORT_DELAY 后，才出现在 delayed_wave 上。这种延迟波形的实例如图 12.6 所示。

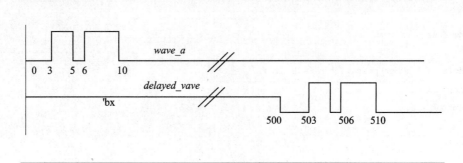

图 12.6　传输延迟示例

12.4　真值表的建模

有许多种途径可以为真值表建立模型，下面列出了其中的 4 种：
(1) 用 UDP(用户自定义原语)；
(2) 用函数和 case 语句；
(3) 用 $readmem 系统任务；
(4) 用 initial 语句。
下面举一个真值表建模的例子，准备建模的真值表如表 12.1 所列。
下面是用 UDP 描述的真值表：

primitive majority0_udp (
   output y,
   input a,b,c
   );

```
    table
    //  a  b  c  :  y
        0  0  0  :  1;
        0  0  1  :  1;
        0  1  0  :  1;
        0  1  1  :  0;
        1  0  0  :  1;
        1  0  1  :  0;
        1  1  0  :  0;
        1  1  1  :  0;
    endtable
endprimitive
```

表 12.1 真值表

a	b	c	y
0	0	0	1
0	0	1	1
0	1	0	1
0	1	1	0
1	0	0	1
1	0	1	0
1	1	0	0
1	1	1	0

下面用函数和 case 语句描述同样的真值表：

```
function majority0_func (
    input [2:0] data
);
    case(data)
        3´b000: majority0_func = 1´b1;
        3´b001: majority0_func = 1´b1;
        3´b010: majority0_func = 1´b1;
        3´b011: majority0_func = 1´b0;
        3´b100: majority0_func = 1´b1;
        3´b101: majority0_func = 1´b0;
        3´b110: majority0_func = 1´b0;
        3´b111: majority0_func = 1´b0;
```

```
        endcase
endfunction
```

也可以把真值表写入一个文本文件,然后用 **$readmem** 系统读出写入存储器变量。文本文件 majority0.dat 包含下列内容(前 3 位为输入,最后 1 位为输出):

```
0001
0011
0101
0110
1001
1010
1100
1110
```

下面是将上述文本文件读入 majority0_table 的源代码:

```
reg [3:0] majority0_table [0:7];

initial
  $readmem("majority0.dat", majority0_table);
```

也可以用初始化语句明确地建立一个真值表,代码如下:

```
reg [2:0] majority0_table [0:7];

initial
  begin
        majority0_table [3´b000] = 1´b1;
        majority0_table [3´b001] = 1´b1;
        majority0_table [3´b010] = 1´b1;
        majority0_table [3´b011] = 1´b0;
        majority0_table [3´b100] = 1´b1;
        majority0_table [3´b101] = 1´b0;
        majority0_table [3´b110] = 1´b0;
        majority0_table [3´b111] = 1´b0;
  end
```

12.5　条件操作的建模

在某些条件下发生的操作可以使用带有条件操作符的连续赋值语句,也可以在 always 语句中使用 if 语句或 case 语句建模。现在考虑一个算术逻辑电路,它的行为可用如下所示的连续赋值语句建模。

```verilog
module simple_alu (a,b,c,selop,alu);
    input [0:3] a,b,c;
    input selop;
    output [0:3] alu;

    assign alu = selop? a + b : a - b;
endmodule
```

多路选择器也可以使用 always 语句建模。首先确定选择线的值,然后,case 语句根据这个值选择相应的输入,并将它的值赋给输出。

```verilog
`timescale 1ns / 1ns
module multiplexer (sel_input,a,b,c,d,mux_out);
input [0:1] sel_input;
input a,b,c,d;
output mux_out;
reg mux_out;
reg temp;
parameter MUX_DELAY = 15;

always
@ (sel_input or a or b or c or d) begin: p1_blk
        case (sel_input)
            0: temp = a;
            1: temp = b;
            2: temp = c;
            3: temp = d;
        endcase

        mux_out = # MUX_DELAY temp;
    end
endmodule
```

也可以用如下形式的连续赋值语句为多路选择器建模:

```verilog
assign #MUX_DELAY mux_out =
(sel_input == 0)? a:
(sel_input == 1)? b:
(sel_input == 2)? c:
```

```
(sel_input = = 3)? d:
1'b x;
```

下面的代码表示一个 N 位的偶校验码位发生器:

```
module even_parity_checker
    #(parameter N = 16)
    (input [N-1:0] bus_in,
    output parity_out
    );

    assign parity_out = ^ bus_in;
endmodule
```

12.6 同步逻辑建模

到目前为止,本章中已经见到的绝大多数例子都是描述组合逻辑的。对于同步逻辑的建模,Verilog 语言已提供了可以为寄存器和存储器建模的变量数据类型。然而,并非每种变量类型的数据都可以为同步逻辑建模。同步逻辑常用的建模途径是控制赋值。

考虑下面的例子。该例子表明了如何通过对寄存器变量的控制为由同步跳变沿触发的 D 触发器建模。

```
`timescale 1ns / 1ns
module d_flip_flop(d,clock,q);
    input d,clock;
    output q;
    reg q;

    always
        @(posedge clock)
            q <= #5 d;
endmodule
```

always 语句的语义表明在 clock 的正跳变沿出现后的第 5 ns 时刻,q 将取得(被赋予)d 的值;否则 q 的值将不会发生变化(在被赋新值前变量将保持原值)。always 语句描述的行为表达了 D 触发器的语义。有了这一模型后,8 位寄存器可按如下代码建模。

```
module register8(d,q,clock);
    parameter    START = 0,STOP = 7;
```

```
input [START : STOP] d;
input clock;
output [START : STOP ] q;
wire [START : STOP] fan_clk;

d_flip_flop u_d_flip_flop [START : STOP] (
.d(d),.clock(fan_clk),.q(q)
);

buf u1buf (
  fan_clk[0],fan_clk[1],fan_clk[2],fan_clk[3],①
  fan_clk[4],fan_clk[5],fan_clk[6],fan_clk[7],
  clock
);
endmodule
```

考虑如图 12.7 所示的由交叉耦合的门所构成的锁存器电路及其数据流模型。

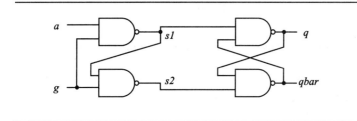

图 12.7 由门构成的锁存器

```
module gated_ff(a,g,q,qbar);
input a,g;
output q,qbar;
wire s1,s2;

assign s1 = ~ (a& g);
assign s2 = ~ (s1& g);
assign q = ~ (qbar & s1);
assign qbar = ~ (q& s2);
endmodule
```

① 实例数组。

在本例中，连续赋值语句的语义蕴涵了锁存器构造。

存储器可用寄存器数组建模。下面举一个例子说明，其中 ASIZE 是地址端口的位数，DSIZE 是 RAM 数据端口的位数。

```
module ram_generic (address,data_in,data_out,rw );
    parameter    ASIZE = 6,DSIZE = 4;
    input [ASIZE-1:0] address;
    input [DSIZE-1:0] data_in;
    input rw;
    output reg [DSIZE-1:0] data_out;
    reg [DSIZE-1:0] mem_ff[ 0:2**ASIZE-1];

    always
       @(rw)
          if(rw)    //从 RAM 中读取数据
              data_out<= mem_ff[address];
          else      //向 RAM 写入数据
              mem_ff[address]<= data_in;
endmodule
```

同步时序逻辑也可以用电平敏感或沿触发控制方式建模。例如：电平敏感的 D 触发器可以用以下代码建模：

```
module level_sens_flipflop(strobe,d,q,qbar);
    input strobe,d;
    output reg q,qbar;

    always
       begin
          wait(strobe==1);
          q = d;
          qbar = ~d;
       end
endmodule
```

当 strobe 为 1 时，d 上的任何事件都被传输到 q；当 strobe 变成 0 时，q 和 qbar 中的值保持不变，并且输入 d 上的任何变化都不再影响 q 和 qbar 的值。

理解过程性赋值语句的语义对推断并确定同步逻辑的构造是非常重要的。考虑下面两个模块 proc_assign1 和 proc_assign2 之间的不同之处。

```
module proc_assign1;
```

```
    reg sm_oe;

    initial
        sm_oe = 0;

    always
        sm_oe = ~ sm_oe;
endmodule

module proc_assign2;
    wire sclk;
    reg sm_oe;

    initial
        sm_oe = 0;

    always
        @ (sclk)
          if (~ sclk)
            sm_oe = ~ sm_oe;
endmodule
```

模块 proc_assign1 蕴含的电路结构如图 12.8 所示,而模块 proc_assign2 蕴含的电路结构如图 12.9 所示。

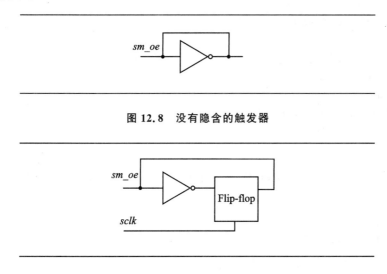

图 12.8 没有隐含的触发器

图 12.9 有隐含的触发器

若 proc_assign1 按如上代码进行仿真,则仿真将由于零延迟异步反馈而陷入死循环(仿真时间停止不前)。而在模块 proc_assign2 中,sm_oe 的值只有在 sclk 信号的负跳变沿时才被锁存到触发器中,而当 sclk 信号变为 1 后,sm_oe 上的任何变化(触发器的输入)都不会影响触发器的输出。

12.7 通用移位寄存器

通用串行输入/输出移位寄存器可以使用 always 语句块内的 for 循环语句建模。寄存器的个数可以被定义为参数,这样,当在其他设计中实例引用该通用移位寄存器时,可以修改移位寄存器的个数。

```verilog
module shift_register(d,srclk,y);
    input d,srclk;
    output y;
    parameter NUM_REG = 6;
    reg [1: NUM_REG ] q;
    integer p;

    always
        @(negedge srclk) begin
        //寄存器右移一位
            for (p = 1;p< NUM_REG;p = p + 1)
            q[p + 1]< = q[p];

            //加载串行数据
            q[1]< = d;
        end
    //从最右端寄存器获取输出
    assign y = q[NUM_REG];
endmodule
```

在实例引用模块 shift_register 时,选用不同的参数值,可以得到不同长度的移位寄存器。

```verilog
module multi_srs;
    wire data,clk,ya,yb,yc;
    // 6位移位寄存器
    shift_register  u0shift_register(
        data,clk,ya
```

```
    );
    // 4 位移位寄存器
    shift_register # (.NUM_REG(4)) u1shift_register(①
        .d(data),..srclk(clk),.y(yb)
    );

    // 10 位移位寄存器
    shift_register #10 u2shift_register (
        data,clk,yc
        );
endmodule
```

12.8 格雷码计数器

下面的代码是一个普通的带异步复位的 N 位的格雷码计数器的 Verilog 模型[②]。

```
module gray_counter
    # (parameter NBITS = 4 )
     (input ck,preclear ,
      output reg[0 : NBITS - 1] q
    );
    reg [0 : NBITS - 1] gray_cnt;
    integerk;
always
    @(posedge clk,negedge preclear) begin
      if(! preclear)
         q< = 0;
        else begin
        //存储在临时变量中
        gray_cnt = q;

        //从格雷码转换成二进制码
        for(k = 1 ;k<NBITS ;k = k + 1 )
```

---

① 参数和端口所用的命名关联。
② 上面的例子混用了过程性阻塞赋值和非阻塞赋值,这样编写的格雷码计数器是不能综合的。——译者注

```
            if (gray_cnt[k-1])
                gray_cnt[k] =! gray_cnt[k];

        gray_cnt = gray_cnt + 1;

        //从二进制码再转换回格雷码
        for(k = NBITS - 1; k > 0; k = k - 1)
            if (gray_cnt[k-1])
                gray_cnt[k] =! gray_cnt[k];

        q <= gray_cnt;
        end
    end
endmodule
```

12.9 十进制数计数器

下面列出了描述十进制计数器的 Verilog 代码。

```
module decade_counter
    #(parameter SIZE = 4)
    (input clock, load_n, clear_n, updown, ①
     input[SIZE - 1 : 0] load_data,
     output reg[SIZE - 1 : 0] q
    );

always
    @( negedge load_n, negedge clear_n, posedge clock,)
      if(! load_n)
         q <= load_data;
      else if (! clear_n)
         q <= 0;
      else    //clock 的正沿
        if (updown)
           q <= (q + 1) % 10;
        else
          begin
```

---

① 指导原则：用_n 作后缀或用 n_作前缀来低电平有效信号。

```
            if (q == 0)
                q <= 9;
            else
                q <= q - 1;
        end
endmodule
```

12.10　并行到串行转换器

下面列出描述并行到串行转换器的 Verilog 代码。当复位信号有效时,该移位寄存器复位到全部为 0。当加载 load 信号有效时,并行数据被存入该移位寄存器。当加载和复位信号都无效时,数据在每个时钟信号的正跳变沿时刻被移出移位寄存器。复位和加载信号都与时钟信号的正跳变沿同步。

```
module parallel2serial
    #( parameter BUS_WIDTH = 8 )
    ( input[BUS_WIDTH - 1 : 0] parallel_load ,
      input clock,ps_rst,load,
      output reg serial_out
    );
    reg [BUS_WIDTH - 1 : 0] shift_register;

    always
      @(posedge clock )
        if (ps_rst)
            shift_register <= 0;
        else if (load)
            shift_register <= parallel_load;
        else
            {serial_out,shift_register} <=
                {shift_register ,1´b0};
endmodule
```

12.11　状态机建模

通常可使用带有 always 语句的 case 语句来为状态机建立模型。状态信息被存储在寄存器中。case 语句的多个分支中包含了每个状态的行为。下面的例子描述了一个可执行简单乘法算法的状态机。当 reset 信号为高时,累加器 acc 和计数器 count 被初始化。当 reset 变为低时,开始执行乘法运算。如果乘数 mplr 在 count 位的值 1,被乘数就被加到累加器上。然后,被乘数左移 1 位且计数器加 1。若 count 是 16,则乘法运算完成,且 done 信号置为 1。若 done 信号仍旧为 0,则检查乘数 mplr 的 count 位,并重复 always 语句。状态图如图 12.10 所示,与其对应的状态机代码列在下面。

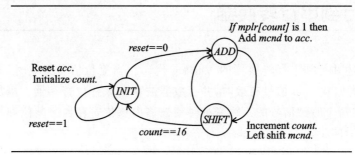

图 12.10　多路选择器的状态图

```
module multiply (mplr,mcnd,clock,reset,done,acc);
    // mplr 是乘数,mcnd 是被乘数
    input [15:0] mplr,mcnd;
    input clock,reset;
    output reg done;
    output reg [31:0] acc;
    parameter INIT = 0, ADD = 1, SHIFT = 2;
    reg [0:1] mpy_state;
    reg [31:0] mcnd_temp;

    initial
        mpy_state <= INIT;    //初始状态为 INIT

    always
        @ (negedge clock) begin: process
        integer count;

        case (mpy_state)
            INIT:
                if (reset)
                    mpy_state <= INIT;
                    /*由于 mpy_state 将保持原值,上面的语句并不需要*/
                else
```

```verilog
        begin
          acc <= 0;
          count <= 0;
          mpy_state <= ADD;
          done <= 0;
          mcnd_temp[15:0] <= mcnd;
          mcnd_temp[31:16] <= 16'd 0;
        end

    ADD:
      begin
        if (mplr[count])
          acc <= acc + mcnd_temp;

        mpy_state = SHIFT;
      end

    SHIFT: ①
      begin
        //mcnd_temp 左移
        mcnd_temp <= {mcnd_temp[30:0],1'b 0};
        count <= count + 1;

        if (count == 16)
          begin
            mpy_state <= INIT;
            done <= 1;
          end
        else
          mpy_state <= ADD;
      end
    endcase          //对 mpy_state 的 case 语句结束
  end                // 顺序程序块 process
endmodule
```

寄存器 mpy_state 保存状态机模型的状态。最初，状态机模型处于 INIT 状态，并且只要 reset 为真，模型就停留在这一状态。当 reset 为假时，累加器 acc 被清空。计数器 count 复位，被乘数 mcnd 加载到临时变量 mcnd_temp 中，然后模型状态转移到状态 ADD。当模型处于 ADD 状态时，只有当乘数在 count 位置的位为 1 时，mcnd_temp 中的被乘数才被加到 acc 上，然

---

① 对 count 要使用阻塞赋值语句，因为下面的 if 条件语句要使用该值。

后模型状态转移到 SHIFT 状态。在这一状态,乘法器再一次左移,计数器加 1;并且如果计数器值为 16,done 置为真,模型返回到 INIT 状态。此时,acc 包含乘法运算的结果。如果计数器值小于 16,模型本身在 ADD 和 SHIFT 状态之间经过几次反复,直到计数器值变为 16。状态转换发生在时钟的各个下跳变沿,通过使用@(**negedge clock**)时序控制指定。

12.12 状态机的交互

交互作用的多个状态机可以描述为通过公共寄存器通信的多个独立的 always 语句。考虑如图 12.11 所示的两个有交互过程的状态转移图,tx 是发送器,mp 是微处理器。若进程 tx 不忙,则进程 mp 把想要发送的数据放置在数据总线上,然后向进程 tx 发送信号 load_tx,通知其装载数据并开始发送数据。进程 tx 在数据传送期间设置 tx_busy 表明其处于忙状态,因而不能继续从进程 mp 接收任何数据。下面显示了这两个交互进程的框架模型,图中仅描述了控制信号和状态的转换,没有描述数据操作的代码。

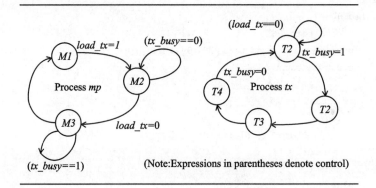

图 12.11 两个交互进程的状态图

```
module interacting_fsm (clock);
    input clock;
    parameter M1 = 0,M2 = 1,M3 = 2;
    parameter T1 = 0,T2 = 1,T3 = 2,T4 = 3;
    reg [0:1] mp_state;
    reg [0:1] tx_state;
    reg load_tx,tx_busy;

    always
    @ (negedge clock) begin: mp
      case (mp_state)
```

```verilog
      M1:            //向数据总线装载数据
        begin
          load_tx <= 1;
          mp_state <= M2;
        end

      M2:            //等待确认信号
        if (tx_busy)
        begin
          mp_state <= M3;
          load_tx <= 0;
        end

      M3:            //等待进程tx结束
        if (~ tx_busy)
          mp_state <= M1;
      endcase
    end            //顺序块mp结束

  always
  @ (negedge clock) begin: tx
  case (tx_state)
      T1:            //等待装载的数据
        if (load_tx)
        begin
          tx_state <= T2;
          tx_busy <= 1;    //从数据总线中读取数据
        end

      T2:            //发送开始标志
        tx_state <= T3;

      T3:            //传送数据
        tx_state <= T4;

      T4:            //发送跟踪标志以结束传送
        begin
          tx_busy <= 0;
          tx_state <= T1;
        end
  endcase
  end            //顺序块tx结束
```

endmodule

此有限状态机的交互动作时序波形如图 12.12 所示。

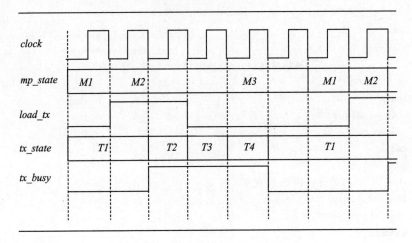

图 12.12 两个交互进程的动作时序

下面再举一个例子来说明两个进程(时钟分频器 div 和接收器 rx)之间的相互作用。在这种情况下,进程 div 产生一个新时钟,而进程 rx 的状态转换顺序是与新时钟同步的。状态转移如图 12.13 所示。

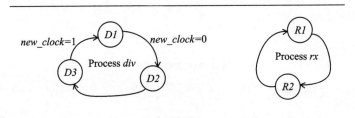

图 12.13 div 产生 rx 的时钟

```
module another_example_fsm2(clock);
    input clock;
    parameter D1 = 1, D2 = 2, D3 = 3;
    parameter R1 = 1, R2 = 2;
    reg [0:1] div_state, rx_state;
    reg new_clock;

    always
      @ (posedge clock) begin: div
        case (div_state)
```

```
            D1:
                begin
                    div_state <= D2;
                    new_clock <= 0;
                end

            D2:
                    div_state <= D3;

            D3:
                begin
                    new_clock <= 1;
                    div_state <= D1;
                end
        endcase
    end               //顺序块 div 结束

    always
        @(negedge new_clock) begin: rx
            case (rx_state)
                R1: rx_state <= R2;
                R2: rx_state <= R1;
            endcase
        end           //顺序块结束
endmodule
```

顺序块 div 在其状态序列转换过程中产生新时钟。这一进程的状态转换发生在时钟的正跳变沿。顺序块 rx 在 new_clock 的每个负跳变沿执行。图 12.14 显示了这些交互状态机的波形序列。

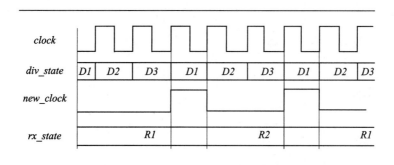

图 12.14　进程 rx 和 div 之间的交互

12.13 Moore 有限状态机的建模

Moore 有限状态机(FSM)的输出只取决于状态,与状态机的输入不直接相关。这种类型的有限状态机可以使用带 case 语句的 always 语句建模,case 语句可以根据不同的状态值,在不同的分支之间切换。图 12.15 为一个 Moore 有限状态机的状态转换图,后面是对应的行为模型。

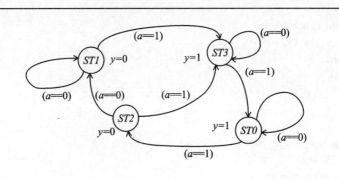

图 12.15 Moore 机的状态图

```
module moore_fsm (a,clock,y);
    input a,clock;
    output reg y;

    parameter ST0 = 0,ST1 = 1,ST2 = 2,ST3 = 3;
    reg [0:1] moore_state;

    always
      @ (negedge clock)
        case (moore_state)
          ST0:
            begin
            y<= 1;
            moore_state<= a ? ST2 : ST0;
            end

          ST1:
            begin
            y<= 0;
```

```
            moore_state <= a ? ST3 : ST1;
          end

       ST2:
          begin
            y <= 0;
            moore_state <= a ? ST3 : ST1;
          end

       ST3:
          begin
            y <= 1;
            moore_state <= a ? ST0 : ST3;
          end
     endcase
endmodule
```

12.14 Mealy 有限状态机的建模

在 Mealy 有限状态机中，输出不仅取决于 FSM 的状态而且直接与其输入相关。这种类型的有限状态机能够使用与 Moore FSM 类似的风格建模。换言之，使用一条 always 语句。为了展示 Verilog 语言的多样性，我们将使用不同的风格来描述 Mealy 有限状态机。这一次，用两条 always 语句，一条对有限状态机的同步时序行为建模，另一条对有限状态机的组合部分建模。下面是一个状态转移表的示例（如图 12.16 所示）以及对应的行为模型。

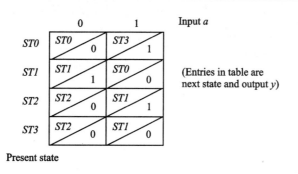

图 12.16　Mealy 机的状态转移表

```verilog
module mealy_fsm(a,clock,y);
    input a,clock;
    output reg y;

    parameter ST0 = 0,ST1 = 1,ST2 = 2,ST3 = 3;
    reg [1:2] p_state,n_state;

    always
      @ (negedge clock)         //同步时序逻辑部分
          p_state<= n_state;

    always①
      @ (p_state or a) begin: comb_part
        case (p_state)
          ST0:
            begin
              y<= 1;
              n_state<= a? ST3: ST0;
            end

          ST1:
            begin
              y<= 0;
              n_state<= a? ST0: ST1;
            end

          ST2:
            begin
              y<= a? 1: 0;
              n_state<= a? ST1: ST2;
            end

          ST3:
            begin
              y<= 0;
              n_state<= a? ST1: ST2;
            end
```

---

① 组合逻辑部分,注意@(p_state or a)中的输入信号 a。——译者注

```
        endcase
    end                     //顺序块 comb_part 结束
endmodule
```

在这种类型的有限状态机中,状态机的输出可能直接取决于与时钟无任何关系的输入信号,因此必须将输入信号放入表示组合逻辑的 always 块的电平敏感事件列表中,这一点是非常重要的。在 Moore 有限状态机中不会发生上述情况,因为 Moore 有限状态机的输出只取决于状态的改变,且状态的改变总是与时钟同步发生的。

12.15 简化的黑杰克程序

本节介绍了一个用 Verilog 编写的状态机模块,该模块描述了简化的黑杰克(Blackjack,一种扑克牌游戏)程序。玩黑杰克需要一副扑克牌。从 2 个花到 10 个花的牌值就是牌的花点数,而 A 的牌值可以为 1 或者 11。游戏的目标是接收一定数量随机产生的牌,总分(所有牌值的总和)尽可能接近 21 而又不超过 21。当插入新牌时,card_rdy 为真,且 card_value 为牌值。当程序已准备好接收新牌时 request_card 被设置为 1。若接收到的牌的总分超过 21,则 lost 置 1,表明牌已经输了;否则 won 置 1,表明游戏已获胜。状态序列由时钟控制。图 12.17 展示了黑杰克程序的输入和输出信号。

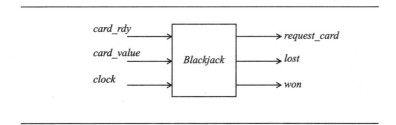

图 12.17 黑杰克程序模块的外部视图

程序的行为在下面的模块声明中描述。程序在总得分小于 17 前一直接收新牌。总分不超过 21 时,第 1 个 A 按 11 取值;总分超过 21 时,牌 A 按减 10 处理,即取值为 1。3 个寄存器用于存储程序的值:total 保存总和;current_card_value 保存读取的牌值(取值从 1~10);aec_as_11用于记忆牌 A 是否取值为 11 而不是 1。黑杰克程序的状态被存储在寄存器 bj_state 中。

```
module blackjack (card_rdy,card_value,
    request_card,won,lost,
    clock
```

```verilog
    );
    input card_rdy,clock;
    input [0:3] card_value;
    output reg request_card,lost,won;


    parameter INITIAL_ST = 0,GETCARD_ST = 1,
              REMCARD_ST = 2,ADD_ST = 3,CHECK_ST = 4,
              WIN_ST = 5 ,BACKUP_ST = 6,LOSE_ST = 7;
    reg [0:2] bj_state;
    reg [0:3] current_card_value;
    reg [0:4] total;
    reg ace_as_11;

    always
      @ (negedge clock)
        case (bj_state)
          INITIAL_ST :
            begin
              total <= 0;
              ace_as_11 <= 0;
              won <= 0;
              lost <= 0;
              bj_state <= GETCARD_ST
            end


          GETCATD_ST:
            begin
              request_card <= 1;

              if (card_rdy)
                begin
                  current_card_value <= card_value;
                  bj_state <= REMCATD_ST;
                end              //否则停留在状态 GETCARD_ST 上不变
            end

          REMCARD_ST:              //等待牌被移走
            if (card_rdy)
              request_card <= 0;
```

```verilog
          else
             bj_state <= ADD_ST;

       ADD_ST: ①
          begin
             if (~ace_as_11 && current_card_value)
          begin
             current_card_value <= 11;
             ace_as_11 <= 1;
          end
             total <= total + current_card_value;
             bj_state <= CHECK_ST;
          end

CHECK_ST:
   if (total<17)
      bj_state <= GETCARD_ST;
   else
      begin
         if (total<22 )
             bj_state <= WIN_ST;
         else
             bj_state <= BACKUP_ST;
      end

       BACKUP_ST:
          if (ace_as_11)
             begin
                total <= total _ 10;
                ace_as_11 <= 0;
                bj_state <= CHECK_ST;
             end
          else
             bj_state <= LOSE_ST;

       LOSE_ST:
          begin
```

---

① 对 current_card 要使用阻塞赋值语句,因为下面的语句要用到该值。

```
                lost <= 1;
                request_Card <= 1;
                if(Card_rdy)
                    bj_state = INITIAL_ST;
                    //否则停留在这个状态上不变
                end

            WIN_ST:
                begin
                    won <= 1;
                    request_card <= 1;
                    if(card_rdy)
                        bj_state <= INITIAL_ST
                    //否则停留在这个状态上不变
                end
        endcase
endmodule                            // 21点程序结束
```

12.16 扫描单元

下面是一个扫描单元(scan cell)的模型。当 select_enable 为高电平时,serial_in 被移位进入该扫描单元,数据的其余部分右移。当 select_enable 为低电平时,其行为类似一个普通的 D 触发器。

```
module scan_cell
# (parameter WIDTH = 4 )
    ( input clock,serial_in,select_enable,
      input [0: WIDTH-1] data.
      output reg [0: WIDTH-1] q
);
    integer j;

    task basic_cell (
        input si,d,se,
        output q
    );

    q = se ? si : d;
```

```
        endtask

    always
        @(posedge clock) begin
            basic_cell (serial_in,data[0],
                        select_enable,q[0] );

            for (j = 1;j<WIDTH;j = j + 1)
                basic_cell (q[j-1],data[j],
                            select_enable,q[j] );
        end
endmodule
```

12.17　7 段 BCD 码译码器

下面是一个 7 段 BCD 码译码器的模型。译码信息被存储在一个 2 维的变量中。一个锁存使能信号将输入的 BCD 值锁存。该模型还提供了输出极性控制信号。

```
module bcd_2_7segment (
    input latch_enable,out_polarity,
    input[3:0] bcd_in;
    output[6:0] abcdefg
    );
    reg [6:0] bcd_table [10:0],out_buf;
    reg [3:0] latched_bcd;

    initial
      begin
        bcd_table [0] = 7'b1111110;
        bcd_table [1] = 7'b0110000;
        bcd_table [2] = 7'b1101101;
        bcd_table [3] = 7'b1111001;
        bcd_table [4] = 7'b0110011;
        bcd_table [5] = 7'b1011011;
        bcd_table [6] = 7'b1011111;
        bcd_table [7] = 7'b1110000;
        bcd_table [8] = 7'b1111111;
        bcd_table [9] = 7'b1111011;
        bcd_table [10] = 7'b1011010;   //非法 BCD 值
      end
```

```
        always
            @ (latch_enable)
                if (latch_enable)
                    latched_bcd< = bcd_in;

        always
            @(latched_bcd )
                if (latched_bcd< = 9)
                    output_buf< = bcd_table [10];

    assign abcdefg = output_polarity ? output_buf : ~outputbuf;
endmodule
```

12.18 实用程序

总线上的缺省值

当总线上的所有驱动器全部关闭时,换言之,驱动器全部处在高阻状态,就有可能使用上拉和下拉原语元件给总线赋一个缺省值。下面这个例子简要地说明了如何编写该程序的框架。

```
module default_bus;
    wire bus_bit;

    pulldown  u1(bus_bit);
    cpu  u2cpu (bus_bit);
    controller  u3controller(bus_bit);
endmodule

module cpu (
    output hrbus_bit
  );

  assign hrbus_bit = is_cpu_master ? cpu_bus_bit : 1´bz;
endmodule

module controller (
  output hrbus_bit;
  );
```

```
assign hrbus_bit = is_ctrler_master ? ctrler_bus_bit : 1'bz;
endmodule
```

若来自于 CPU 和 controller 模块的 bus_bit 信号被切断,则 bus_bit 的取值为 0,因为它被连接到一个下拉的原语器件。

12.19 练习题

1. 为芒果汁饮料自动销售机编写一个 Verilog HDL 模型。机器销售芒果汁罐头,每听价值 15 美分。只接收 5 分镍币和 1 角硬币,必须找回多余的零钱。编写测试平台,并通过仿真对该模型进行测试。

2. 编写一个 Verilog 模型,描述具有同步预置和清零功能的触发器行为。

3. 编写一个 4 位移位寄存器的 Verilog 模型,该移位寄存器具有串行数据输入、并行数据输入、时钟和并行数据输出。编写测试平台,并通过仿真对该模型进行测试。

4. 使用行为结构描述 D 型触发器。然后使用该模块,编写一个 8 位寄存器模型。

5. 编写一个测试平台,对 12.15 节中描述的黑杰克(21 点扑克牌游戏)模型进行测试。

6. 使用移位操作符,描述译码器模块,然后使用测试平台对该模块进行测试。译码器的输入个数被指定为:

`define NUM_INPUTS 4

[提示:使用移位操作符计算译码器的输出个数。]

7. 编写 8 位并行到串行的转换器模型。输入为 8 位向量,在时钟正跳变沿从最高位开始,一次发送出 1 位。只有在前面输入向量的所有位都已发送出去以后,才读入下一个输入。

8. 编写与练习题 7 行为相反的 8 位串行到并行的转换器。为体现传输延迟,在时钟正跳变沿经过一小段延迟后对输入流采样。使用顶层模块将本练习题中编写的模型与练习题 7 编写的模型连接起来,编写测试平台,并通过仿真测试该模型。

9. 编写具有保持控制功能的 N 位计数器模型。若保持为 1,则计数器保持它的值;若保持变为 0,则计数器重置为 0,并再次启动计数器。编写测试平台,通过仿真对该模型进行测试。

10. 编写通用队列模型,队列中的字的位宽为 N,字的个数为 M。input_data 是被写入队列的字;当 add_word 为 1 时,向队列中添加字。从队列中读出的字存储在 output_data 中;当 read_word 为 1 时,从队列中读取字。设置相应的标志 empty 和 full。所有的事务发生在时钟 clkq 的负跳变沿。编写测试平台,通过仿真对该模型进行测试。

11. 编写可参数化的时钟分频器模型。输出时钟的周期是输入时钟周期的 2 * N 倍,输出时钟与输入时钟的正跳变沿同步。编写测试平台,通过仿真对该模型进行测试。

附录 A

语法参考资料

本附录提供 Verilog HDL 语言的完整语法。

A.1 关键字

以下是 Verilog HDL 硬件描述语言的关键词。请注意,只有小写的名字才是关键词。

always	and	assign	automatic
begin	buf	bufif0	bufif1
case	casex	casez	cell
cmos	config		
deassign disable	default	defparam	design
edge	else	end	endcase
endconfig	endfunction	endgenerate	endmodule
endprimitive event	endspecify	endtable	endtask

for	force	forever	fork
function			
generate	genvar		
highz0	highz1		
if	ifnone	incdir	include
initial	inout	input	instance
integer			
join			
large	liblist	library	localparam
macromodule	medium	module	
nand	negedge	nmos	nor
noshowcancelled	not	notif0	
notif1			
or	output		
parameter	pmos	posedge	primitive
pull0	pull1	pulldown	pullup
pulsestyle_onevent	pulsestyle_ondetect		
rcmos	real	realtime	reg
release	repeat	rnmos	rpmos
rtran	rtranif0	rtranif1	
scalared	showcancelled	signed	small
specify	specparam	strong0	strong1
supply0	supply1		
table	task	time	tran
tranif0	tranif1	tri	tri0
tri1	triand	trior	trireg

unsigned	use		
vectored			
wait	wand	weak0	weak1
while	wire	wor	
xnor	xor		

A.2 语法规则

下列规则被用于描述语法,规则采用巴科斯—诺尔范式(**BNF**)描述。
(1) 语法规则按自左向右非终结字符的字母顺序组织。
(2) 保留字、操作符和标点符号是语法的组成部分,以**粗体字**表示。
(3) 非终结名前的*斜体名*表示与非终结名相关的语义。
(4) 非粗体的垂直符号|用作可替换选项的隔离。
(5) 非粗体的方括号[...]表示可选项。
(6) 非粗体的大括号{...}表明某项可以重复 0 次或多次。
(7) 以**粗体**出现的方括号、小括号、大括号(**[...]**,**(...)**,**{...}**)和其他字符(诸如,;)表示这些符号是语法的组成部分。
(8) 起始的非终结名为"源文本(source_text)"。
(9) 此语法中使用的终结名字都以大写形式出现。

A.3 语 法

```
always_construct ::=
    always
        statement
arrayed_identifier ::=
    simple_arrayed_identifier
    | escaped_arrayed_identifier
attribute_instance ::=
    (* attr_spec {, attr_spec} *)
```

attr_name ::=
    identifier
attr_spec ::=
      attr_name = constant_expression
    | attr_name
base_expression ::=
    expression
binary_base ::=
    '[s|S]b | '[s|S]B
binary_digit ::=
    x_digit | z_digit | 0 | 1
binary_module_path_operator ::=
    == | != | && | || | & | | | ^ | ^~ | ~^
binary_number ::=
    [size] binary_base binary_value
binary_operator ::=
      + | - | * | / | %
    | == | != | === | !== | && | || | ** | < | <= | > | >=
    | & | | | ^ | ^~ | ~^ | >> | << | >>> | <<<
binary_value ::=
    binary_digit { _ | binary_digit }
block_comment ::=
    /* comment_text */
block_identifier ::= identifier
block_item_declaration ::=
      { attribute_instance } block_reg_declaration
    | { attribute_instance } event_declaration
    | { attribute_instance } integer_declaration
    | { attribute_instance } local_parameter_declaration
    | { attribute_instance } parameter_declaration
    | { attribute_instance } real_declaration
    | { attribute_instance } realtime_declaration
    | { attribute_instance } time_declaration
block_reg_declaration ::=
    reg [**signed**] [range] list_of_block_variable_identifiers ;
block_variable_type ::=
      variable_identifier
    | variable_identifier dimension { dimension }
blocking_assignment ::=
    variable_lvalue = [delay_or_event_control] expression

case_item ::=
　　expression { , expression } : statement_or_null
　　| **default** [:] statement_or_null

case_statement ::=
　　case (expression) case_item { case_item } **endcase**
　　| **casez** (expression) case_item { case_item } **endcase**
　　| **casex** (expression) case_item { case_item } **endcase**

cell_clause ::=
　　cell [library_identifier.]cell_identifier

cell_identifier ::= identifier

charge_strength ::=
　　(**small**)
　　| (**medium**)
　　| (**large**)

checktime_condition ::=
　　mintypmax_expression

cmos_switch_instance ::=
　　[name_of_gate_instance] (output_terminal , input_terminal ,
　　　ncontrol_terminal , pcontrol_terminal)

cmos_switchtype ::=
　　cmos | rcmos

combinational_body ::=
　　table
　　　combinational_entry { combinational_entry }
　　endtable

combinational_entry ::=
　　level_input_list : output_symbol ;

comment ::=
　　one_line_comment
　　| block_comment

comment_text ::=
　　{ ANY_ASCII_CHARACTER }

concatenation ::=
　　{ expression { , expression } }

conditional_expression ::=
　　expression1 ? { attribute_instance } expression2 : expression 3

conditional_statement ::=
　　if (expression) statement_or_null [**else** statement_or_null]
　　| if_else_if_statement

config_declaration ::=
 config config_header ;
  design_statement
  { config_rule_statement }
 endconfig

config_identifier ::= identifier

config_rule_statement ::=
   default_clause liblist_clause
  | inst_clause liblist_clause
  | inst_clause use_clause
  | cell_clause liblist_clause
  | cell_clause use_clause

constant_base_expression ::=
   constant_expression

constant_concatenation ::=
   { constant_expression { , constant_expression } }

constant_function_call ::=
   function_identifier { attribute_instance } (constant_expression
    { , constant_expression })

constant_expression ::=
   constant_primary
  | unary_operator { attribute_instance } constant_primary
  | constant_expression binary_operator { attribute_instance }
    constant_expression
  | constant_expression ? { attribute_instance }
    constant_expression : constant_expression
  | string

constant_mintypmax_expression ::=
   constant_expression
  | constant_expression : constant_expression : constant_expression

constant_multiple_concatenation ::=
   { constant_expression constant_concatenation }

constant_primary ::=
   constant_concatenation
  | constant_function_call
  | (constant_mintypmax_expression)
  | constant_multiple_concatenation
  | genvar_identifier
  | number
  | parameter_identifier
  | specparam_identifier

[341]

constant_range_expression ::=
　　constant_expression
　| msb_constant_expression : lsb_constant_expression
　| constant_base_expression +: width_constant_expression
　| constant_base_expression -: width_constant_expression

continuous_assign ::=
　　assign [drive_strength] [delay3] list_of_net_assignments

controlled_reference_event ::=
　　controlled_timing_check_event

controlled_timing_check_event ::=
　　timing_check_event_control specify_terminal_descriptor
　　　[&&& timing_check_condition]

current_state ::=
　　level_symbol

data_event ::=
　　timing_check_event

data_source_expression ::=
　　expression

decimal_base ::=
　　'[s|S]d | '[s|S]D

decimal_digit ::=
　　0 | 1 | 2 | 3 | 4 | 5 | 6 | 7 | 8 | 9

decimal_number ::=
　　unsigned_number
　| [size] decimal_base unsigned_number
　| [size] decimal_base x_digit { _ }
　| [size] decimal_base z_digit { _ }

default_clause ::=
　　default

delayed_data ::=
　　terminal_identifier
　| terminal_identifier [constant_mintypmax_expression]

delayed_reference ::=
　　terminal_identifier
　| terminal_identifier [constant_mintypmax_expression]

delay2 ::=
　　# delay_value
　| # (delay_value [, delay_value])

delay3 ::=
　　# delay_value
　| # (delay_value [, delay_value [, delay_value]])

delay_control ::=
    # delay_value
    | # (mintypmax_expression)

delay_or_event_control ::=
    delay_control
    | event_control
    | **repeat** (expression) event_control

delay_value ::=
    unsigned_number
    | parameter_identifier
    | specparam_identifier
    | mintypmax_expression

description ::=
    module_declaration
    | udp_declaration

design_statement ::=
    design { [library_identifier.]cell_identifier } **;**

dimension ::=
    [dimension_constant_expression **:** dimension_constant_expression **]**

dimension_constant_expression ::=
    constant_expression

disable_statement ::=
    disable hierarchical_task_identifier **;**
    | **disable** hierarchical_block_identifier **;**

drive_strength ::=
    (strength0 , strength1)
    | (strength1 , strength0)
    | (strength0 , **highz1**)
    | (strength1 , **highz0**)
    | (**highz1** , strength0)
    | (**highz0** , strength1)

edge_control_specifier ::=
    edge [edge_descriptor { , edge_descriptor }]

edge_descriptor ::=
    01
    | **10**
    | z_or_x zero_or_one
    | zero_or_one z_or_x

edge_identifier ::=
    posedge | **negedge**

edge_indicator ::=
    (level_symbol level_symbol)
    | edge_symbol

edge_input_list ::=
    { level_symbol } edge_indicator { level_symbol }

edge_sensitive_path_declaration ::=
    parallel_edge_sensitive_path_description = path_delay_value
    | full_edge_sensitive_path_description = path_delay_value

edge_symbol ::=
    r | R | f | F | p | P | n | N | *

enable_gate_instance ::=
    [name_of_gate_instance] (output_terminal , input_terminal ,
        enable_terminal)

enable_gate_type ::=
    bufif0 | **bufif1** | **notif0** | **notif1**

enable_terminal ::=
    expression

end_edge_offset ::=
    mintypmax_expression

error_limit_value ::=
    limit_value

escaped_arrayed_identifier ::=
    escaped_identifier [range]

escaped_hierarchical_branch[1] ::=
    escaped_identifier [[unsigned_number]]
        [{ . escaped_identifier [[unsigned_number]] }]

escaped_hierarchical_identifier ::=
    escaped_hierarchical_branch
        { . simple_hierarchical_branch | . escaped_hierarchical_branch }

escaped_identifier ::=
    \ { ANY_ASCII_CHARACTER_EXCEPT_WHITE_SPACE } white_space

event_based_flag ::=
    constant_expression

event_control ::=
    @ hierarchical_event_identifier
    | @ (event_expression)
    | @*
    | @(*)

event_declaration ::=
    event list_of_event_identifiers ;

---

1. The period in `escaped_hierarchical_identifier` and `escaped_hierarchical_branch` shall be preceded by `white_space`, but shall not be followed by `white_space`.

event_expression ::=
    expression
    | hierarchical_identifier
    | **posedge** expression
    | **negedge** expression
    | event_expression **or** event_expression
    | event_expression , event_expression

event_identifier ::= identifier

event_trigger ::=
    -> hierarchical_event_identifier ;

exp ::=
    e | E

expression ::=
    primary
    | unary_operator { attribute_instance } primary
    | expression binary_operator { attribute_instance } expression
    | conditional_expression
    | string

expression1 ::=
    expression

expression2 ::=
    expression

expression3 ::=
    expression

file_path_spec ::=
    file_path

full_edge_sensitive_path_description ::=
    ([edge_identifier] list_of_path_inputs *> (list_of_path_outputs
      [polarity_operator] : data_source_expression))

full_path_description ::=
    (list_of_path_inputs [polarity_operator] *> list_of_path_outputs)

function_blocking_assignment ::=
    variable_lvalue = expression

function_call ::=
    hierarchical_function_identifier { attribute_instance }
      (expression { , expression })

function_case_item ::=
    expression { , expression } : function_statement_or_null
    | **default** [:] function_statement_or_null

function_case_statement ::=
  case (expression) function_case_item { function_case_item }
  endcase
 | **casez** (expression) function_case_item { function_case_item }
  endcase
 | **casex** (expression) function_case_item { function_case_item }
  endcase

function_conditional_statement ::=
  if (expression) function_statement_or_null
   [**else** function_statement_or_null]
 | function_if_else_if_statement

function_declaration ::=
  function [**automatic**] [**signed**] [range_or_type] function_identifier ;
   function_item_declaration { function_item_declaration }
   function_statement
  endfunction
 | **function** [**automatic**] [**signed**] [range_or_type] function_identifier
   (function_port_list) ;
   { block_item_declaration }
   function_statement
  endfunction

function_identifier ::= identifier

function_if_else_if_statement ::=
  if (expression) function_statement_or_null
   { **else if** (expression) function_statement_or_null }
   [**else** function_statement_or_null]

function_item_declaration ::=
  block_item_declaration
 | { attribute_instance } tf_input_declaration ;

function_loop_statement ::=
  forever function_statement
 | **repeat** (expression) function_statement
 | **while** (expression) function_statement
 | **for** (variable_assignment ; expression ; variable_assignment)
   function_statement

function_port_list ::=
  { attribute_instance } tf_input_declaration
   { , { attribute_instance } tf_input_declaration }

function_seq_block ::=
  begin [: block_identifier { block_item_declaration }]
   { function_statement } **end**

function_statement ::=
    { attribute_instance } function_blocking_assignment ;
    | { attribute_instance } function_case_statement
    | { attribute_instance } function_conditional_statement
    | { attribute_instance } function_loop_statement
    | { attribute_instance } function_seq_block
    | { attribute_instance } disable_statement
    | { attribute_instance } system_task_enable
function_statement_or_null ::=
    function_statement
    | { attribute_instance } ;
gate_instance_identifier ::= arrayed_identifier
gate_instantiation ::=
    cmos_switchtype [delay3] cmos_switch_instance
        { , cmos_switch_instance } ;
    | enable_gatetype [drive_strength] [delay3] enable_gate_instance
        { , enable_gate_instance } ;
    | mos_switchtype [delay3] mos_switch_instance
        { , mos_switch_instance } ;
    | n_input_gatetype [drive_strength] [delay2] n_input_gate_instance
        { , n_input_gate_instance } ;
    | n_output_gatetype [drive_strength] [delay2]
        n_output_gate_instance { , n_output_gate_instance } ;
    | pass_switchtype pass_switch_instance { , pass_switch_instance } ;
    | pass_en_switchtype [delay3] pass_enable_switch_instance
        { , pass_enable_switch_instance } ;
    | **pulldown** [pulldown_strength] pull_gate_instance
        { , pull_gate_instance } ;
    | **pullup** [pullup_strength] pull_gate_instance { , pull_gate_instance } ;
generate_block ::=
    begin [: generate_block_identifier] { generate_item } **end**
generate_block_identifier ::= identifier
generate_case_statement ::=
    case (constant_expression) genvar_case_item
        { genvar_case_item } **endcase**
generate_conditional_statement ::=
    if (constant_expression) generate_item_or_null [**else**
        generate_item_or_null]
generated_instantiation ::=
    generate { generate_item } **endgenerate**

generate_item ::=
　　generate_conditional_statement
　| generate_case_statement
　| generate_loop_statement
　| generate_block
　| module_or_generate_item
generate_item_or_null ::=
　　generate_item
　| ;
generate_loop_statement ::=
　　for (genvar_assignment ; constant_expression ; genvar_assignment)
　　　　begin : generate_block_identifier { generate_item } **end**
genvar_assignment ::=
　　genvar_identifier = constant_expression
genvar_case_item ::=
　　constant_expression { , constant_expression } : generate_item_or_null
　| **default** [:] generate_item_or_null
genvar_declaration ::=
　　genvar list_of_genvar_identifiers ;
genvar_function_call ::=
　　genvar_function_identifier { attribute_instance }
　　　　(constant_expression { , constant_expression })
genvar_function_identifier ::= identifier /* Hierarchy disallowed */
genvar_identifier ::= identifier
hex_base ::=
　　'[s|S]h | '[s|S]H
hex_digit ::=
　　　x_digit | z_digit
　| 0 | 1 | 2 | 3 | 4 | 5 | 6 | 7 | 8 | 9
　| a | b | c | d | e | f | A | B | C | D | E | F
hex_number ::=
　　[size] hex_base hex_value
hex_value ::=
　　hex_digit { _ | hex_digit }
hierarchical_block_identifier ::= hierarchical_identifier
hierarchical_event_identifier ::= hierarchical_identifier
hierarchical_function_identifier ::= hierarchical_identifier
hierarchical_identifier ::=
　　simple_hierarchical_identifier
　| escaped_hierarchical_identifier
hierarchical_net_identifier ::= hierarchical_identifier

hierarchical_task_identifier ::= hierarchical_identifier
hierarchical_variable_identifier ::= hierarchical_identifier
identifier ::=
    simple_identifier
    | escaped_identifier
if_else_if_statement ::=
    if (expression) statement_or_null
      { **else if** (expression) statement_or_null }
      [**else** statement_or_null]
include_statement ::=
    include file_path_spec ;
init_val ::=
    1'b0 | **1'b1** | **1'bx** | **1'bX** | **1'B0** | **1'B1** | **1'Bx** | **1'BX** | **1** | **0**
initial_construct ::=
    initial
      statement
inout_declaration ::=
    inout [net_type] [**signed**] [range] list_of_port_identifiers
inout_port_identifier ::= identifier
inout_terminal ::=
    net_lvalue
input_declaration ::=
    input [net_type] [**signed**] [range] list_of_port_identifiers
input_identifier ::=
    input_port_identifier
    | inout_port_identifier
input_port_identifier ::= identifier
input_terminal ::=
    expression
inst_clause ::=
    instance inst_name
inst_name ::=
    topmodule_identifier{.instance_identifier}
instance_identifier ::= identifier
integer_declaration ::=
    integer list_of_variable_identifiers ;
level_input_list ::=
    level_symbol { level_symbol }
level_symbol ::=
    0 | **1** | **x** | **X** | **?** | **b** | **B**

liblist_clause ::=
    liblist [{ library_identifier }]

library_declaration ::=
    library library_identifier file_path_spec [{ , file_path_spec }]
      [-**incdir** file_path_spec [{ , file_path_spec }]] ;

library_descriptions ::=
    library_declaration
    | include_statement
    | config_declaration

library_identifier ::= identifier

library_text ::=
    { library_descriptions }

limit_value ::=
    constant_mintypmax_expression

list_of_block_variable_identifiers ::=
    block_variable_type { , block_variable_type }

list_of_event_identifiers ::=
    event_identifier [dimension { dimension }]
      { , event_identifier [dimension { dimension }] }

list_of_genvar_identifiers ::=
    genvar_identifier { , genvar_identifier }

list_of_module_connections ::=
    ordered_port_connection { , ordered_port_connection }
    | named_port_connection { , named_port_connection }

list_of_net_assignments ::=
    net_assignment { , net_assignment }

list_of_net_decl_assignments ::=
    net_decl_assignment { , net_decl_assignment }

list_of_net_identifiers ::=
    net_identifier [dimension { dimension }]
      { , net_identifier [dimension { dimension }] }

list_of_parameter_assignments ::=
    ordered_parameter_assignment { , ordered_parameter_assignment }
    | named_parameter_assignment { , named_parameter_assignment }

list_of_path_delay_expressions ::=
    t_path_delay_expression
    | trise_path_delay_expression , tfall_path_delay_expression
    | trise_path_delay_expression , tfall_path_delay_expression ,
      tz_path_delay_expression
    | t01_path_delay_expression , t10_path_delay_expression ,
      t0z_path_delay_expression , tz1_path_delay_expression ,
      t1z_path_delay_expression , tz0_path_delay_expression

```
        | t01_path_delay_expression , t10_path_delay_expression ,
          t0z_path_delay_expression , tz1_path_delay_expression ,
          t1z_path_delay_expression , tz0_path_delay_expression ,
          t0x_path_delay_expression , tx1_path_delay_expression ,
          t1x_path_delay_expression , tx0_path_delay_expression ,
          txz_path_delay_expression , tzx_path_delay_expression
list_of_path_inputs ::=
        specify_input_terminal_descriptor { , specify_input_terminal_descriptor }
list_of_path_outputs ::=
        specify_output_terminal_descriptor
          { , specify_output_terminal_descriptor }
list_of_port_connections ::=
          ordered_port_connection { , ordered_port_connection }
        | named_port_connection { , named_port_connection }
list_of_port_declarations ::=
          ( port_declaration { , port_declaration } )
        | ( )
list_of_port_identifiers ::=
        port_identifier { , port_identifier }
list_of_ports ::=
        ( port { , port } )
list_of_real_identifiers ::=
        real_type { , real_type }
list_of_specparam_assignments ::=
        specparam_assignment { , specparam_assignment }
list_of_variable_identifiers ::=
        variable_type { , variable_type }
list_of_variable_port_identifiers ::=
        port_identifier [ = constant_expression ]
          { , port_identifier [ = constant_expression ] }
local_parameter_declaration ::=
          localparam [ signed ] [ range ] list_of_param_assignments ;
        | localparam integer list_of_param_assignments ;
        | localparam real list_of_param_assignments ;
        | localparam realtime list_of_param_assignments ;
        | localparam time list_of_param_assignments ;
long_comment ::=
        /* comment_text */
```

loop_statement ::=
　　forever statement
　| **repeat** (expression) statement
　| **while** (expression) statement
　| **for** (variable_assignment ; expression ; variable_assignment)
　　statement

lsb_constant_expression ::=
　　constant_expression

memory_identifier ::= identifier

mintypmax_expression ::=
　　expression
　| expression : expression : expression

module_declaration ::=
　　{ attribute_instance } module_keyword module_identifier
　　　[module_parameter_port_list] [list_of_ports] ;
　　　　{ module_item }
　　endmodule
　| {attribute_instance} module_keyword module_identifier
　　　[module_parameter_port_list] [list_of_port_declarations] ;
　　　　{ non_port_module_item }
　　endmodule

module_identifier ::= identifier

module_instance ::=
　　name_of_instance ([list_of_port_connections])

module_instance_identifier ::= arrayed_identifier

module_instantiation ::=
　　module_identifier [parameter_value_assignment] module_instance
　　　{ , module_instance } ;

module_item ::=
　　module_or_generate_item
　| port_declaration ;
　| { attribute_instance } generated_instantiation
　| { attribute_instance } local_parameter_declaration
　| { attribute_instance } parameter_declaration
　| { attribute_instance } specify_block
　| { attribute_instance } specparam_declaration

module_item_declaration ::=
　　parameter_declaration
　| input_declaration
　| output_declaration
　| inout_declaration
　| net_declaration
　| reg_declaration

        | integer_declaration
        | real_declaration
        | time_declaration
        | realtime_declaration
        | event_declaration
        | task_declaration
        | function_declaration
module_keyword ::=
        module | **macromodule**
module_or_generate_item ::=
        { attribute_instance } module_or_generate_item_declaration
        | { attribute_instance } parameter_override
        | { attribute_instance } continuous_assign
        | { attribute_instance } gate_instantiation
        | { attribute_instance } udp_instantiation
        | { attribute_instance } module_instantiation
        | { attribute_instance } initial_construct
        | { attribute_instance } always_construct
module_or_generate_item_declaration ::=
        net_declaration
        | reg_declaration
        | integer_declaration
        | real_declaration
        | time_declaration
        | realtime_declaration
        | event_declaration
        | genvar_declaration
        | task_declaration
        | function_declaration
module_parameter_port_list ::=
        # (parameter_declaration { , parameter_declaration })
module_path_concatenation ::=
        { module_path_expression { , module_path_expression } }
module_path_conditional_expression ::=
        module_path_expression ? { attribute_instance }
            module_path_expression : module_path_expression
module_path_expression ::=
        module_path_primary
        | unary_module_path_operator { attribute_instance }
            module_path_primary
        | module_path_expression binary_module_path_operator
            { attribute_instance } module_path_expression
        | module_path_conditional_expression

module_path_mintypmax_expression ::=
　　module_path_expression
　| module_path_expression : module_path_expression
　　: module_path_expression

module_path_multiple_concatenation ::=
　　{ constant_expression module_path_concatenation }

module_path_primary ::=
　　number
　| identifier
　| module_path_concatenation
　| module_path_multiple_concatenation
　| function_call
　| system_function_call
　| constant_function_call
　| (module_path_mintypmax_expression)

mos_switch_instance ::=
　　[name_of_gate_instance] (output_terminal , input_terminal ,
　　enable_terminal)

mos_switchtype ::=
　　nmos | pmos | rnmos | rpmos

msb_constant_expression ::=
　　constant_expression

multiple_concatenation ::=
　　{ constant_expression concatenation }

n_input_gate_instance ::=
　　[name_of_gate_instance] (output_terminal , input_terminal
　　{ , input_terminal })

n_input_gatetype ::=
　　and | nand | or | nor | xor | xnor

n_output_gate_instance ::=
　　[name_of_gate_instance] (output_terminal { , output_terminal } ,
　　input_terminal)

n_output_gatetype ::=
　　buf | not

name_of_gate_instance ::=
　　gate_instance_identifier [range]

name_of_instance ::=
　　module_instance_identifier [range]

name_of_system_function ::=
　　$identifier

name_of_udp_instance ::=
　　udp_instance_identifier [range]

named_parameter_assignment ::=
. parameter_identifier ([expression])

named_port_connection ::=
{ attribute_instance } . port_identifier ([expression])

ncontrol_terminal ::=
expression

net_assignment ::=
net_lvalue = expression

net_concatenation ::=
{ net_concatenation_value { , net_concatenation_value } }

net_concatenation_value ::=
hierarchical_net_identifier
| hierarchical_net_identifier [expression] { [expression] }
| hierarchical_net_identifier [expression] { [expression] }
[range_expression]
| hierarchical_net_identifier [range_expression]
| net_concatenation

net_decl_assignment ::=
net_identifier = expression

net_declaration ::=
net_type [**signed**] [delay3] list_of_net_identifiers ;
| net_type [drive_strength] [**signed**] [delay3]
list_of_net_decl_assignments ;
| net_type [**vectored** | **scalared**] [**signed**] range [delay3]
list_of_net_decl_assignments ;
| net_type [drive_strength] [**vectored** | **scalared** } [**signed**] range
[delay3] list_of_net_decl_assignments ;
| **trireg** [charge_strength] [**signed**] [delay3] list_of_net_identifiers ;
| **trireg** [drive_strength] [**signed**] [delay3]
list_of_net_decl_assignments ;
| **trireg** [charge_strength] [**vectored** | **scalared**] [**signed**] range
[delay3] list_of_net_identifiers ;
| **trireg** [drive_strength] [**vectored** | **scalared**] [**signed**] range
[delay3] list_of_net_decl_assignments ;

net_identifier ::= identifier

net_lvalue ::=
hierarchical_net_identifier
| hierarchical_net_identifier [constant_expression]
{ [constant_expression] }
| hierarchical_net_identifier [constant_expression]
{ [constant_expression] } [constant_range_expression]
| hierarchical_net_identifier [constant_range_expression]
| net_concatenation

net_type ::=
    supply0 | supply1 | tri | triand | trior | tri0 | tri1 | wire | wand | wor

next_state ::=
    output_symbol | -

nonblocking_assignment ::=
    variable_lvalue <= [delay_or_event_control] expression

non_port_module_item ::=
    { attribute_instance } generated_instantiation
    | { attribute_instance } local_parameter_declaration
    | { attribute_instance } module_or_generate_item
    | { attribute_instance } parameter_declaration
    | { attribute_instance } specify_block
    | { attribute_instance } specparam_declaration

non_zero_decimal_digit ::=
    1 | 2 | 3 | 4 | 5 | 6 | 7 | 8 | 9

non_zero_unsigned_number ::=
    non_zero_decimal_digit { _ | decimal_digit }

notify_reg ::=
    variable_identifier

number ::=
    decimal_number
    | octal_number
    | binary_number
    | hex_number
    | real_number

octal_base ::=
    '[s|S]o | '[s|S]O

octal_digit ::=
    x_digit | z_digit | 0 | 1 | 2 | 3 | 4 | 5 | 6 | 7

octal_number ::=
    [size] octal_base octal_value

octal_value ::=
    octal_digit { _ | octal_digit }

one_line_comment ::=
    // comment_text \n

ordered_parameter_assignment ::=
    expression

ordered_port_connection ::=
    { attribute_instance } [expression]

output_declaration ::=
 output [net_type] [**signed**] [range] list_of_port_identifiers
 | **output** [**reg**] [**signed**] [range] list_of_port_identifiers
 | **output reg** [**signed**] [range] list_of_variable_port_identifiers
 | **output** [output_variable_type] list_of_port_identifiers
 | **output** output_variable_type list_of_variable_port_identifiers

output_identifier ::=
 output_port_identifier
 | inout_port_identifier

output_port_identifier ::= identifier

output_symbol ::=
 0 | 1 | x | X

output_terminal ::=
 net_lvalue

output_variable_type ::=
 integer | **time**

par_block ::=
 fork
  [: block_identifier
   { block_item_declaration }]
  { statement }
 join

parallel_edge_sensitive_path_description ::=
 ([edge_identifier] specify_input_terminal_descriptor =>
  (specify_output_terminal_descriptor [polarity_operator] :
  data_source_expression))

parallel_path_description ::=
 (specify_input_terminal_descriptor [polarity_operator] =>
  specify_output_terminal_descriptor)

param_assignment ::=
 parameter_identifier = constant_expression

parameter_declaration ::=
 parameter [**signed**] [range] list_of_param_assignments ;
 | **parameter integer** list_of_param_assignments ;
 | **parameter real** list_of_param_assignments ;
 | **parameter realtime** list_of_param_assignments ;
 | **parameter time** list_of_param_assignments ;

parameter_identifier ::= identifier

parameter_override ::=
 defparam list_of_param_assignments ;

parameter_value_assignment ::=
 # (list_of_parameter_assignments)

pass_en_switchtype ::=
 tranif0 | **tranif1** | **rtranif1** | **rtranif0**

pass_enable_switch_instance ::=
 [name_of_gate_instance] (inout_terminal , inout_terminal ,
  enable_terminal)

pass_switch_instance ::=
 [name_of_gate_instance] (inout_terminal , inout_terminal)

pass_switchtype ::=
 tran | **rtran**

path_declaration ::=
 simple_path_declaration ;
 | edge_sensitive_path_declaration ;
 | state_dependent_path_declaration ;

path_delay_expression ::=
 constant_mintypmax_expression

path_delay_value ::=
 list_of_path_delay_expressions
 | (list_of_path_delay_expressions)

pcontrol_terminal ::=
 expression

polarity_operator ::=
 + | **−**

port ::=
 [port_expression]
 | **.** port_identifier ([port_expression])

port_declaration ::=
 { attribute_instance } inout_declaration
 | { attribute_instance } input_declaration
 | { attribute_instance } output_declaration

port_expression ::=
 port_reference
 | { port_reference { **,** port_reference } }

port_identifier ::= identifier

port_reference ::=
 port_identifier
 | port_identifier [constant_expression]
 | port_identifier [constant_range_expression]

primary ::=
    number
    | hierarchical_identifier
    | hierarchical_identifier [expression] { [expression] }
    | hierarchical_identifier [expression] { [expression] }
        [range_expression]
    | hierarchical_identifier [range_expression]
    | concatenation
    | multiple_concatenation
    | function_call
    | system_function_call
    | constant_function_call
    | (mintypmax_expression)

procedural_continuous_assignments ::=
    assign variable_assignment
    | **deassign** variable_lvalue
    | **force** variable_assignment
    | **force** net_assignment
    | **release** variable_lvalue
    | **release** net_lvalue

procedural_timing_control_statement ::=
    delay_or_event_control statement_or_null

pull_gate_instance ::=
    [name_of_gate_instance] (output_terminal)

pulldown_strength ::=
    (strength0 , strength1)
    | (strength1 , strength0)
    | (strength0)

pullup_strength ::=
    (strength0 , strength1)
    | (strength1 , strength0)
    | (strength1)

pulse_control_specparam ::=
    PATHPULSE$ = (reject_limit_value [, error_limit_value]) ;
    | **PATHPULSE$**specify_input_terminal_descriptor
        /*no space; continue*/ $specify_output_terminal_descriptor =
        (reject_limit_value [, error_limit_value]) ;[1]

pulse_style_declaration ::=
    pulsestyle_onevent list_of_path_outputs ;
    | **pulsestyle_ondetect** list_of_path_outputs ;

---

1. For example, **PATHPULSECLKQ** = (5, 3);

```
range ::=
    [ msb_constant_expression : lsb_constant_expression ]
range_or_type ::=
    range | **integer** | **real** | **realtime** | **time**
range_expression ::=
      expression
    | msb_constant_expression : lsb_constant_expression
    | base_expression +: width_constant_expression
    | base_expression −: width_constant_expression
real_declaration ::=
    **real** list_of_real_identifiers ;
real_identifier ::= identifier
real_number ::=
      unsigned_number . unsigned_number
    | unsigned_number [ . unsigned_number ] exp [ sign ]
      unsigned_number
realtime_declaration ::=
    **realtime** list_of_real_identifiers ;
real_type ::=
      real_identifier [ = constant_expression ]
    | real_identifier dimension { dimension }
reference_event ::=
    timing_check_event
reg_declaration ::=
    **reg** [ **signed** ] [ range ] list_of_variable_identifiers ;
reject_limit_value ::=
    limit_value
remain_active_flag ::=
    constant_mintypmax_expression
scalar_constant ::=
    1'b0 | 1'b1 | 1'B0 | 1'B1 | 'b0 | 'b1 | 'B0 | 'B1 | 1 | 0
scalar_timing_check_condition ::=
      expression
    | ~ expression
    | expression == scalar_constant
    | expression === scalar_constant
    | expression != scalar_constant
    | expression !== scalar_constant
```

```
seq_block ::=
    begin
      [ : block_identifier
        { block_item_declaration } ]
      { statement }
    end
seq_input_list ::=
    level_input_list | edge_input_list
sequential_body ::=
    [ udp_initial_statement ]
    table
      sequential_entry
      { sequential_entry }
    endtable
sequential_entry ::=
    seq_input_list : current_state : next_state ;
short_comment ::=
    // comment_text \n
showcancelled_declaration ::=
      showcancelled list_of_path_outputs ;
    | noshowcancelled list_of_path_outputs ;
sign ::=
    + | -
simple_arrayed_identifier ::=
    simple_identifier [ range ]
simple_hierarchical_branch ::=
    simple_identifier [ [ unsigned_number ] ]
      [ { . simple_identifier [ [ unsigned_number ] ] } ]
simple_hierarchical_identifier[1] ::=
    simple_hierarchical_branch [ . escaped_identifier ]
simple_identifier[2] ::=
    [ a-zA-Z_ ] { [ a-zA-Z_$0-9 ] }
simple_path_declaration ::=
      parallel_path_description = path_delay_value
    | full_path_description = path_delay_value
```

---

1. The period (.) in `simple_hierarchical_name` and `simple_hierarchical_branch` shall not be preceded or followed by `white_space`.
2. A `simple_identifier` and `arrayed_reference` shall start with an alpha or underscore character, shall have at least one character, and shall not have any spaces.

size ::=
    non_zero_unsigned_number

source_text ::=
    { description }

specify_block ::=
    specify
      { specify_item }
    endspecify

specify_input_terminal_descriptor ::=
      input_identifier
    | input_identifier [constant_expression]
    | input_identifier [constant_range_expression]

specify_item ::=
    specparam_declaration
    | pulsestyle_declaration
    | showcancelled_declaration
    | path_declaration
    | system_timing_check

specify_output_terminal_descriptor ::=
    output_identifier
    | output_identifier [constant_expression]
    | output_identifier [constant_range_expression]

specify_terminal_descriptor ::=
    specify_input_terminal_descriptor
    | specify_output_terminal_descriptor

specparam_assignment ::=
    specparam_identifier = constant_mintypmax_expression
    | pulse_control_specparam

specparam_declaration ::=
    specparam [range] list_of_specparam_assignments ;

specparam_identifier ::= identifier

stamptime_condition ::=
    mintypmax_expression

start_edge_offset ::=
    mintypmax_expression

state_dependent_path_declaration ::=
    if (module_path_expression) simple_path_declaration
    | **if** (module_path_expression) edge_sensitive_path_declaration
    | **ifnone** simple_path_declaration

```
statement ::=
      { attribute_instance } blocking_assignment ;
    | { attribute_instance } case_statement
    | { attribute_instance } conditional_statement
    | { attribute_instance } disable_statement
    | { attribute_instance } event_trigger
    | { attribute_instance } loop_statement
    | { attribute_instance } nonblocking_assignment ;
    | { attribute_instance } par_block
    | { attribute_instance } procedural_continuous_assignments ;
    | { attribute_instance } procedural_timing_control_statement
    | { attribute_instance } seq_block
    | { attribute_instance } system_task_enable
    | { attribute_instance } task_enable
    | { attribute_instance } wait_statement
statement_or_null ::=
      statement
    | { attribute_instance } ;
strength0 ::=
      supply0 | strong0 | pull0 | weak0
strength1 ::=
      supply1 | strong1 | pull1 | weak1
string ::=
      " { ANY_ASCII_CHARACTERS_EXCEPT_NEWLINE } "
system_function_call ::=
      system_function_identifier [ ( expression { , expression } ) ]
system_function_identifier[1] ::= $[ a-zA-Z0-9_$ ]{ [ a-zA-Z0-9_$ ] }
system_task_enable ::=
      system_task_identifier [ ( expression { , expression } ) ] ;
system_task_identifier ::= $[ a-zA-Z0-9_$ ]{ [ a-zA-Z0-9_$ ] }
system_timing_check ::=
      $setup_timing_check
    | $hold_timing_check
    | $setuphold_timing_check
    | $recovery_timing_check
    | $removal_timing_check
    | $recrem_timing_check
    | $skew_timing_check
```

---

1. The $ character in a `system_function_identifier` or `system_task_identifier` shall not be followed by `white_space`. A `system_function_identifier` or `system_task_identifier` shall not be escaped.

```
        | $timeskew_timing_check
        | $fullskew_timing_check
        | $period_timing_check
        | $width_timing_check
        | $nochange_timing_check
task_declaration ::=
        task [ automatic ] task_identifier ;
          { task_item_declaration }
          statement
        endtask
      | task [ automatic ] task_identifier ( task_port_list ) ;
          { block_item_declaration }
          statement
        endtask
task_enable ::=
        hierarchical_task_identifier [ ( expression { , expression } ) ] ;
task_identifier ::= identifier
task_item_declaration ::=
        block_item_declaration
      | { attribute_instance } tf_input_declaration ;
      | { attribute_instance } tf_output_declaration ;
      | { attribute_instance } tf_inout_declaration ;
task_port_item ::=
        { attribute_instance } tf_input_declaration
      | { attribute_instance } tf_output_declaration
      | { attribute_instance } tf_inout_declaration
task_port_list ::=
        task_port_item { , task_port_item }
task_port_type ::=
        time | real | realtime | integer
terminal_identifier ::= identifier
text_macro_identifier ::= simple_identifier
tf_inout_declaration ::=
        inout [ reg ] [ signed ] [ range ] list_of_port_identifiers
      | inout [ task_port_type ] list_of_port_identifiers
tf_input_declaration ::=
        input [ reg ] [ signed ] [ range ] list_of_port_identifiers
      | input [ task_port_type ] list_of_port_identifiers
tf_output_declaration ::=
        output [ reg ] [ signed ] [ range ] list_of_port_identifiers
      | output [ task_port_type ] list_of_port_identifiers
```

threshold ::=
    constant_expression

time_declaration ::=
    time list_of_variable_identifiers ;

timing_check_condition ::=
    scalar_timing_check_condition
    | (scalar_timing_check_condition)

timing_check_event ::=
    [timing_check_event_control] specify_terminal_descriptor
    [&&& timing_check_condition]

timing_check_event_control ::=
    posedge
    | **negedge**
    | edge_control_specifier

timing_check_limit ::=
    expression

tfall_path_delay_expression ::=
    path_delay_expression

topmodule_identifier ::= identifier

trise_path_delay_expression ::=
    path_delay_expression

txz_path_delay_expression ::=
    path_delay_expression

tx0_path_delay_expression ::=
    path_delay_expression

tx1_path_delay_expression ::=
    path_delay_expression

tzx_path_delay_expression ::=
    path_delay_expression

tz0_path_delay_expression ::=
    path_delay_expression

tz1_path_delay_expression ::=
    path_delay_expression

tz_path_delay_expression ::=
    path_delay_expression

t0x_path_delay_expression ::=
    path_delay_expression

t0z_path_delay_expression ::=
    path_delay_expression

t01_path_delay_expression ::=
    path_delay_expression

t1x_path_delay_expression ::=
    path_delay_expression
t1z_path_delay_expression ::=
    path_delay_expression
t10_path_delay_expression ::=
    path_delay_expression
t_path_delay_expression ::=
    path_delay_expression
udp_body ::=
    combinational_body
    | sequential_body
udp_declaration ::=
    { attribute_instance } **primitive** udp_identifier (udp_port_list) ;
        udp_port_declaration { udp_port_declaration }
        udp_body
    endprimitive
    | { attribute_instance } **primitive** udp_identifier
        (udp_declaration_port_list) ;
        udp_body
    endprimitive
udp_declaration_port_list ::=
    udp_output_declaration , udp_input_declaration
        { , udp_input_declaration }
udp_identifier ::= identifier
udp_initial_statement ::=
    initial udp_output_port_identifier = init_val ;
udp_input_declaration ::=
    { attribute_instance } **input** list_of_port_identifiers
udp_instance ::=
    [name_of_udp_instance] (output_terminal , input_terminal
        { , input_terminal })
udp_instance_identifier ::= arrayed_identifier
udp_instantiation ::=
    udp_identifier [drive_strength] [delay2] udp_instance
        { , udp_instance } ;
udp_output_declaration ::=
    { attribute_instance } **output** port_identifier
    | { attribute_instance } **output reg** port_identifier
        [= constant_expression]
udp_port_declaration ::=
    udp_output_declaration ;
    | udp_input_declaration ;
    | udp_reg_declaration ;

udp_port_list ::=
    output_port_identifier , input_port_identifier { , input_port_identifier }

udp_reg_declaration ::=
    { attribute_instance } **reg** variable_identifier

unary_module_path_operator ::=
    ! | ~ | & | ~& | | | ~| | ^ | ~^ | ^~

unary_operator ::=
    + | - | ! | ~ | & | ~& | | | ~| | ^ | ~^ | ^~

unsigned_number ::=
    decimal_digit { _ | decimal_digit }

use_clause ::=
    use [library_identifier.]cell_identifier[**:config**]

variable_assignment ::=
    variable_lvalue = expression

variable_concatenation ::=
    { variable_concatenation_value { , variable_concatenation_value } }

variable_concatenation_value ::=
    hierarchical_variable_identifier
    | hierarchical_variable_identifier [expression] { [expression] }
    | hierarchical_variable_identifier [expression] { [expression] }
        [range_expression]
    | hierarchical_variable_identifier [range_expression]
    | variable_concatenation

variable_identifier ::= identifier

variable_lvalue ::=
    hierarchical_variable_identifier
    | hierarchical_variable_identifier [expression] { [expression] }
    | hierarchical_variable_identifier [expression] { [expression] }
        [range_expression]
    | hierarchical_variable_identifier [range_expression]
    | variable_concatenation

variable_type ::=
    variable_identifier [= constant_expression]
    | variable_identifier dimension { dimension }

wait_statement ::=
    wait (expression) statement_or_null

white_space ::=
    space | tab | newline | eof

    x_digit ::= x | X

    z_digit ::= z | Z | ?

    zero_or_one ::= 0 | 1

    z_or_x ::= x | X | z | Z

```
$fullskew_timing_check ::=
    $fullskew ( reference_event , data_event , timing_check_limit ,
        timing_check_limit [ , [ notify_reg ] ] [ , [ event_based_flag ]
        [ , [ remain_active_flag ] ] ] ] ) ;
$hold_timing_check ::=
    $hold ( reference_event , data_event , timing_check_limit
        [ , [ notify_reg ] ] ) ;
$nochange_timing_check ::=
    $nochange ( reference_event , data_event , start_edge_offset ,
        end_edge_offset [ , [ notify_reg ] ] ) ;
$period_timing_check ::=
    $period ( controlled_reference_event , timing_check_limit
        [ , [ notify_reg ] ] ) ;
$recovery_timing_check ::=
    $recovery ( reference_event , data_event ,
        timing_check_limit [ , [ notify_reg ] ] ) ;
$recrem_timing_check ::=
    $recrem ( reference_event , data_event , timing_check_limit ,
        timing_check_limit [ , [ notify_reg ] ] [ , [ stamptime_condition ]
        [ , [ checktime_condition ] ] [ , [ delayed_reference ]
        [ , [ delayed_data ] ] ] ] ] ) ;
$removal_timing_check ::=
    $removal ( reference_event , data_event ,
        timing_check_limit [ , [ notify_reg ] ] ) ;
$setuphold_timing_check ::=
    $setuphold ( reference_event , data_event ,
        timing_check_limit , timing_check_limit [ , [ notify_reg ] ]
        [ , [ stamptime_condition ] [ , [ checktime_condition ]
        [ , [ delayed_reference ] [ , [ delayed_data ] ] ] ] ] ) ;
$setup_timing_check ::=
    $setup ( data_event , reference_event , timing_check_limit
        [ , [ notify_reg ] ] ) ;
$skew_timing_check ::=
    $skew ( reference_event , data_event , timing_check_limit
        [ , [ notify_reg ] ] ) ;
$timeskew_timing_check ::=
    $timeskew ( reference_event , data_event , timing_check_limit
        [ , [ notify_reg ] ] [ , [ event_based_flag ] [ , [ remain_active_flag ] ] ] ) ;
$width_timing_check ::=
    $width ( controlled_reference_event , timing_check_limit ,
        threshold [ , [ notify_reg ] ] ) ;
```

参考文献

1. Arnold M., Verilog Digital Computer Design: Algorithms to Hardware, Prentice Hall, NJ, 1998.
2. Bhasker J., Verilog HDL Synthesis: A Practical Primer, Star Galaxy Publishing, PA, 1998, ISBN 0-9650391-5-3.
3. Lee J., Verilog Quickstart, Kluwer Academic, MA, 1997.
4. Palnitkar S., Verilog HDL: A Guide to Digital Design and Synthesis, Prentice Hall, NJ, 1996, ISBN 0-13-451675-3.
5. Sagdeo V., Complete Verilog Book, Kluwer Academic, MA, 1998.
6. Smith D., HDL Chip Design, Doone Publications, 1996.
7. Sternheim E., R. Singh and Y. Trivedi, Digital Design and Synthesis with Verilog HDL, Automata Publishing Company, CA, 1993.
8. Thomas D. and P. Moorby, The Verilog Hardware Description Language, Kluwer Academic, MA, 1991, ISBN 0-7923-9126-8.
9. IEEE Standard Hardware Description Language Based on the Verilog Hardware Description Language, IEEE Std 1364-1995, IEEE, 1995.
10. IEEE Standard Hardware Description Language Based on the Verilog Hardware Description Language, IEEE Std 1364-2001, IEEE, 2001.
11. IEEE Standard for Standard Delay Format (SDF), IEEE Std 1497-2001, IEEE, 2001.

索引

- character   107
- operator   65
!   72
! =   71
! = =   71
$ bitstoreal   223
$ display   19, 129, 211, 258
$ displayb   211
$ displayh   211
$ displayo   211
$ dist_chi_square   224
$ dist_erlang   225
$ dist_exponential   224
$ dist_normal   224
$ dist_poisson   224
$ dist_t   225
$ dist_uniform   224
$ dumpall   239
$ dumpfile   238
$ dumpflush   239
$ dumplimit   239
$ dumpoff   239
$ dumpon   239
$ dumpports   240
$ dumpportsall   240
$ dumpportsflush   240
$ dumpportslimit   240
$ dumpportsoff   240
$ dumpportson   240
$ dumpvars   238
$ fclose   216
$ fdisplay   217, 276
$ fdisplayb   217
$ fdisplayh   217
$ fdisplayo   217

$ ferror   219
$ fgetc   219
$ fgets   219
$ finish   221, 258
$ fmonitor   217, 276
$ fmonitorb   217
$ fmonitorh   217
$ fmonitoro   217
$ fopen   215
$ fread   219
$ frewind   219
$ fscanf   219
$ fseek   219
$ fstrobe   217, 276
$ fstrobeb   217
$ fstrobeh   217
$ fstrobeo   217
$ ftell   219
$ fwrite   217, 225
$ fwriteb   217
$ fwriteh   217
$ fwriteo   217
$ hold   247
$ itor   223
$ monitor   22, 214, 258
$ monitorb   214
$ monitorh   214
$ monitoro   214
$ monitoroff   215
$ monitoron   215
$ nochange   249
$ period   249
$ printtimescale   220
$ random   223
$ readmem   306

$ readmemb 47,218,258,273
$ readmemh 47,218,258
$ realtime 222
$ realtobits 223
$ recovery 249
$ recrem 250
$ removal 250
$ rtoi 223
$ sdf_annotate 219
$ setup 247
$ setuphold 248
$ sformat 225
$ signed 68,223
$ skew 249
$ sscanf 225
$ stime 222
$ stop 141,221,258
$ strobe 213,258
$ strobeb 213
$ strobeh 213
$ strobeo 213
$ swrite 225
$ swriteb 225
$ swriteh 225
$ swriteo 225
$ test $ plusargs 257
$ time 27,222,259
$ timeformat 220.222
$ ungetc 219
$ unsigned 68,223
$ Value $ plusargs 257
$ width 248
$ write 211,258
$ writeb 211
$ writeh 211
$ writeo 211
%character 212

%operator 65
%B 211
%b 211
%C 211
%c 211
%D 211
%d 211
%H 211
%h 211
%M 211
%m 211
%O 211
%o 211
%S 211
%s 211
%T 211
%t 211
%V 211
%v 211.254
& 5,73,75
&& 72
(??)108
(? 0)108
(01)108
(0x)108
* operator 65
* * operator 65
*> 246
+operator 65
+: 247
. character 232
/operator 65
< 69
<< 77
<<< 77
<= 69
<= assignment symbol 145

= assignment symbol 144
== 71
==== 71
=> 246
> 69
>= 69
>> 77
>>> 77
? character 37,105,154
@ * event list 134
^ 73,76
^~ 73
`celldefine 33
`default_nettype 30,43,97
`define 28,54
`else 29
`elsif 29
`endcelldefine 33
`endif 29
`ifdef 29
`ifndef 29
`include 30,235
`line 33
`nounconnected_drive 32
`resetall 30
`timescale 8,10,22,30,94
`unconnected_drive 32
`undef 28
| 5,73,75
|| 72
~ 73
~& 75
~^ 73,76
~| 75

A

absolute delay（绝对延迟）262
algorithmic-level（算法级）XV,1,4

always statement（always 语句）11,17,18,122,125,
　　140,150,158,228,262,296,307,309
and gate（与门）3,15,84
architectural-level（结构级）4
arithmetic left-shift（算术左移）77
arithmetic operator（算术操作符）65
arithmetic right-shift（算术右移）77
arithmetic shift（算术移位）259
array（数组）51
array declaration（数组声明）51
array element（数组元素）61
array of instances（实例数组）96,184
ASCII character（ASCII 字符）211
assign procedural statement
　　（赋值过程语句）158
asynchronous clear（异步清零）109
asynchronous loop（异步循环）296,312
asynchronous preset（异步预置位）127
asynchronous reset（异步复位）314
asynchronous state machine
　　（异步状态机）230
attribute（属性）237
automatic function（自动函数）207,209
automatic keyword（自动关键词）200
automatic task（自动任务）200

B

baseformat（基本格式）34
based integer（基整数）57
BCD（二进制编码的十进制数字）258
behavior（行为）122
behavloral modeling（行为建模）122
behavioral style（行为风格）3,8,11,299
bidirectional switch（双向开关）93
binary（二进制）211
binary and（二进制与）73
binary coded decimal（二进制编码的十进制数字）
258

binary data（二进制数据）219
binary exclusive-nor（二进制同或）73
binary exclusive-or（二进制异或）73
binary minus（二进制减）65
binary number（二进制数字）35
binary or（二进制或）73
binary plus（二进制加）65
binding（绑定）193
bit-select（位选）44,59,113,171,179,296
bit-wise operator（按位操作符）73
bitwise-and（按位与）5
bitwise-or（按位或）5
blackjack program（黑杰克程序）327
block（块）226
block label（块标记）19,136
block statement（块语句）136
blocking procedural assignment（阻塞过程性赋值）13,22,144,262
BNF（巴科斯-诺尔范式）xviii
Boolean equation（布尔方程）294
break（暂停）259
buf gate（缓冲门）87
bufif0（低电平通缓冲三态门）88
bufif1（高电平通缓冲三态门）88

C

capacitive node（电容性节点）42
case equality（case 相等）71
case equality operator（case 相等操作符）76
case expression（case 表达式）152,191
case inequality（case 不相等）71
case item expression（case 项表达式）152
case statement（case 语句）152,306,307,316,323
case-sensitive（case 敏感的）25,26
casex statement（casex 语句）154
casez statement（casez 语句）154
cell（单元）192
cellmodule（单元模块）33

character（字符）38
charge decay time（电荷衰减时间）255
charge strength（电荷强度 54
clock（时钟）155
clock divider（时钟分频器）277
clock edge（时钟沿）110
clock generator（时钟发生器）290
closing file（关闭文件）215
cmos（互补型金属氧化无半导体晶体管）90
combinational logic（组合逻辑）112,309
combinational logic primitive（组合逻辑原语）3
combinational UDP（组合的用户定义原语）104
command line argument（命令行变量）257
comma-separated event list（用逗号分隔的事件列表）134
compiler directive（预编译指令）xviii,8,10,27,235
complete path name（完整的路径名）232
complimentary MOS（互补型金属氧化无半导体晶体管）92
concatenated target（拼接的目标）19
concatenation（拼接）79,113,17,179
concatenation operator（拼接操作符）297
condition（条件）188
conditional compilation（条件编译）29
conditional operator（条件操作符）78,307
conditional selection（条件选择）191
conditional statement（条件语句）150,276
configuration（配置）192
constant（常数）34,57
constant expression（常数表达式）81,209
constant function（常数函数）209
constant literal（常数文字）81
constant part-select（常数部分选择）60
constant-valued expression（常数值表达式）50
continue（继续）259
continuous assignment（连续赋值）6,8,9,10,18,
112,122,149,158,254,263,294,298,

301,304,307
conversion function（转换函数）223
counter（计数器）259,334
cross-coupled nand-gate（交叉耦合的与非门）20
curly brace（大括号）xviii

D

data event（数据事件）248
data type（数据类型）38,229
dataflow behavior（数据流行为）6,8,10,112
dataflow modeling（数据流建模）122
dataflow style（数据流风格）3,8,9,299
deassign procedural statement（结束过程性赋值语句）158
decade counter（十进制计数器）182,315
decimal（十进制的）35,211
decimal notation（十进制记数法）37
decoder（译码器）9,99,270,297,333
default delay（默认的延迟）94
default strength specification（默认的强度指定）254
defparam statement（重新定义参数语句）53,173,209
delay（延迟）8,9,30,94,116,131,301
delay control（延迟控制）19,123,126,130,142
delay specification（延迟的指标）94,117
delayed waveform（延迟的波形）304
disable statement（禁止语句）136,155,226,259
display task（显示任务）211,254
distributed delay（分布的延迟）243
divide（除）65
don't-care（无关）37,105,154
downward referencing（向下的引用）234
drive strength（驱动强度）253
drive strength specification（驱动强度的指标）253
D-type flip-flop（D触发器）109,333

E

edge-sensitive path(沿敏感路径) 246
edge-triggered event control（沿触发的事件控制）132
edge-triggered flip-flop（沿触发的触发器）107
edge-triggered sequential UDP（沿触发的时序用户自定义原语）107
edge-triggered timing control（沿触发的时序控制）127
elaboration time（细化时间）185,188,191,209
equality operator（相等操作符）71
escape sequence（换码序列）211
escaped identifier（转义标识符）25
even parity（偶校验）308
event（事件）113,229,301
event control（事件控制）12,123,126,132,143
event declaration(事件声明) 229
event trigger statement(事件触发器语句) 229
explicit zero delay（明确的零延迟）131
expression（表达式）56,1 13,141,171
extended VCD（扩展的值变记录文件）238
external port（外接端口）178

F

factorial design（阶乘设计）279
fall delay（下降延迟）94,117
fall time（下降时间）301
falling edge（负跳变沿）319,323
false（假）33
file I/O task（文件的输入/输出任务）215
file name（文件名）33
file pointer（文件指针）216.288
flip-flop（触发器）127,309,313,333
floating point value（浮点值）59
force procedural statement（强制赋值过程性语句）160
forever loop（永远循环）265
forever-loop statement（永远循环语句）155
fork（分叉）138
for-loop statement（for循环语句）19,125,157
format specification(格式规定) 211,215,220

four-state VCD（四状态值变记录文件）238
free-format（自由格式）26
FSM（有限状态机）323
full connection（全连接）246
full-adder（全加器）11,15,115,273
function（函数）204,258,306
function call（函数调用）62,208
function definition（函数定义）205,232

G

gate delay（门延迟）21,93,243
gate instantiation（门的实例引用）15,18,21,84,93,96,122,166,170,176
gate primitive（门的原语）15,254
gate-1evel（门级）1,4,15
gate-level modeling（门级建模）122,166
gate-level primitive（门级原语）6,304
generate block label（生成块标记）187
generate statement（生成语句）185
generate-case（生成 case）185,191
generate-conditional（生成条件）185,188
generate-1oop（生成循环）185
generic queue（普通的队列）334
genvar declaration（生成变量的声明）186
genvar variable（生成变量）186
global variable（全局变量）202,209
Gray code（格雷码）292
Gray code counter（格雷码计数器）292
Gray counter（格雷计数器）314
greater than（大于）69
greater than or equal to（大于或者等于）69

H

half-adder（半加器）7,302
handshake signal（握手信号）229
hexadecimal（十六进制）35,211
hierarchical design（层次设计）3
hierarchical name（层次名）211,236
hierarchical path name（层次路径名）173,232

hierarchy（层次）15,169
high-impedance（高阻抗）33
hold control（保持控制）334
hold time（保持时间）292

I

identifier（标识符）25,171,232
IEEE standard（国际电气电子工程师协会标准）2
IEEE Std 1364.1（IEEE 标准 1364.1）237
IEEE Std 1364-1995（IEEE 标准 1364-1995）XV,2
IEEE Std 1364-2001（EEE 标准 1364-2001） XV,xix,2
if statement（if 语句）76,150,300,307
impedance（电阻抗）91
implicit conversion（隐含的转换）37
implicit event control（隐含事件控制）134
implicit net（隐含线网）97
implicit net declaration（隐含线网声明）29,43
include statement（包括语句）192
indeterminate（不确定的）227
indexed part-select（索引的部分选择）60
inertial delay（惯性的延迟）117
initial statement（初始化语句）11,14,17,18,22,106,110,122,123,158,261,296,307
inline argument declaration style（行内变量声明风格）200
inout argument（输入/输出变量）199
inout port（输入/输出端口）167
input argument（输入变量）199
input declaration（输入声明）205
input parameter（输入参数）258
input port（输入端口）167,171
instance binding（实例绑定）194
instance statement（实例语句）194
integer（整数）34,48,125
integer declaration（整数声明）48
integer division（整数除）65
integer register（整数寄存器）48

integer variable(整数变量)59,67
interconnection(互连)15
internal port(内部端口)178
inter-statement delay(语句间延迟)13,22,142
intra-statement delay(语句内延迟)13,142,257,262,304

J

JK flip-flop(JK 触发器)111

K

keywords(关键词)26

L

Language Reference Manual(语言参考手册)XVii
latch(锁存器)107,310
LED sequencer(发光二极管顺序点亮器)285
left-rotate(左转)298
left-shift(左移)77,298
less than(小于)69
less than or equal to(小于或者等于)69
level-sensitive D flip-flop(电平敏感的 D 触发器)311
level-sensitive event control(电平敏感的事件控制)127,135
level-sensitive sequential UDP
(电平敏感的时序用户自定义原语)107
library(库)192
library declaration(库声明)192
library map file(库映射文件)192
line number(行号)33
local parameter(本地参数)54,58,169
local variable(本地变量)138,200,209,300
localparam(本地参数)54
logic function(逻辑函数)5
1ogic-0(逻辑 0)33
1ogic-1(逻辑 1)33
logical and(逻辑与)72
logical equality(逻辑相等)71
logical equality operator(逻辑相等操作符)76

logical inequality(逻辑不等)71
logical left shift(逻辑左移)77
logical library(逻辑库)192
logical operator(逻辑操作符)72
logical or(逻辑或)72
logical right shift(逻辑右移)77
loop statement(循环语句)155
LRM(语言参考手册)xvii

M

macro(宏)28
magnitude comparator(幅值比较器)120
majority circuit(判断高电平多的电路)109
master-slave D-type flip-flop(主-从 D 触发器)271
master-slave flip-flop(主-从触发器)100,120
Mealy finite state machine(米利有限状态机)325
memory(存储器)45,61,310
memory declaration(存储器声明)61
memory element(存储器元素)61
min:typ:max(最小:典型:最大)95,302
mixed-design style(混合设计风格)17
mixed-1evel modeling(混合层次建模)4
module(模块)6,166
module declaration(模块声明)31,236
module instance(模块实例)15
module instantiation(模块的实例引用)17,19,53,166,232
module parameter(模块参数)173
module path(模块路径)252
module path delay(模块路径延迟)243
module port declaration style(模块端口声明风格)17,167
module port list style(模块端口列表风格)17,167
modulus(模块)65
monitor task(监视任务)214
Moore finite state machine(摩尔有限状态机)323
MOS switch(金属氧化物半导体开关)90
multi-dimensional array(多维数组)51

multiple-input gate（多输入门）84
multiple-output gate（多输出门）87
multiplexer（多路选择器）97,105,307
multiplication algorithm（乘法的算法）316
multiplier（乘法器）176
multiply（乘）65

N

named association（命名的关联）17,22,174
named block（命名块）232
named event（命名事件）229
nand gate（与非门）3,84
n-channel control（n-沟道控制）92
negative edge（负跳变沿）133
negedge（负跳变沿）133
net（线网）   9,15,58,67,112,167,254,263
net bit-select（线网的位选择）59
net data type（线网数据类型）3,8,39,229
net declaration（线网声明）39,58,115,118,167
net declaration assignment（线网声明赋值）115,119
net delay（线网延迟）118,243
net part-select（线网的部分选择）50
net signal strength（线网的强度）211
nettype（线网类型）29,38
netlist（网表）300
newline（新行）212
nmos（N 型金属氧化物半导体）90
nmos gate（N 型金属氧化物半导体门）3
non-automatic function（非自动函数）209
non-automatic task（非自动任务）203
nonblocking（非阻塞）257
nonblocking assignment（非阻塞赋值）255,257,304
nonblocking procedural assignment（非阻塞过程性赋值）13,145,262
none default_nettype（非默认线网类型）30,43,97
non-resistive switch（非电阻性开关）91
nor gate（或非门）84
not gate（非阻塞赋值）87

notif0（0 电平导通三态反向缓冲器）88
notif1（1 电平导通三态反向缓冲器）88
notifier（通告标记）251,258
n-type MOS transistor（N 型金属氧化物半导体晶体三极管）90

O

octal（八进制）35,211
Open Verilog International(开放 Verilog 国际组织)2
opening file（打开文件）215
operand（操作数）56
operator（操作符）xviii,56,63
or gate（或门）3,15,84
or-separated event list（用 or 隔开的事件列表）134
output argument（输出变量）199
output port（输出端口）167
OVI(开放 Verilog 国际组织的缩写)2

P

parallel block（并行块）136,138
parallel connection（并行联接）246
parallel to serial converter（并串转换器）316,333
parameter(参数)53,58,168,209,313
parameter declaration（参数声明）29,53,58,81
Parameter name（参数名）81
Parameter port（参数端口）168
parameter port list（参数端口列表）168
parameter specification（参数的指定）252
parameter value（参数值）176
parameterizable clock divider（可参数化的时钟分频器）334
parameterized Gray code counter（参数化的格雷码计数器）292
parity checker（奇偶校验位检查器）308
parity generator(奇偶校验位发生器) 101
part-select（部分选择）44,60,113,171,179,296
path delay（路径延迟）3,252
path name（路径名）259

path specification（路径指定）252
PATHPULSE＄（Specify 块中规定脉冲宽度的参数）252
P-channel control（P-沟道控制）92
period character（小点. 字符）232
phase-delayed（延迟的相位）267
pin-to-pin delay（引脚到引脚的延迟）3
PLI（编程语言接口）XV,3
plusarg（以＋起头字符表示的选择项）257
pmos（P 型金属氧化物半导体）90
pmos gate(P 型金属氧化物半导体门）3
port（端口）6,167
port association（端口关联）169
port declaration（端口声明）167
port list（端口列表）166,177
posedge（正跳变沿）133
positional association（按照位置关联）17,19,170,174
positive edge（正跳变沿）134
power（电源）65
precedence（优先权）63
primitive gate（原语门）83,102
primitive logic gate(原语逻辑门）3
priority encoder(优先编码器）102,110
procedural assignment（过程性赋值）13,106,112,123,125,126,141,149,257,311
procedural construct(过程性结构）6,11
procedural continuous assignment（过程性连续赋值）158
procedural statement（过程性语句）123,126,130,132,201,226
procedure（过程）198
process-level（处理级）4
programming language interface（编程语言接口）XV,1,3
propagation delay（传播延迟）93
pseudo-random（伪随机）224

p-type MOS transistor（P 型金属氧化物半导体晶体三极管）90
pull gate（上拉门）90
pulldown（下拉）90
pullup（上拉）90
pulse limit（脉冲极限）252
pulse rejection limit（脉冲抛弃极限）259
pulse width（脉冲宽度）252
punctuation mark（标点符号）xviii

Q

queuing-level（排队级）4

R

race condition（竞争条件）255
random number（随机数）223
range specification（范围的规定）39,96
rcmos（阻抗性互补金属氧化物半导体）90
real（实数）34,37
real constant（实常数）57
real declaration（实数声明）51
real variable(实数变量）51,59
realtime declaration（实数时间声明）51
realtime variable（实数时间变量）51,59
recursive function（递归函数）207
reduction and（缩减与）75
reduction nand（缩减与非）75
reduction nor（缩减或非）75
reduction operator(缩减操作符）75
reduction or（缩减或）75
reduction xnor（缩减同或）76
reduction xor（缩减异或）76
reference event(参照事件）248
reg（reg 变量类型）12
reg declaration（reg 变量类型声明）45
reg register（reg 寄存器）67,167
reg variable（reg 变量）45,59,106,201,206,225,309
register（寄存器）300,309
register type（寄存器类型）38

register-transfer-level(寄存器传输级)4
reject limit(抛弃极限)252
relational operator (关系操作符)69
relative delay (相对延迟)262
release procedural statement (释放过程性语句)160
remainder (余数)65
repeat event control (重复事件控制)143,156
repeat-loop (重复循环)266
repeat-loop statement (重复循环语句)156
replication (重复)80
reserved identifier (保留的标识符)26
reserved word (保留字)xviii
resistance (阻抗)91
resistive switch (阻抗性开关)90,91,93
response monitoring (响应监视)4
right-rotate (右转)298
right-shift (右移)77
rise delay (上升延迟)94,117
rise time (上升时间)301
rising edge(上升沿,正跳变沿) 309,323
rnmos (阻抗性 N 型金属氧化物半导体)90
rpmos (阻抗性 P 型金属氧化物半导体)90
RTL (寄存器传输级)xvi,4
rtran (阻抗性双向开关)93
rtranif0 (由控制电平 0 允许传输的阻抗性双向开关)93
rtranif1 (由控制电平 1 允许传输的阻抗性双向开关)93

S

scalar expression (标量表达式)81
scalar net(标量线网) 58,113
scalar register(标量寄存器) 59
scalared keyword (标量的关键字)44
scientific notation(科学标记) 37
SDF (标准延迟格式)219,302
SDF backannotation (标准延迟格式的反标注)244
SDF file(标准延迟格式文件) 219

seed (种子)223
selection address (选择地址)297
sequence detector (序列检测器)283
sequencer (顺序器)285
sequential behavior (序列行为)6,112
sequential block (顺序块)12,14,19,124,127,136,137,138,142,146,227,299,323
sequential logic primitive (时序逻辑原语)3
sequential UDP (时序逻辑用户自定义原语)106
serial to parallel converter(串行到并行转换器) 334
setup time (建立时间)292
shift operation (移位操作)297
shift operator (移位操作符)77,297,333
shift register (移位寄存器)313,316,333
signed division (有符号除法)78
signed keyword (有符号关键字)39,45,53,205
signed number (有符号数)34,57,59
signed operand(有符号操作数) 62,75
signed qualifier(有符号的标记符) 35,57,67
signed value(有符号数值) 67
simple decimal (简单十进制)34
simple path (简单路径)246
simulation (仿真)260
simulation control task (仿真控制任务)221
simulation time (仿真时间)222,312
simulation time function (仿真时间函数)222
sized integer constant (位数确定的整常数)57
SOC (系统芯片)293
specify block (specify 块)96,243,292,302
specify parameter (specify 参数)243
specparam declaration(specparam 参数声明) 243
square bracket(方括号) xviii
Standard Delay Format (标准延迟格式)302
state machine (状态机)230,316
state transition (状态转移)319
state transition table (状态转移表)325
state-dependent path (依赖状态的路径)247

static（静态的）136
static condition（静态条件）188
static task（静态任务）200
stimulus（激励）4,18,260
strength（强度）91,93
strength value（强度值）253
string（字符串）34,37,211
string constant（字符串常数）57
strobe task（选通显示任务）213
structural style（结构风格）3,8,15,182,299
structural-level（结构级）4
structure（结构）6
supply0（电源低电平）43
supply1（电源高电平）43
switch（开关）83,90,93
switch-level（开关级）XV,1,4
switch-level modeling（开关级建模）3
switch-level primitive（开关级原语）4,6,15
symbolic library（符号库）192
synchronous logic（同步逻辑）309
synthesizable RTL（可综合的寄存器传输级）237
system function（系统函数）xviii,27,209,210
system function call（系统函数调用）62
system task（系统任务）xviii,19,27,209,210
system-on-chip（系统芯片）293

T

tab（制表符）212
table entry（表格项）108
target（目标）113
task（任务）198,226,258
task call（任务调用）198
task definition（任务定义）198,232
task enable statement（任务使能语句）201
terminal（端口）84
test bench（测试平台,测试模块）260
test constraint（测试约束）4
text file（文本文件）306

text macro（文本宏）28
text substitution（文本的替换）28
three-state driver（三态驱动器）88
time（时间）50
time declaration（时间声明）50
time format（时间格式）211
time precision（时间精度）8,10,30,220
time unit（时间单位）8,10,30,220,301
time variable（时间变量）50,59
timescale task（时间刻度任务）220
timing annotation（时序标注）219
timing check（时序检查）3,247
timing control（时序控制）123,126,130
timing violation（时序违反）247
toggle flip-flop（触发器的翻转）292
toggle-type flip-flop（翻转型触发器）110
tran（）93
tranif0（由控制电平0允许传输的双向开关）93
tranif1（由控制电平1允许传输的双向开关）93
transistor-level（晶体管级）15
transport delay（传输延迟）304
tri net（多驱动线网）40
tri0（高阻为1的多驱动线网）42
tri1（高阻为0的多驱动线网）42
triand（多驱动线与）41
trior（多驱动线或）41
trireg（容性节点）42
trireg net（容性节点线网）254
tristate gate（三态门）88,298
true（真）33
truth table（真值表）305
turn-off delay（断开延迟）94,106,117,301
type conversion（类型转换）49

U

UDP（用户自己定义原语）3,103,305
UDP declaration（用户自己定义原语声明）103
UDP definition（用户自己定义原语的定义）104

UDP instantiation（用户自己定义原语的实例引用）103,106,122,156
UDP modeling（用户自己定义原语建模）166
unary logical negation（单目逻辑非）72
unary minus（单目减）65
unary negation（单目非）73
unary plus（单目加）65
unconnected module input（未连接的模块输入）172
unconnected module output（未连接的模块输出）172
unconnected port（未连接的端口）171
undeclared net（未声明的线网）43,97
underscore（下横道字符_）34
unidirectional switch（单向开关）90
unknown（未知）33
unsigned number（无符号数）45,57,59
unsigned operand（无符号操作数）62,75
unsigned value（无符号数值）67
unsized decimal number（位数不确定的十进制数）57
unsized integer constant（位数不确定的整数常数）57
up-down counter（加/减计数器,递增/递减计数器）183,241
upward referencing（向上引用）234
user-defined function call（用户定义函数的调用）62
user-defined primitive（用户定义的原语）3,6,15,103

V

value change dump（值变记录）238
value set（数值集）33
variable（变量）59,136,309

variable bit-select（变量的位选择）59
variable data type（变量的数据类型）3,11,17,141,229,309
variable declaration（变量声明）59,167
variable declaration assignment（变量声明赋值）124
variable part-select（变量部分选择）60
variable type（变量类型）38,44
VCD（值变记录）238
VCD file（值变记录文件）238
vector net（向量线网）44,58,113,118
vector register（向量寄存器）59
vectored keyword（向量的关键字）44
verification（验证）18
violation（违反）248

W

wand（线与）41
waveform（波形）22,137,260,304
while-loop statement（while循环语句）157
white space（空格）25,26,47
wildcard（通配符）134
wire（线）294
wire net（线网）40
wor（线或）41
write task（写任务）211

X

xnor gate（同或门）84
xor gate（异或门）15,84

Z

zero delay（零延迟）9,13,116,131,145,155,255,296,312